KB121619

보이지 않는 무지개 (하)

전기통신 시대와 문명의 질병

아서 퍼스텐버그 지음

박석순 옮김

어문학사

(상권 역자 서문에서 이어짐)

생명의 전기 현상에 관한 역사적 사실, 과학적 이론, 생태계 피해 등을 기술한 상권에 이어서, 하권에서는 현대인이 이를 무시한 결과로 나타난 인체 건강 피해를 다루고 있다. 과거 희소병에 불과했던 심장병, 당뇨, 암 등이 20세기 전기 문명과 함께 대중화된 사실과 전자파가 동물의 수명에 미치는 영향을 역사적 자료로 밝혀내고 그 결과는 우리를 무척 놀라게 한다. 저자는 마지막 장에서 5G 스마트폰, 인공위성, 초고속 무선 인터넷 등으로 인해 미래 사회에서 일어날 거대한 지구 전자기 환경 교란에 대해 심각한 우려를 표하며 책을 끝내고 있다.

이 책의 번역 작업 대부분은 세계가 코로나 대재앙을 겪고 있는 시기에 이루어졌다. 공교롭게도 이 책은 마치 코로나 사태를 예측이나 했다는 듯이 인플루엔자 팬데믹과 지구 전자기장의 교란에 관한 내용을 상권 7, 8, 9장과 하권 17장에서 비중 있게 다루고 있다. 19세기 말 송전선 시대부터, 라디오 전파 시대, 레이더 시대, 인공위성 시대, 그리고 지금의 무선통신 시대에 이르기까지 반복되는 인플루엔자의 독특한 발생과 소멸에 관한 이야기는 읽는 이들을 소름 끼치게 한다.

코로나 팬데믹을 계기로 책의 내용이 여러 경로로 알려지게 되면서 해외 언론들도 이를 주목하게 되었다. 특히 영국과 미국에서는 5G 스마트폰 상용화와 밀집된 셀 타워로 인해 코로나바이러스가 시작되었다는 주장이 제기되었고, 일부 언론에서는 과학적 근거 여부를 따지는 팩트 체크(Fact Check)를 할애하기도 했다(미국 NBC TV). 국내 언론에서도 영국에서 발생한 20여 개의 무선통신 셀 타워를 불태운 5G 반대 운동을 보도하기도 했다(MBC, JTBC 등).

나는 해외에서 이 책의 내용에 보이는 관심과 5G 반대 운동을 보면서 본 역서에 소개할 목적으로 저자에게 "코로나 팬데믹에 즈음하여 한국 독자들에게(To Korean Readers, on the Corona Pandemic)"라는 글을 요청했다. 저자는 글을 보내면서 코로나 팬데믹과 5G의 관계에 대한 자신의 생각을 구체적으로 밝혔다. 저자는 코로나 팬데믹은 5G가 직접적으로는 유발하지 않았다고 생각하지만, 1918년 스페인 독감과 유사한 점이 눈에 띄며 코로나바이러스 양성 반응자들이 보이는 후각 상실이나 심혈관 질환 증후 등은 지구의 전자기 환경 교란과 깊은 관련이 있음을 지적했다. 구체적인 사항은 다음에 나오는 한국 독자를 위한 글에 설명되어 있다.

코로나 팬데믹은 본 역서의 출간에도 주요한 영향을 미치게 되었다. 지난 2017년 출간된 이 책의 1판은 이후 시작된 5G 시대와 코로나 사태로 세계적인 주목을 받게 되었고, 저자는 그동안의 변화를 보충하여 올해 다시 2판을 출간했다. 지난해 1판에 대한 한국어 판권을 계약했지만 이러한 과정을 거치면서 2판 역서를 원서와 비슷한 시기에 출간하게 되었다. 덕분에 책의 난해한 부분과 오류를 지적하고 저자와 상의해 가면서 원서와 역서의 완성도를 높일 수 있었다. 2판의 17장에 추가된 신체적 성장 과정에서 휴대전화를 처음으로 사용한 밀레니얼(Millennials) 세대의 충격적인 건강 악화와 지구의 모든 곳에 초고속 인터넷 통신망을 보급하기 위한 수많은 인공위성 발사계획은 특별히 주목해야 할 내용이다.

책의 번역을 끝내면서 나는 "프레온 가스로 인한 지구의 오존층 파괴와 국제적 대책"을 떠올리게 되었다. 지난 1974년 프레온 가스가 지구의 오존층을 파괴할 수 있다는 과학적 이론이 제기되었을 때 별다른 주목을 받지 못했다. 하지만 1982년 남극에서 오존홀이 발견되자 유엔의 주도하에 프레온 가스 규제를 위한 몬트리올 의정서가 채택되고 대체물질이 만들어졌으며, 새로운 화학물질에 대한 생태계 위해성 평가(Ecological Risk Assessment)라는 제도가 주요 선진국을 중심으로 도입되기 시작했다. 이 책은 지구 전자기장 교란과 전자파 유해성에 관한 과학적 이론뿐만 아니라 지구 생태계와 인체 건강에서 나타나는 수많은 피해 증거를 함께 보여주고 있다. 게다가 전 세계를 공황상태에 빠지게 한 코로나 팬데믹 발생 가능성까지 제기하고 있다. 이제 국제 사회는 지구의 전자기장을 교란시키고 인체와 생태계 피해를 유발하는 전파 시설 설치와 인공위성 발사를 대상으로 환경영향평가 제도를 도입하여 사전에 그 영향을 검토하고 최소화하는 방안을 강구해야 할 것이다.

끝으로 이 역서가 나오기까지 도움을 주신 분들께 감사의 뜻을 표한다. 먼저 번역 과정 동안 설명과 토론에 많은 시간을 할애하고 한국 독자들에게 코로나 팬데믹에 관한 특별 메시지까지 써주신 저자 아서 퍼스텐버그(Arthur Firstenburg)와 나의 저술 활동을 항상 흔쾌히 지원해 주시는 윤석전 사장님께 깊은 감사를 드린다. 다음으로 책의 내용을 함께 논의하면서 격려해주신 전 유엔 편집장(United Nations Editor) 클레어 에드워드(Claire Edward) 여사와 우리 학과 조경숙 교수님께 감사드린다. 아울러 원고 정리를 도와준 제자 김유흔, 구지윤, 그리고 나를 항상 행복한 번역 삼매경에 빠지게 해준 소중한 분께도 고마움을 전한다. 모쪼록 "21세기 최고의 환경 역작"이라 불리는 이 책이 국내에 널리 보급되어 모든 국민이 건강하고 쾌적한 삶을 누릴 수 있길 기대한다.

2020년 7월
신촌 이화동산 신공학관 560호에서
박 석 순

내가 이 글을 쓰고 있는 지금, 세계 곳곳은 사실상 계엄령 하에 놓여있다. 코로나바이러스(COVID-19)라 불리는 적을 막기 위해 학교, 극장, 식당, 교회는 문을 닫았고 항공편은 취소되었으며, 공공 집회 금지, 야간 통행 금지, 국경 폐쇄도 이루어지고 있다. 또 사람들은 서로 접촉하거나 가까이 가지 말아야 하고, 모든 물체 표면과 문손잡이, 사람의 손에는 소독제가 뿌려지며, 일부 사람들은 "자가 격리"하도록 명령받았다.

바이러스 팬데믹에 대한 공포가 전 세계를 휩쓴 것은 이번이 처음은 아니다. 우리는 이전에도 돼지독감, 조류독감, 사스, 메르스, 웨스트나일 바이러스, 지카 바이러스, 에볼라 바이러스가 수백만 명의 사람들을 희생시킬 것이라는 예측을 들어봤다. 주목할 점은 이 모든 예측이 인터넷이 사람을 연결하는 주된 의사소통 수단으로 등장하여 컴퓨터 스크린의 단어와 사진이 실제 상황을 대체한 후 발생했다는 사실이다. 이번에는 이것이 너무 지나쳐서 사람들은 주변에서 무슨 일이 일어나고 있는지 알아보기보다는 결국 바깥세상과 아예 담을 쌓으려 하고 있다.

　나는 이러한 예측이 전혀 근거가 없다고 생각하지 않는다. 모든 히스테리의 이면에는 1918~1921년의 "스페인 독감" 대재앙이 되풀이될 것이라는 두려움이 깔려 있다. 스페인 독감은 세계 인구의 3분의 1을 병들게 했고 약 5천만 명의 목숨을 앗아갔다. 하지만 스페인 독감과 인플루엔자에 관해 일반적으로 잘 알려지지 않은 중요한 사실들이 많이 있다. 그러한 사실들이 이 책의 7, 8, 9장에 철저하게 논의되고 관련 기록들이 정리되어 있다.

　역사적으로 인플루엔자는 사전 경고나 일정도 없이 나타났다가 갑자기 미스터리하게 사라지고, 이후 수년 또는 수십 년 동안 나타나지 않는 예측할 수 없는 질병이었다. 인플루엔자는 교류전기가 조명과 동력용으로 전 세계적인 보급이 이루어졌던 1889년 이전에는 지구상에 매년 발생하는 질병이 아니었다. 1889년 넘쳐나는 인플루엔자 환자를 경험한 의사들 대부분은 생전에 이런 사례를 본 적이 없었다. 하지만 그 이후로 인플루엔자는 지구상 어느 곳에서도 없는 적이 없었다. 인플루엔자는 호흡기 증상이 있든 없든 거의 모든 장기에 영향을 줄 수 있는 신경성 질환이다. 그리고 이 책에서 기술하였듯이 지구의 전자기 환경과 깊은 관련이 있다. 특히 지금 세계는 이러한 사실들을 알아야 할 필요가 있다.

나는 "코로나바이러스가 5G로 인한 것으로 생각하는지"라는 질문을 받았는데, 나의 대답은 "직접적으로는 아니다."이다. 하지만 1918년 스페인 독감과 유사한 점이 눈에 띈다. 스페인 독감은 지구의 전자기 환경을 변화시키는 수준에 이른 전파 기술에 의해 발생한 것임에 주목할 필요가 있다. 그것과 유사한 점으로 5G는 더 높은 주파수, 더 넓은 대역폭, 더 강력한 출력을 사용하여 새로운 수준까지 우리 지구의 전파 교란을 증가시키고 있다. 또 최초의 코로나바이러스 전파도 제한된 지리적 영역에서 5G 기지국의 엄청난 급증이 동반되었다. 가까운 미래에 수천 개의 5G 위성이 가동될 때 전파 교란은 곧 좁은 지역에서 행성 범위로 확대되고 지구의 이온층에 간접에서 직접 공격으로 상승된다.

코로나 팬데믹의 전자기적 성질에 대한 실마리는 흥미로운 관찰에서 비롯된다. 코로나바이러스에 양성 반응을 보이는 확진자 중 3분의 2나 되는 많은 사람들이 후각을 잃었다. 이것이 흔히 그들이 보이는 주요 증상이며 그렇지 않으면 무증상인 경우도 있다. 후각 상실은 구소련에서 전파병이라 불리던 질병의 전형적인 징후로 건강한 사람이 전파 노출로 나타나는 주요한 증상이다. 또 다른 단서는 부정맥, 저혈압, 빈맥, 기타 심혈관 질환 징후와 같은 코로나바이러스 질병에서 자주 보고되는 심혈관계 증상이다. 이러한 것들 역시 전파에 노출되었을 때 나타나는 전형적인 증상이다.

지난 세기 동안 전파는 박테리아와 바이러스로 인한 모든 질병보다 더 많은 인류를 병들게 하고 목숨을 앗아갔다. 이 책의 12, 13, 14장에 기록하였듯이 심장 질환, 당뇨병, 암은 19세기에 인간이 만든 전기가 널리 사용되기 이전에는 매우 드문 질병이었다. 오늘날 이러한 질병은 휴대전화, 중계기 안테나, 방송탑, 레이더 기지국, 보안 시스템, 베이비 모니터, 무선 컴퓨터, 기타 무선기기 및 기반시설에서 방출되는 전자파 방사선의 거대한 물결이 우리의 소중하고 취약한 생명계를 침수시킴으로 인해 주로 발생한다.

생명계에 필요한 에너지는 이 책의 9장에서 설명하였듯이 우리가 먹는 음식과 호흡하는 공기뿐만 아니라 지구와 하늘로부터 우리가 흡수하는 전기에 의해서도 공급된다. 그 전기는 우리가 태어난 날부터 죽는 날까지 우리의 몸을 순환하고 모든 장기에 생명력을 불어넣는다. 그리고 그 전기의 원천은 지구를 둘러싸고 태양에 의해 충전되어 고전압을 공급하는 이온층이다. 만약 우리가 그 원천을 수많은 위성과 지면에서 방출하는 인공 전자기 방사선으로 오염시킨다면 우리는 하늘의 새와 바다의 물고기를 포함한 지구의 모든 생명체를 파괴할 것이다.

천문학자들은 태양과 이온층 사이의 에너지 순환을 연구한다. 대기과학자들은 이온층과 지구 사이의 전기 순환을 연구한다. 한의학자들은 우리 몸 안의 생명전기 "기" 순환을 연구한다. 지구물리학자들은 지구 전자기 방사선이 이온층에 미치는 영향을 연구한다. 하지만 아무도 전체적인 그림을 보고 있지 않다. 아무도 그 원천의 엄청난 전자기 오염이 그것이 영양분을 공급하는 지구 생태계에 어떤 영향을 미칠 것인지 알려고 하지 않는다.

2020년 현재, 하늘에는 수천 개의 통신위성이 떠있고 땅에는 수백만 개의 전자파 중계기와 수십억 개의 칩과 안테나가 내장된 전자파 방출 기기들이 있다. 코로나바이러스의 발생 원인이나 심각성과는 상관없이, 5G는 지금의 팬데믹에서 중요한 역할을 하고 있다. 공포와 사회적 고립, 그리고 사회를 폐쇄하는 것은 생명의 연결망에 바이러스가 할 수 있는 것보다 훨씬 큰 피해를 주고 있다. 이제 우리는 이 미생물에 대한 집착을 넘어 무선통신기술로 인한 지구와 우주의 비상사태에 주목해야 할 때다.

끝으로 나는 그동안 성실한 번역 작업을 한 박석순 교수와 한국어판을 출간하는 어문학사에게 진심어린 감사를 표한다. 아울러 세계에서 무선통신기술이 가장 앞서고 5G 가동을 먼저 시작한 국가 중 하나인 한국의 국민들에게 이 책을 알릴 수 있게 되어 나에게는 무척 큰 영광이다.

2020년 6월 10일
아서 퍼스텐버그

차례

보이지 않는 무지개 (상)
지구 생명의 전기 현상과 환경 위기

이 책은 지구와 생명의 전기 현상을 역사적 사실과 함께 설명하고 있다.
코로나19 팬데믹을 예측이나 했다는 듯이 인플루엔자와 지구 전자기장
의 교란에 관한 내용을 비중 있게 다루고 있다.

제12장

희소병에서 1등 살인자가 된 심장병

1998년 9월 21일, 88서울 올림픽 육상 금메달리스트였던 플로렌스 조이너(Florence Griffith Joyner)는 38세의 나이에 잠을 자다 심장마비로 사망했다. 같은 해 가을, 29세의 캐나다 아이스하키 선수 스테판 모린(Stéphane Morin)은 독일에서 하키 경기 도중 갑자기 심장마비로 사망했다. 아내와 갓 태어난 아들을 유족으로 남겨둔 안타까운 죽음이었다. 스위스 국립아이스하키팀 선수였던 차드 실버(Chad Silver)도 29세에 심장마비로 사망했다. 미국 미식축구팀 템파베이 부카니어스(Tampa Bay Buccaneers) 수비수였던 데이브 로건(Dave Logan)은 42살에 쓰러져서 심장마비로 사망했다. **이 운동선수들 가운데 아무도 과거 심장병 병력이 없었다.**

10년 후, 스포츠계에서 고조되는 경각심으로 미니애폴리스 심장 연구소 재단(Minneapolis Heart Institute Foundation)은 운동선수에 대한 전국 급성사망 등록부를 만들었다. 이 재단에서 공개 기록, 뉴스 보도, 병원 기록, 부검 기록을 조사한 결과 1980~2006년 동안 38개 스포츠 종목에서 1,049명의 미국 운동선수들이 갑작스러운 심장마비를 겪은 것으로 확인됐다. 이 자료는 스포츠계에서는 이미 알고 있는 사실을 확인시켜 주었다. 1980년에는 젊은 운동선수들 사이에 심장마비는 매우 드물게 발생했다. 미국에서 단 9건만 발생했다고 보도되었다. 이 숫자는 점차 꾸준히 증가하여 매년 약 10%씩 증가하였고, 1996년에는 운동선수의 치명적인 심장마비 환자가 갑자기 두 배가 되었다. 그해에는 64명이, 이듬해에는 66명이 사망했다. 연구 마지막 해(2006년)에는 76명이 사망했고, 사망자 대부분이 18세 이하였다.[1]

미국 의료계는 이에 관해 설명할 방법이 없었다. 그러나 유럽에서 일부 의사들은 답을 알고 있었다. 그들은 "왜 그렇게 많은 젊은 운동선수들의 심장이 운동 부담을 더 이상 견디지 못하느냐?"는 질문뿐만 아니라, 좀 더 일반적인 질문인 "왜 그렇게 많은 젊은이들이 노약자만이 죽곤 했던 질병에 쓰러지느냐?"는 질문에도 답을 알고 있다고 생각했다. 2002년 10월 9일, 환경 의학을 전공한 독일 의사들의 모임은 휴대전화 통신에 사용되는 안테나와 중계탑의 사용중단을 요구하는 문서를 올리기 시작했다. 그들은 전자파 방사선이 급성 및 만성 질

---

1 Maron et al. 2009.

환 모두 급격한 증가를 야기하고 있다고 주장했다. 그중에서 두드러진 것은 "혈압의 극단적인 변동", "심장 리듬 장애", "점점 더 젊은 층에서 나타나는 심장마비와 뇌졸중"이라고 말했다.

이 문서를 초안한 독일 도시의 이름을 따서 프라이부르크 탄원서(Freiburger Appeal)라고 명명했고 3천여 명의 의사들이 서명했다. 그들의 분석이 정확하다면, 1996년에 미국 운동선수들의 심장마비가 갑자기 두 배로 증가한 현상을 설명할 수 있을 것이다. **그 해는 디지털 휴대전화가 미국에서 처음 시판되었고 통신회사들은 휴대전화를 작동시키기 위해 수만 개의 중계기 타워를 설치하기 시작한 때였다.**

비록 나는 프라이부르크 탄원서와 전기가 심장에 미치는 엄청난 영향에 대해 알고 있었지만, 이 책을 처음 구상했을 때 나는 심장병에 관해서 한 장(chapter)을 넣을 생각은 없었다. 왜냐하면 풍부한 증거에도 불구하고 나는 여전히 이 사실에 대해 부정하고 있었기 때문이다.

제8장에 나오는 라디오의 아버지라 불리는 마르코니(Marconi)를 통해서도 알 수 있다. 그는 세상을 바꾸는 작업을 시작한 후 10번의 심장마비를 겪었고, 결국 63세에 심장마비로 죽었다.

오늘날 만연하고 있는 "불안 장애(anxiety disorder)"는 병원에서 대부분 심장 증상으로 진단된다. 급성 "불안 장애"에 시달리는 많은 사람들은 심장 두근거림, 호흡 곤란, 가슴의 통증이나 압박감을 가지고 있기 때문에 심장마비와 너무나 흡사하다. 그래서 이러한 "불안 증세(anxiety)"에 지나지 않는 것으로 판명된 환자들이 심장에 진짜 문제가 있는 것으로 판명된 환자보다 병원 응급실에 더 많이 찾아온다. 제6장에서 설명한 것을 다시 정리하면, 이전에는 "신경쇠약(neurasthenia)"이라 불렸던 증세를 지그문트 프로이트(Sigmund Freud)가 "불안 신경증(anxiety neurosis)"라고 다시 이름 지었다. 이 불안 신경증은 19세기 후반 최초의 전기통신 시스템이 구축된 이후에 와서 드디어 만연하게 되었다.

1950년대 러시아 의사들이 기술한 전파질환(Radio wave sickness)의 두드러진 특징은 심장 장애 증상이다.

나는 이 모든 증상을 알고 있을 뿐만 아니라, 나 자신이 전기 노출과 관련된 두근거림, 비정상적인 심장 리듬, 숨 가쁨, 가슴 통증으로 35년 동안 고통받아왔었다.

하지만 내 친구이자 동료인 졸리 안드리츠키스(Jolie Andritzakis)가 심장병은 20세기 초에 처음으로 의학 문헌에 등장했다고 하면서 이 책에 관련해서 한 장을 써야 한다고 제안했을 때, 나는 깜짝 놀라면서 제안을 받아들였다. 나는 의과대학에서 콜레스테롤이 심장병의 주요 원인이라는 것을 너무나 중요하게 반복적으로 학습한 적이 있어서 나쁜 식습관과 운동 부족이 현대 사회의 대유행에 기여하는 가장 중요한 요소라는 지식에 의문을 품어 본 적이 없었다. 나는 전자파 방사선이 심장마비(heart *attack*)를 일으킬 수 있다는 사실을 확실히 믿는다. 하지만 나는 아직 전자파 방사선이 심장 질환(heart *disease*)의 원인일 것이라 의심해 보지 않았다.

그러자 또 다른 동료인 새뮤얼 밀햄(Dr. Samuel Milham)이 나를 좀 더 깊이 파고들게 했다. 밀햄은 워싱턴 주 보건부에서 일하다 은퇴한 의사이자 역학자(epidemiologist)다. 그는 2010년에 와서 심장병, 당뇨병, 암이 많이 발생하는 것은 전기가 모든 요인은 아니라고 하더라도 상당한 부분은 차지할 것이라는 논문을 쓰고, 이후 짧은 책도 냈다. 그는 이러한 주장을 뒷받침하는 확실한 통계도 제시했다.

그래서 나는 이 일을 하겠다는 결심을 했다.

전기 보급과 심장 질환의 급증

나는 1996년 연방통신위원회(FCC: Federal Communications Commission)를 상대로 한 국가 차원의 소송에 도움을 요청받았을 때 처음으로 밀햄이 한 일을 알게 되었다. 나는 그때 여전히 뉴욕 브루클린에 살고 있었고, 통신산업계가 "무선통신"으로 전도유망하다는 것밖에는 아는 것이 없었다. 통신산업계는 모든 미국인 손에 휴대전화를 쥐게 해주고 싶어 했고, 휴대전화가 내 고향 도심지 협곡에서 작동하도록 뉴욕의 모든 도로에 수천 개의 마이크로웨이브 안테나 설치허가를 신청하고 있었다. 그 당시, 라디오와 텔레비전에는 최신식 전화기에 대한 광고가 나오기 시작했고, 광고에서는 대중들에게 왜 휴대전화가 필요한지, 휴대전화가 이상적인 크리스마스 선물이 될 것이라고 말하고 있었다. 나는 세상이 얼마나 급격히 변할 것인지 전혀 알지 못했다.

그 후 워싱턴주에 있는 통계학자 데이비드 피츠텐버그(David Fichtenberg)로부터 전화가 왔는데, 그는 내게 FCC가 인체에 마이크로웨이브 방사선 노출 지침을 발표했다는 사실을 알려주고, 여기에 맞서는 전국적인 법적 도전에 동참하고 싶은지 물었다. 내가 알게 된 이 새로운 지침은 휴대전화 산업계가 스스로 작성했으며, 사람이 전자레인지에서 구워지는 것이 아닌 이상 마이크로웨이브 방사선의 어떤 영향으로부터도 인체를 보호하지 않았다. 그 방사선이 심장, 신경계, 갑상선, 기타 장기에 미치는 비가열(열로 인한 것이 아닌) 영향은 전혀 고려되지 않았다.

더욱 나쁜 것은, 하원이 그해 1월 법안을 하나 통과시켰는데, 그 법은 실제로 주(states)나 시(cities)가 건강을 근거로 이 새로운 기술을 규제하는 것 자체를 불법으로 하는 것이었다. 클린턴 대통령은 2월 8일 이 법안에 서명했다. 산업계, FCC, 하원, 그리고 대통령까지 공모하여 우리 모두 뇌에 직접 전자파 방사선을 방출하는 장치를 보유하는 것을 일상처럼 생각해야 하며, 중계기 타워가 본인의 의사와 상관없이 주거지 인접 거리로 오고 있었기 때문에 우리 모두 가깝게 사는 것에 익숙해져야 한다고 말하고 있었다. 거대한 생물학적 실험이 시작되었고, 우리 모두 아무도 모르게 실험 대상인 기니피그(guinea pigs)가 되어가고 있었다.

그것만 제외하고 결과는 이미 알려져 있었다. 연구는 끝난 상태였고 연구를 한 과학자들은 이 새로운 기술이 휴대전화 사용자들의 두뇌에 어떤 영향을 미치고 있는지, 휴대전화 중계기 타워 근처에 사는 사람들의 심장과 신경계에는 또 어떤 변화가 생기게 되며, 조만간 모든 사람이 피해자가 될 것이라는 사실을 우리에게 알려주기 위해 노력하고 있었다.

새뮤얼 밀햄은 그러한 연구자 중 한 사람이었다. 그는 개별 인간이나 동물에 대한 임상적 또는 실험적인 연구는 하지 않았다. 그런 연구는 과거 수십 년 동안 다른 사람들에 의해 이루어졌다. 역학자인 밀햄은 실험실에서 다른 연구자들이 얻은 결과가 실제 세상에서 많은 사람들에게 일어난다는 것을 증명하는 과학자다. 그는 자신의 초기 연구에서 전기나 전자파 방사선에 노출되는 전기기술자, 전력선 근로자, 전화선 근로자, 알루미늄 근로자, 라디오와 텔레비전 수리공, 용접공, 아마추어 무선통신 기사들이 백혈병, 림프종, 뇌종양으로 인해 일반인보다 더 잦은 빈도로 사망했다는 것을 보여주었다. 그는 새로운 FCC 기준이 적합하지 않다는 것을 알고 있었고, 법정에서 이의를 제기하는 사람들에게 자문역으로 활동했다.

새뮤얼 밀햄
(Samuel Milham, M.D., M.P.H)

최근 몇 년 동안 밀햄은 자신의 전문성

을 1930년대와 1940년대의 인구 동태 통계(vital statistics) 분석에 사용했다. 그 당시 루즈벨트(Roosevelt) 정부는 미국의 모든 농장과 농촌 사회에 전기 보급을 국가 우선 과제로 삼고 있었다. 밀햄은 자신이 발견한 것에 스스로 놀라움을 금치 못했다. 그는 암뿐만 아니라 당뇨병과 심장 질환도 주거용 전기화와 직접적인 관련이 있는 것으로 보인다는 사실도 알아냈다. 농촌에는 전기가 보급되기 전까지는 심장병이 거의 없었다. 실제로 1940년에는 전기가 공급되던 시골에서 심장병으로 갑자기 사망하는 사람의 숫자는 그때까지 전기가 보급되지 않았던 시골보다 4.5배 더 많았다. 밀햄은 "이렇게 큰 사망률 차이가 처음 보고된 후 지난 70여 년간 그 이유를 설명할 수 없었다는 사실은 도저히 믿을 수 없는 일인 것 같다."라고 기록하고 있다.[2] 그는 당시 아무도 해답을 찾지 않았을 것이라 추측했다.

하지만 내가 초기 문헌들을 조사하기 시작했을 때, 나는 모든 사람들이 답을 찾고 있다는 사실을 알게 되었다. 예를 들어, 하버드 의대와 함께 연구했던 유명한 심장병학자인 폴 화이트(Paul Dudley White)는 이 문제와 관련된 1938년 자료로 새뮤얼 밀햄의 궁금증을 더했다. 그는 자신이 저술한 교과서 "심장 질환(Heart Disease)" 제2판에 19세기 후반 뉴욕에서 내과를 진료했던 저명한 의사 오스틴 플린트(Austin Flint)가 5년 동안 협심증(심장 질환으로 인한 가슴 통증) 환자를 단 한 건도 겪지 않았다고 놀라워하며 적었다. 화이트는 1911년에 내

---

2 Milham 2010a, p. 345.

과 진료를 시작한 이래 그의 고향인 매사추세츠주에서 심장병 발병률이 3배나 증가한 사실에 충격받았다. 그는 "심장 질환은 사망 원인으로 지금까지 이곳에서 점점 큰 부분을 차지해오고 있으며, 현재 결핵, 폐렴, 기타 악성질환을 훨씬 능가하는 것으로 사료된다."라고 기술했다. 1970년, 은퇴할 무렵에도 화이트는 여전히 그 원인을 설명할 수 없었다. 그는 오늘날 가장 흔한 심장 질환의 유형인 관상동맥질환(관상동맥이 막히는 질병)을 수련의 당시 처음 몇 년 동안 거의 아무런 사례도 보지 못했다는 사실에 의아해할 수밖에 없었다. 그는 "나의 초기 논문 100편 중 단지 마지막 2편만 관상동맥질환과 연관되어 있었다."라고 기록하고 있다.[3]

그러나 심장병이 20세기 초에 아무 이유 없이 갑자기 생긴 것이라고는 할 수 없다. 사람들이 들어보지 못한 병은 아니지만 비교적 흔하지 않았다. 미국의 인구 동태 통계를 보면 화이트가 의대를 졸업하기 훨씬 전에 심장병 발병률이 증가하기 시작했다. 오늘날과 같은 유행은 사실 맨 처음 전신선이 폭발적으로 증가한 1870년대에 이르러 갑자기 시작되었다. 하지만 여기에 관해서는 좀 더 신중할 필요가 있다. 전기가 심장병의 주요인이라는 증거는 밀햄이 추측하고 있는 것보다 훨씬 더 광범위하게 존재하며, 전기가 심장에 손상을 주는 메커니즘도 잘 알려져 있다.

---

3 White 1938, pp. 171-72, 586; White 1971; Flint 1866, p. 303.

우선, 전기화는 세계 몇몇 지역에서 지금도 여전히 진행되기 때문에 우리는 밀햄의 제안을 뒷받침하는 증거를 위해 역사적 자료에만 의존할 필요는 없다.

1984년부터 1987년까지 인도의 시타람 바르티아 과학연구원(Sitaram Bhartia Institute of Science and Research)의 과학자들은 놀라울 정도로 높았던 델리(Delhi)의 관상동맥질환 발병률을 50~70킬로미터 떨어진 하랴나(Haryana) 주의 구르가온(Gurgaon) 시골 지역의 발병률과 비교하기로 했다. 2만 7천명을 인터뷰했고, 예상대로 시골보다 도시에 심장 질환이 더 많은 것을 발견했다. 그러나 그들은 거의 모든 예상 위험요소가 실제로 시골 지역에 더 많다는 사실에 놀랐다.

도시 거주자들은 시골 사람들보다 담배도 훨씬 덜 피우고, 칼로리, 콜레스테롤, 포화 지방도 적게 섭취했다. 하지만 심장병은 5배나 높았다. 연구진은 "본 연구에서 관상동맥 질환의 만연과 도시-시골 차이는 어떤 특정 위험요소와도 관련이 없기 때문에 전통적인 설명 이상의 다른 요인을 찾아야 한다."라고 말했다.[4] 연구원들이 검토하지 않았던 가장 명백한 요인은 전기다. 이유는 1980년 중반의 구르가온 지역이 아직 전기 보급이 이루어지지 않았기 때문이다.[5]

이러한 종류의 자료를 이해하기 위해서는 심장병과 전기, 그리고 이 둘의 관계에 대해 무엇이 알려졌고 또 무엇이 아직 알려지지 않았

---

4 Chadha et al. 1997.
5 Milham 2010b.

는지 검토할 필요가 있다.

내가 자랄 때 우리 집에서 부엌 요리를 담당하셨던 나의 헝가리 출신 할머니는 동맥경화증을 앓으셨다. 할머니는 자신을 위해 의사 조언대로 지방이 적은 음식을 요리했고 우리도 같은 음식을 먹었다. 할머니 요리 솜씨가 훌륭했기 때문에 나는 집을 떠난 뒤로도 그 맛에 푹 빠져 계속 비슷한 스타일의 식사를 해왔다. 지난 38년 동안 나는 채식주의자로 지냈다. 나는 이런 식으로 먹는 것이 건강에 가장 좋고 내 심장에도 좋다고 믿는다.

하지만 내가 이 장을 위한 조사 연구를 시작한 직후, 한 친구가 나에게 『콜레스테롤 신화(The Cholesterol Myths)』라는 제목의 책을 주었다. 이 책은 2000년에 덴마크 의사 우페 라벤스코프(Uffe Ravnskov)가 출간한 책이고, 그는 내과 및 신장(콩팥) 질환을 전공한 스웨덴 룬드(Lund)에 사는 은퇴한 가정의학과 의사였다. 나는 저자가 편견을 가졌기 때문에 읽기를 거부했다. 그는 채식주의자는 영웅심으로 좋은 음식 맛을 스스로 거부하고 즐거움을 피하는 금욕주의자이며, 이러한 행위는 더 오래 살게 될 것이라는 잘못된 믿음 때문이라 생각하고 있었다.

나는 결국 그의 편견을 무시하고 책을 읽었고, 그 책이 참고자료가 충실하고 잘 조사되었음을 알게 되었다. 그 책은 현대인이 옛날 조상보다 더 많은 동물성 지방을 몸에 지니게 되어 오늘날 더 잦은 심장마비를 겪는다는 주장을 뒤엎는다. 표면상으로는 그의 논지는 내가 배우고 경험한 것과는 반대다. 그래서 나는 그가 인용한 연구자료들을 많이 복사해서 내가 전기에 관해 알고 있는 것에 근거하여 마침내 이해가 될 때까지 반복해서 읽었다. 명심해야 할 가장 중요한 것은 초기 연구들은 지금의 연구와 같은 결과를 얻지 못했으며, 여기에는 이유가 있었다는 점이다. 세계 다른 지역에서 수행한 최근 연구들조차 서로 간에 항상 동의가 이루어지지 않은 것도 이러한 이유다.

그러나 라벤스코프는 대체 건강 분야에서 아이콘 같은 중요한 존재가 되어왔다. 여기에는 중증 환자에게도 동물성 지방을 강조하며 고지방 식단을 처방하는 많은 환경 의학 전문의도 포함된다. 그들은 의학 문헌을 잘못 해석하고 있다. 라벤스코프가 신뢰하는 연구들은 식이요법 이외의 어떤 다른 요소가 심장병의 현대적 재앙을 야기하는 것을 분명히 보여준다. 하지만 그 연구들은 현대 사회에서 식이 지방을 줄이는 것이 그 외 다른 요인에 의한 피해를 예방하는 데 도움이 된다는 것도 보여주고 있다. 사실상 1950년대 이후 선진산업국에서 행해진 모든 대규모 연구는 내가 의대에서 배운 것과 일치하며 콜레스테롤과 심장병 사이의 직접적인 상관관계를 보여주고 있다.[6] 또한 채

---

6 Dawber et al. 1957; Doyle et al. 1957; Kannel 1974; Hatano and Mat- suzaki 1977; Rhoads et al. 1978; Feinleib et al. 1979; Okumiya et al. 1985; Solberg et al. 1985; Stamler et al. 1986; Reed et al. 1989; Tuomilehto and Kuulasmaa 1989; Neaton et al. 1992; Verschuren et al. 1995; Njølstad et al. 1996; Wilson et al. 1998; Stamler et al. 2000; Navas-Nacher et al. 2001; Sharrett et al. 2001; Zhang et al. 2003.

식주의자와 육류 섭취자를 비교한 모든 연구는 채식주의자들이 콜레스테롤 수치가 낮고 심장마비로 사망할 위험이 낮다는 것을 밝혔다.[7]

라벤스코프는 이 현상은 육식을 하지 않는 사람들이 다른 면에서도 건강에 더 신경을 쓰기 때문이라고 추측했다. 하지만 오직 종교적인 이유로 채식주의자인 사람들에게서도 같은 결과가 나타났다. 안식교인(Seventh Day Adventists)들은 모두 담배와 술을 금하고 있지만, 그중 육식을 금하는 사람은 절반 정도에 불과하다. 많은 대규모 장기 연구에서 채식주의자인 안식교인들은 심장병으로 사망할 확률이 2~3배 낮다는 것이 밝혀졌다.[8]

당황스럽게도 20세기 전반기에 행해진 초기 연구에는 이런 종류의 결과는 없었으며 콜레스테롤이 심장병과 관련이 있다는 것도 보여주지 않았다. 대부분의 연구자들에게 이 문제는 식이요법에 대한 현재의 생각과 상반되어 해결 불가능한 역설이 되었고, 주류 의학계가 초기 연구를 기각한 이유가 되었다.

예를 들어, 가족력 고콜레스테롤혈증(hypercholesterolemia)이라고 불리는 유전적 특성을 가진 사람들은 혈중 콜레스테롤 수치가 매우 높아서 때로는 관절에 지방이 쌓일 수도 있으며 콜레스테롤 결정체로 인해 발가락, 발목, 무릎에 통풍 같은 질병이 발생하기 쉽다. 오

---

7 Phillips et al. 1978; Burr and Sweetnam 1982; Frentzel-Beyme et al. 1988; Snowdon 1988; Thorogood et al. 1994; Appleby et al. 1999; Key et al. 1999; Fraser 1999, 2009.
8 Phillips et al. 1978; Snowden 1988; Fraser 1999; Key et al. 1999.

늘날에는 이런 사람들이 젊은 나이에 관상동맥 심장병으로도 사망하기 쉽다. 그러나 이것이 항상 그런 것은 아니다. 네덜란드 라이덴대학(Leiden University) 연구팀은 이러한 유전적 결함을 가진 세 사람을 대상으로 가계 족보를 추적하여 18세기 후반에 살았던 한 쌍의 공동 조상을 찾았다. 그 조상의 모든 후손들을 다시 추적해 내려와 지금 생존자들을 검사하여 결함이 있는 유전자를 확인하였다. 연구팀은 그 유전자를 확실히 물려받아 지니고 있거나, 혹은 그 유전자를 지닐 확률이 50%인 형제자매를 포함한 412명을 조사했다. 그들은 놀랍게도 1860년대 이전에는 이런 유전 형질을 가진 사람들이 일반인보다 사망률이 50% 낮았다는 것을 발견했다. 달리 표현하면, 콜레스테롤은 보호적 가치가 있는 것으로 보이며 콜레스테롤 수치가 매우 높은 사람들은 평균보다 오래 살았다. 그러나 이들의 사망률은 19세기 후반부터 꾸준히 증가하여 1915년경에는 일반인 사망률과 일치했다. 이 사망률은 20세기에서 계속 증가하여 1950년대에는 평균 두 배에 달했고 이후 다소 떨어졌다.[9] 이 연구에 근거하면, 1860년대 이전에는 콜레스테롤이 관상동맥 심장병을 유발하지 않았다고 추측할 수 있으며, 이것이 사실이라는 다른 증거도 있다.

1965년 캐나다 매니토바대(University of Manitoba) 레온 마이클스(Leon Michaels)는 관상동맥 심장 질환이 극히 드물었던 이전 세기의 지방 소비에 관한 역사자료를 조사하기로 했다. 그가 알아낸 것 역시

---

9 Sijbrands et al. 2001.

지금의 학설과 상반되었으며, 이를 통해 콜레스테롤 이론에 뭔가 분명 잘못되었음을 확신하게 되었다. 1696년의 기록을 보면, 당시 영국 인구의 부유층 50%(약 270만명)는 1인당 연평균 147.5파운드(66.9kg)의 고기를 섭취했다. 이 수치는 1962년의 영국 육류 소비 전국 평균보다 많다. 또 20세기 이전에는 어느 시기도 동물성 지방의 섭취가 줄어든 적이 없었다. 1901년에 계산된 기록에 따르면, 영국에서 집에 하인을 두는 계층 사람들이 평균적으로 1950년보다 1900년에 훨씬 많은 양의 지방을 소비한 것으로 나타났다. 마이클스는 현대 사회에서 심장병이 만연하게 된 것은 운동 부족도 아니라고 생각했다. 왜냐하면 심장병이 가장 많이 증가한 부류는 육체노동에 종사해본 적이 없고 과거보다 지방을 훨씬 적게 섭취하는 게으른 상류층이기 이기 때문이다. 그래서 운동 부족 외에 다른 요인이 작용했음을 추측할 수 있다.

그 후 런던대(University of London) 사회의학 교수 제레미야 모리스 (Jeremiah Morris)의 예리한 연구가 있었다. 그는 20세기 전반기에는 관상동맥 죽종(관상동맥 내부 콜레스테롤 덩어리)이 실제로 감소하는 동안 관상동맥 심장병은 오히려 증가한 현상을 찾아냈다. 모리스는 1908년부터 1949년까지 런던병원(London Hospital)의 부검기록을 조사했다. 1908년, 30~70세 남성의 전체 부검 30.4%가 관상동맥 죽종 발달을 보였으나 1949년에는 오직 16%에 불과했다. 여성의 경우 이 수치가 같은 시기 25.9%에서 7.5%로 떨어졌다. 즉 관상동맥의 콜레스테롤 혹 덩어리는 이전보다 훨씬 덜 흔했지만, 그것은 더 많은 질병, 더 많은 협심증, 더 많은 심장마비에 기여하고 있었다. 모리스가 예일대 의대(Yale University Medical School)에서 이 주제에 관한 논문을 발표한 1961년까지는 매사추세츠주 프레밍햄(Framingham)[10]과 뉴욕주 알바니(Albany)[11]에서 있었던 연구들이 콜레스테롤과 심장병 사이의 관련성을 확립하고 있었다. 모리스는 다른 알려지지 않은 환경적 요소도 중요하다고 확신했다. 그는 청중들에게 "음식에서 지방 이상의 것들이 혈중 지방 수준에 영향을 미치고, 혈중 지방 이상의 것이 관상동맥 죽종 형성에 관여하고 있으며, 죽종 이상의 것이 허혈성 심장병을 부른다는 주장은 상당히 타당성이 있다."라고 말했다.

그 요인은 전기라는 것을 우리는 곧 알게 될 것이다. 우리 환경에서 전자기장이 매우 강렬해져서 우리는 조상들의 방식으로는 지방을 대사시킬 수 없다.

1930년대와 1940년대 미국에서 인간에게 영향을 미쳤던 환경적 요인은 당연히 동물에도 영향을 미친다. 여기 필라델피아 동물원에서 있었던 자료를 보자.

비교병리학연구소(Laboratory of Comparative Pathology)는 1901년에 동물원에 설립된 독특한 시설이었다. 연구소 소장 허버트 폭스(Herbert Fox)와 후임자 허버트 래트클리프(Herbert L. Ratcliffe)는

---

10   Dawber et al. 1957.
11   Doyle et al. 1957.

1916~1964년까지 동물원에서 죽은 1만 3천여 마리의 동물 부검기록을 보관했다.

이 시기 동안 포유류와 조류의 모든 종에서 동맥경화가 놀랍게도 10배에서 20배까지 증가했다. 1923년 폭스는 이러한 사례는 "극히 드문 일이다"라고 기록했다. 부검 시 2% 미만의 동물에서 사소하고 우발적인 발견으로 기록된다.[12] 1930년대에 발생률이 급격히 증가했으며 1950년대에는 어린 동물에서도 나타났다. 동맥경화는 부검 시 사소하게 관찰되는 현상이 아니라 동물의 잦은 사망 원인이 되었다. 1964년경에는 이 질병은 모든 포유류 종의 25%, 모든 조류 종의 35% 에서 발생했다.

관상동맥 심장병은 더욱 갑작스럽게 나타났다. 사실, 그 병은 1945년 이전에는 그 동물원에서 발생한 적이 없었다.[13] 그리고 동물원에 기록된 첫 번째 심장마비는 10년 후인 1955년에 발생했다. 동맥경화는 1930년대 이후 대동맥과 기타 동맥에서 어느 정도 규칙적으로 발생해 왔으나 심장의 관상동맥에서는 일어나지 않았다. 그러나 관상동맥 경화증은 포유류와 조류에서 매우 빠르게 증가하여 1963년 경에는 동물원에서 죽은 모든 포유류의 90% 이상, 모든 새의 72% 이상이 관상동맥 질환을 가지고 있었고, 포유류 24%와 조류 10%가 심장마비를 일으켰다. 대부분의 심장마비는 예상 수명 전반기의 어린

---

12 Fox 1923, p.71.
13 Ratcliffe et al. 1960, p.737.

동물들에게서 발생하고 있었다. 동맥경화증과 심장 질환은 동물원에 서식하는 포유류 45속(사슴, 영양, 들개, 다람쥐, 사자, 호랑이, 곰 등)과 조류 65속(기러기, 황새, 독수리 등)에서 발생하고 있었다.

음식은 이러한 변화와 아무런 관련도 없었다. 동맥경화 증가는 동물원 전체에 더 많은 영양식품이 보급된 1935년 훨씬 전에 시작되었다. 그리고 관상동맥 질환은 10년이 지나도록 발생하지 않았다. 반면에 동물들의 식사는 1935년부터 1964년까지 항상 같았다. 적어도 포유류의 경우, 개체군 밀도는 그들의 운동량과 마찬가지로 50년 내내 거의 그대로였다. 레트클리프(Ratcliffe)는 1940년에 시작된 번식 프로그램으로 인해 야기된 사회적 압력 때문에 해답을 찾으려고 노력했다. 그는 심리적 스트레스가 동물들의 심장에 분명 영향을 미쳤을 것으로 생각했다. 그러나 20년 넘게 지난 후에도, 관상동맥 질환과 심장마비가 동물원 전체를 통틀어 모든 종에서, 번식 중이든 아니든, 왜 놀라울 정도로 꾸준히 증가하고 있는지 설명할 수 없었다. 그는 1930년대에 심장 밖 동맥에서 경화증이 증가한 이유도 설명할 수 없었고, 다른 연구자들에 의해 필라델피아에서 수천 킬로미터 떨어진 영국 런던 동물원에서 1960년에 22%의 동물이[14], 벨기에 앤트워프(Antwerp) 동물원에서 1962년에 비슷한 수의 동물에서[15] 동맥경화 질환이 발견되었는지도 설명할 수 없었다.

---

14 Rigg et al. 1960.
15 Vastesaeger and Delcourt 1962.

무선주파수 사용 증가와 타조가 된 서방 국가

인간과 동물에서 관상동맥 질환이 폭발적으로 늘어난 1950년대 환경에서 가장 극적으로 증가한 요소는 무선주파수(RF) 방사선이었다. 제2차 세계대전 이전에는 전파가 라디오 통신과 고주파요법(diathermy, 신체 일부를 가열하여 치료하는 방법) 두 가지 용도로만 널리 사용되어왔다.

갑자기 무선주파수(RF) 방출 장비에 대한 수요를 충족시킬 수 없었다. 미국 남북전쟁에서 전신(telegraph)의 사용은 상업적 발전을 자극했고, 제1차 세계 대전에서 전파(radio) 사용도 통신기술에서 같은 역할을 했다. 또 제2차 세계 대전에서 레이더(radar) 사용으로 많은 새로운 산업이 생겨났다. RF 발진기(oscillators)는 처음으로 대량 생산되고 있었고, 수십만 명의 사람들이 직장에서 전파에 노출되고 있었다. 이 전파는 이제 레이더뿐만 아니라 내비게이션, 라디오, 텔레비전, 전파 천문학, 난방, 수십 개의 산업에서 사용되는 밀봉과 용접, 그리고 가정의 "전자레인지"에서도 사용되었다. 산업 종사자뿐만 아니라 전체 인구가 과거에는 겪어 보지 못한 수준의 RF 방사선에 노출되고 있었다.

역사는 과학보다 정치와 더 관련이 크기 때문에 세계 양쪽(서방 국가와 동구권)에서 반대 방향으로 나아갔다. 서방 국가들에서는 과학은 더욱 부정하는 쪽으로 깊어만 갔다. 제4장에서 보았듯이, 1800년대에는 타조처럼 모래에 머리를 파묻었고 지금은 단지 그 위에 모래만 더 쌓았다. 레이더 기술자들이 두통, 피로, 가슴 불편, 눈 통증, 심지어 불임과 탈모에 대해 호소할 때, 건강 검진과 혈액 검사를 받도록 신속하게 병원으로 보내졌다. 대단한 결과가 나타나지 않자 그들은 다시 일자리로 돌아가라는 명령을 받았다.[16] 록히드항공사(Lockheed Aircraft) 캘리포니아 지부의 의료 책임자인 찰스 배런(Charles I. Barron)의 태도가 대표적이었다. 그는 1955년 워싱턴 DC에서 열린 회의에서 의료계, 군, 여러 교육기관, 항공업계 대표들에게 연설하면서 마이크로웨이브 방사선으로 인한 질병 관련 보고는 "일반 간행물이나 신문에 자주 나왔다."라고 말했다. 그는 이어 "불행히도, 지난 몇 년 동안 이러한 정보가 발표된 것은 우리의 가장 강력한 공중 레이더 송신기 개발과 시기적으로 일치했으며, 엔지니어들과 레이더 시험 요원들 사이에서 상당한 우려와 오해가 생겼다."라고 덧붙였다. 그는 청중들에게 수백 명의 록히드 직원들을 조사했는데 레이더에 노출된 사람들의 건강상태와 노출되지 않은 사람들의 건강상태는 아무런 차이가 없었다고 말했다. 그의 연구는 이후 항공의학저널에 게재되었지만, 연설과 같이 "나쁜 것은 보지 마라(좋은 것이 좋다)" 태도로 더럽혀졌다. 그가 말했던 "노출되지 않은" 비교 집단은 실제로 평방센티미터 당 3.9mW 이하 레이더 강도에 피폭된 록히드 노동자들이었다. 이 수치는 오늘날 미국 일반 대중의 노출에 대한 법적 한계치의 거의 4배에 달한다. 이 "노출되지 않은" 직원의 28%는 신경성 또는 심혈

---

16   Daily 1943; Barron et al. 1955; McLaughlin 1962.

관 질환, 황달, 편두통, 출혈, 빈혈, 관절염으로 고통받았다. 그리고 배런이 평방센티미터 당 3.9mW 이상에 피폭된 "노출된" 집단으로 부터 혈액 시료를 반복 채취하여 분석했을 때, 피폭된 사람들의 대다수는 시간이 지남에 따라 적혈구 수가 현저하게 감소하고 백혈구 수가 크게 증가했다. 배런은 이러한 연구 결과를 "실험실의 오류"라고 일축했다.[17]

동구권 국가들의 경험은 달랐다. 노동자의 불평이 중요하게 여겨 졌다. 마이크로웨이브 방사선에 노출된 근로자의 진단과 치료에 전 념하는 의료원이 모스크바, 레닌그라드, 키예프, 바르샤바, 프라하, 기타 도시에 설립되었다. 평균적으로 이러한 산업에 종사한 근로자 들의 약 15%가 치료를 받아야 할 정도로 병에 걸렸고, 2%는 영구 장 애인이 되었다.[18]

구소련과 동맹국들은 마이크로웨이브 방사선에 의한 증상은 1869년 미국의 의사 조지 비어드(George Beard)가 처음 기술한 증상과 같 다는 것을 알게 되었다. 그래서 그들은 비어드의 용어를 사용하여 증 상을 "신경 쇠약(neurasthenia)"이라고 불렀고, 그 증상을 일으킨 병 은 "마이크로웨이브 질병(microwave sickness)" 또는 '전파 질병(radio wave sickness)'이라고 명명했다.

1953년 모스크바의 노동위생 및 직업병 연구소(Institute of Labor

---

17 Barron et al. 1955; Brodeur 1977, pp. 29-30.
18 Sadchikova 1960, 1974; Klimková-Deutschová 1974.

Hygiene and Occupational Diseases)에서 집중 연구가 시작되었다. 1970
년대에 그 연구의 결실은 수천 개의 출판물을 발간했다.[19] 전파병에
관한 의학 교과서가 만들어졌고, 러시아 및 동유럽 의과대학의 교과
과정에도 들어갔다. 오늘날 러시아 교과서는 심장, 신경계, 갑상선,
부신, 기타 장기에 대한 영향을 기술하고 있다.[20] 증상은 두통, 피로,
허약, 현기증, 구역질, 수면장애, 자극 과민성, 기억력 상실, 정서불안,
우울증, 불안감, 성기능 장애, 식욕 저하, 복통, 소화 장애다. 환자들은
가시적 떨림, 차가운 손과 발, 상기된 얼굴, 과민반응, 과도한 땀, 부서
지기 쉬운 손톱과 같은 증상이 있다. 혈액 검사에서 탄수화물 대사 장
애와 트리글리세리드(triglyceride) 및 콜레스테롤 증가가 나타난다.

심장 질환 증상이 두드러지게 나타난다. 증상으로는 심장 두근거
림, 무겁고 찌르는 듯한 가슴 통증, 격한 작업 후의 숨 가쁨, 불안정한
혈압과 맥박이 있다. 급성노출은 대개 급속한 심장박동과 고혈압을

---

19 Pervushin 1957; Drogichina 1960; Letavet and Gordon 1960; Orlova 1960;
Gordon 1966; Dodge 1970 (review); Healer 1970 (review); Marha 1970;
Gembitskiy 1970; Subbota 1970; Marha et al. 1971; Tyagin 1971; Barański
and Czerski 1976; Bachurin 1979; Jerabek 1979; Silverman 1979 (review);
McRee 1979, 1980 (reviews); Sadchikova et al. 1980; McRee et al. 1988
(review); Afrikanova and Grigoriev 1996. For bibliographies, see Kholodov
1966; Novitskiy et al. 1970; Presman 1970; Petrov 1970a; Glaser 1971-1976,
1977; Moore 1984; Grigoriev and Grigoriev 2013.
20 개인 교신 Oleg Grigoriev and Yury Grigoriev, Russian National Committee
on Non-Ionizing Radiation Protection. Russian textbooks include Izmerov
and Denizov 2001; Suvorov and Izmerov 2003; Krutikov et al. 2003; Krutikov
et al. 2004; Izmerov 2005, 2011a, 2011b; Izmerov and Kirillova 2008;
Kudryashov et al. 2008.

유발하는 반면 만성노출은 그와 반대로 저혈압과 분당 35~40번 정도에 해당하는 느린 심장박동을 유발한다. 첫 번째 심장 소리는 둔해지고, 왼쪽 심장은 확장되며, 심장 정점 너머로 잡음이 들리며, 종종 조기 박동과 불규칙한 리듬이 동반된다. 심전도는 심장 내 전기전도 방해와 좌축 편차(left axis deviation)로 알려진 상태를 나타낼 수 있다. 심장 근육의 산소 결핍 징후(평평해지거나 역전된 T파와 눌린 ST 간격: 심전도 기록에서 나타나는 결과)는 매우 빈번하며 때로는 충혈성 심부전이 최종 결과물이다. 니콜라이 타이긴(Nikolay Tyagin)은 자신이 1971년에 저술한 의학 교과서에서 라디오파에 노출된 노동자의 약 15%만이 정상적인 심전도(EKG)를 가지고 있다고 설명하고 있다.[21]

비록 이러한 지식이 미국의학협회에 의해 완전히 무시되어 왔고 현재 어떤 미국 의과대학에서도 가르쳐지지 않고 있지만, **미국의 일부 연구자들로부터 주목을 받아 왔다.**

1960년 생물학자 앨런 프레이(Allan H. Frey)는 호기심으로 마이크로웨이브 연구에 관심을 가졌다. 코넬대(Cornell University) 제너럴 일렉트릭사(GE) 고등전자연구소(Advanced Electronics Center)에서 일하면서 그는 이미 정전기장이 동물 신경계에 어떤 영향을 미치는지 탐구하고 있었고, 공기 중 이온의 생물학적 영향을 실험하고 있었다. 그해 말, 그는 학회 참석 중 만난 시러큐스(Syracuse)에 있는 GE의 레이더

---

21   Tyagin 1971, p.101.

검사소 에서 온 기술자가 자신은 레이더 소리를 들을 수 있다고 말했다. 프레이가 "나도 현장으로 데려가 레이더 소리를 듣게 해주세요."라고 했더니 "그는 다소 놀라는 표정이었다. 레이더 소리를 들었다는 자신의 말을 함부로 무시하지 않은 사람은 내가 처음이었던 것 같았다."[22] 그는 프레이를 시러큐스 레이더 돔 근처에 있는 자신의 작업 현장으로 데리고 갔다. 프레이는 "그리고 내가 그 주위를 돌아다니다가 진동 빔(pulsating beam) 가장자리에 서려고 올라갔을 때, 나도 그 소리를 들을 수 있었다"고 기억했다. "레이더에서 찝-찝-찝 하는 소리가 들렸다."[23]

이 우연한 만남이 프레이의 장래 진로를 바꿨다. 그는 GE를 그만두고 마이크로웨이브 방사선의 생물학적 영향에 관해 연구를 본격적으로 시작했다. 1961년 "마이크로웨이브 청감(microwave hearing)"에 관한 첫 논문을 발표했는데, 이 현상은 지금도 충분히 설명되지는 못하고 있지만 그 현상이 나타난다는 것은 모두가 인정하고 있다. 그는 이후 20년 동안 마이크로웨이브가 동물 행동에 미치는 영향을 실험하고, 청각 시스템, 눈, 뇌, 신경계, 심장에 미치는 영향을 명확히 밝히기 위한 연구를 하고 있다. 그는 지금의 휴대전화가 방출하는 것보다 훨씬 낮은 수준의 전자파 방사선이 뇌혈관 보호막(blood-brain barrier)에 미치는 영향을 규명했다. 뇌혈관 보호막은 박테리아, 바이러스, 독

---

22 Frey 1988, p. 787.
23 Brodeur 1977, p. 51.

성 화학물질의 침입으로부터 뇌를 보호하며 이곳의 손상은 뇌의 위험을 알리는 경고성 역할을 한다. 그는 신경도 스스로 전자파를 내놓으며 이때 적외선 스펙트럼에서 파동을 방사한다는 사실을 증명했다. 프레이의 모든 선구자적 업적은 미 육군(US Army)과 해군연구청(Office of Naval Research)의 연구비 지원으로 이루어졌다.

구소련의 과학자들이 마이크로웨이브 방사선으로 심장의 리듬을 마음대로 변형할 수 있다는 보고를 하자 프레이는 이에 특별한 관심을 가졌다. 모스크바의 레비티나(N. A. Levitina)라는 여성과학자는 자신이 전자파를 방사하는 동물의 신체 부위에 따라 심장 박동수를 빠르게 또는 느리게 할 수 있다는 것을 발견했다. 동물의 머리 뒤통수에 방사하면 박동수가 빨라진 반면, 몸의 등쪽이나 위장에 방사하면 느려졌다.[24]

프레이는 펜실베이니아에 있는 자신의 실험실에서 이 연구를 한 단계 높여 보려고 했다. 그는 러시아의 연구 결과와 자신의 생리학 지식을 바탕으로 마이크로웨이브를 조절하면 심장 박동과 리듬을 변화시킬 수 있는지 알아보았다. 다시 말하면, 만약 심장 박동의 파장, 형태, 시작 시간이 정확하게 일치하는 마이크로웨이브를 심장에 방사하면 인위적으로 박동 속도를 빠르게 하고 리듬을 방해할 수 있는지 실험해봤다.

그의 실험은 마법처럼 잘 맞았다. 그는 먼저 개구리 22마리로부터

---

24 Presman and Levitina 1962a, 1962b; Levitina 1966.

심장을 분리하여 실험을 시도했다. 박동수는 매번 증가했다. 심장 절반에서는 부정맥이 발생했고, 일부는 심장이 멈췄다. 전자파 방사선 진동은 박동 시작 후 정확히 0.2초 후에 가장 큰 피해를 주었다. 가해진 평균 전자파 밀도는 입방센티미터당 0.6mW에 불과했다. 이 세기는 상의 주머니에 휴대전화를 넣고 통화를 시도할 때 심장이 흡수하는 전자파 방사선보다 거의 1만 배나 약한 것이다.

프레이는 이 실험을 1967년에 했다. 2년 후 그는 24마리의 살아있는 개구리에 대해 같은 실험을 했는데, 결과는 비슷했지만 극적이지는 않았다. 부정맥이나 심장마비는 일어나지 않았지만, 전자파 진동이 각 박동의 시작과 일치할 때, 심장의 속도는 현저하게 빨라졌다.[25]

이러한 효과가 발생한 이유는 심장이 전기 작동 기관이며 마이크로웨이브 진동이 심장 박동 조절기를 방해하기 때문이다. 하지만 이러한 직접적인 효과 외에, 보다 근본적인 문제가 있다: 마이크로웨이브 방사선과 일반 전기는 세포 수준에서 영향을 주어 심장의 산소를 고갈시킨다. 이 세포 수준의 영향은 아주 묘하게도 폴 화이트(Paul Dudley White)팀에 의해 발견되었다. **1940~50년대에 구소련이 어떻게 전파(radio wave)가 노동자들에게 신경쇠약을 일으키는지를 연구하는 동안, 미국은 군에서 신병들에게 같은 질병을 조사하고 있었다.**

---

25 Frey and Seifert 1968; Frey and Eichert 1986.

참전 군인들의 심장 통증과 신경성 질환

1941년 만델 코헨(Mandel Cohen) 박사와 동료들에게 맡겨진 일은 제2차 세계대전에 참전한 많은 군인들이 왜 심장이 아프다고 보고하는지를 밝혀내는 것이었다. 그들의 연구는 의학 저널에 많은 짧은 기사로 게재되었지만, 그 연구의 본체는 오랫동안 잊혀진 150쪽짜리 보고서였다. 이 보고서는 루스벨트 대통령이 전쟁에 관련된 과학 및 의학 연구를 다루기 위해 만든 과학연구개발국(Office of Scientific Research and Development)의 의학연구위원회에 제출되었다. 내가 미국에서 찾은 유일한 사본은 국립의학도서관(National Library of Medicine)의 펜실베이니아 창고에서 썩어가는 마이크로필름 한 통이었다.[26]

지그문트 프로이트(Sigmund Freud, 오스트리아 정신과의사) 후계자와는 달리 코헨 연구팀은 불안감에 대한 불평도 주의 깊게 관찰하고 동시에 대부분의 환자에서 나타나는 신체적인 이상도 심각하게 받아들였다. 연구팀은 이 병을 그동안 비슷한 증상에 붙여졌던 다양한 병명 대신에 "신경순환계무력증(neurocirculatory asthenia)"으로 부르기를 선호했다. 1860년대 이후 사용한 다양한 이름은 "신경쇠약(neurasthenia)", "과민 심장(irritable heart)", "피로 증후군(effort syndrome)", "불안 신경증(anxiety neurosis)"이다. 하지만 그들이 본 증상은 1869년 조지 비어드(George Miller Beard)가 처음으로 묘사한 증

---

26 Cohen, Johnson, Chapman, et al. 1946.

상과 같았다(제5장 참조). 연구팀의 관심은 심장이었지만 연구에 참여한 144명의 병사는 호흡기, 신경, 근육, 소화기에도 이상 증상을 보였다. 환자들은 평균적으로 심장 두근거림, 가슴 통증, 숨 가쁨을 보였고, 추가로 긴장, 신경과민, 떨림, 허약, 우울, 탈진과 같은 증상을 보였다. 집중할 수 없었고, 살이 계속 빠졌고, 불면증에 시달렸다. 또 두통, 어지럼증, 메스꺼움을 호소했고, 때로는 설사나 구토에 시달리기도 했다. 하지만 혈액 검사, 소변 검사, 엑스선 검사, 심전도 검사, 뇌파 뇌전도와 같은 표준검사는 보통 "정상 기준 이내"라는 결과가 나왔다.

이 연구를 지휘한 코헨은 이병에 대해 열린 마음을 갖게 되었다. 앨라배마에서 자라서 예일대에서 교육을 받았던 그는 당시 하버드 의대 젊은 교수였다. 그는 정신의학의 혁명적 변화를 마침내 가져올 최초의 불꽃 하나를 밝히기 위해 자신이 배웠던 지혜에 이미 도전하고 있는 중이었다. 1940년대는 프로이트의 정신분석을 배운 의사들이 모든 미국 의과대학을 지배하고 있었지만, 그는 이들을 우상숭배자라 부를 만큼 용기가 있었다. 또 그는 미국 문화의 모든 면을 비평하는 능력을 가졌으며 할리우드의 상상력도 겸비했다.[27]

코헨 연구팀의 두 수석 연구원 중 한 명은 폴 화이트(Paul White)였고, 다른 한 명은 신경학자 스탠리 콥(Stanley Cobb)이었다. 화이트는 이미 민간인을 대상으로 한 심장학 수련의 과정에서 신경순환계

---

27 Cohen 2003.

무력증을 잘 알고 있었고, 프로이트와는 달리 이것은 육체적 질병이 분명하다고 생각했다. 이 세 사람의 지도력 아래, 연구팀은 이것이 분명한 육체적 질병이라는 것을 확인했다. 그들은 1940년대에 이용 가능했던 기술들을 사용하여, 그 병이 대유행했던 19세기에는 아무도 할 수 없었던 위대한 일을 성취했다. 그들은 신경 쇠약은 정신적이 아니라 육체적인 원인으로 발생하는 것임을

만델 코헨(1907-2000)
(Mandel Ettelson Cohen)

보여주고 결론을 내렸다. 그리고 그들은 그 병을 진단할 수 있는 객관적인 증상을 기록한 목록을 의료계에 전달했다.

대부분의 환자들은 휴식 상태에서 빠른 심장 박동수(분당 90회 이상)와 빠른 호흡수(분당 20회 이상)를 가지고 있었으며, 손가락의 떨림, 무릎 과민증, 발목 반사작용도 있었다. 대부분이 손이 차고 환자의 절반은 눈에 띄게 얼굴과 목이 상기되어 있었다.

순환장애가 있는 사람들은 손톱 밑단의 조주름(nail fold)에 비정상적인 모세혈관을 가장 쉽게 볼 수 있다는 것은 오래전부터 알려져 왔다. 화이트 연구팀은 신경순환계무력증 환자들에게서 그런 비정상적인 모세혈관을 일상적으로 발견했다.

연구팀은 이러한 환자들이 열, 고통, 특히 전기에 과민 반응을 보이는 것을 발견했다. 이들은 건강한 정상인들보다 훨씬 낮은 강도의

전기 충격에서 반사적으로 손을 뗐다.

경사진 러닝머신 위에서 3분 동안 뛰라고 했을 때, 환자 대다수는 그것을 할 수 없었다. 그들은 평균 1분 30초밖에 지속하지 못했다. 그러한 운동을 한 후에 그들의 심장 박동수는 지나치게 빨라졌고, 운동 중 산소 소비량은 비정상적으로 낮았고, 가장 중요한 것은 그들의 호흡 효율이 비정상적으로 낮았다는 것이다. 이는 같은 양의 공기를 마실 때 정상인에 비해 산소를 적게 사용하고 이산화탄소를 적게 배출했다는 의미다. 이를 보충하기 위해, 그들은 건강한 사람보다 더 빠른 속도로 공기를 들이마셨고 그래도 몸은 여전히 충분한 산소를 사용하지 않기 때문에 계속 달릴 수 없었다.

같은 러닝머신에서 15분 정도 걸어도 비슷한 결과가 나왔다. 모든 실험 대상자들은 이 쉬운 일을 마칠 수 있었다. 하지만 평균적으로 신경순환계무력증 환자는 같은 양의 산소를 섭취하기 위해 건강한 사람보다 분당 15%의 공기를 더 많이 마셨다. 그리고 더 빨리 호흡함으로써, 환자들은 건강한 사람들과 같은 양의 산소를 섭취할 수 있었지만, 혈액에는 두 배나 더 많은 젖산이 있었다. 이는 세포가 산소를 효율적으로 사용하고 있지 않다는 것을 의미한다.

건강한 사람들에 비해 환자들은 같은 양의 공기에서 산소를 더 적게 흡수했고, 세포는 같은 양의 산소로부터 에너지도 더 적게 생산했다. 연구팀은 환자들이 산소 대사 결함으로 고통을 겪는다고 결론지었다. 다시 말해서, 환자들은 세포의 에너지 생산소인 미토콘드리아에 문제가 있었다는 것이다. 환자들은 충분한 공기를 취할 수 없다고 불평을 했고 이는 이론과 일치된다. 환자들의 모든 장기는 산소가 부족해서 심장 질환과 기타 장애를 호소하게 된다. 신경순환계무력증 환자들은 결과적으로 산소 호흡(공기 호흡이 아닌)을 할 때에도 정상적인 호흡 주기처럼 숨을 참는 것을 할 수가 없었다.[28]

코헨 연구팀의 5년 동안, 경구 테스토스테론, 비타민B 복합체 과량 복용, 티아민(thiamine), 사이토크롬c, 심리치료, 그리고 전문 트레이너에 의한 체력훈련의 과정과 같은 여러 종류의 치료가 환자 군을 달리하면서 시도되었다. 이러한 치료 어떤 것도 증상을 호전시키거나 지구력을 향상시키지 못했다.

연구팀은 1946년 6월 "신경순환계무력증은 실제로 존재하며 환자나 의료 관찰자에 의해 가공된 질환이 아니라고 결론 내렸다. 이것은 군 복무를 회피하기 위해 전쟁 중에 나타난 꾀병이나 심리적인 현상이 아니다. 군 복무 병사와 민간인도 이러한 장애를 겪는 것은 매우 흔하다."[29] 연구팀은 프로이트의 "불안 신경증(anxiety neurosis)"이라는 용어에 반대했다. 왜냐하면 불안은 분명 결과이지 원인은 아니며, 그 원인은 공기를 충분히 취할 수 없다는 확실한 물리적 현상이기 때문이다.

연구팀은 이 병이 "스트레스"나 "불안감"에 의해 발생했다는 이

---

28 Haldane 1922, p.56; Jones and Mellersh 1946; Jones and Scarisbrick 1946; Jones 1948.
29 Cohen, Johnson, Chapman, et al. 1946, p.121.

론이 사실상 틀렸음을 입증했다. 과도한 호흡에 의해 병이 생긴 것도 아니다.[30] 환자들은 소변에서 스트레스 호르몬(17-ketosteroids) 수치가 증가하지 않았다. 신경순환계무력증을 가진 민간인에 대한 20년 동안의 추적 연구 결과, 이들은 전형적으로 고혈압, 소화 궤양, 천식, 궤양성대장염과 같이 불안으로 인해 생겨야 할 질병은 전혀 발병하지 않은 것으로 나타났다.[31] 하지만 이들은 심장 근육에 산소가 부족함을 나타내는 비정상적 심전도를 분명히 가졌다. 관상동맥 질환이나 심장에 구조적 손상이 실제로 있는 사람들도 비정상적인 심전도를 나타내기 때문에 때로는 이들과 구별할 수 없었다.[32]

이 질병이 전기와 관련 있다는 것은 구소련이 제공했다. 1950년대, 1960년대, 1970년대에 이르기까지 구소련 연구자들은 라디오파로 인한 신체적 징후와 증상, 그리고 심전도 변화를 설명했고, 이러한 것들은 1930년대와 1940년대에 화이트 등이 처음 보고하기 시작한 것과 동일했다. 심전도 변화는 심장의 전기전도 차단과 산소 고갈을 나타냈다.[33] 구소련 과학자들은 코헨과 화이트 팀의 동의를 받고, 이 환자들은 유산소 대사의 결함으로 고통받고 있다고 결론지었

---

30 Jones and Scarisbrick 1943; Jones 1948; Gorman et al. 1988; Holt and Andrews 1989; Hibbert and Pilsbury 1989; Spinhoven et al. 1992; Garssen et al. 1996; Barlow 2002, p.162.
31 Cohen and White 1951, p.355; Wheeler et al. 1950, pp.887-88.
32 Craig and White 1934; Graybiel and White 1935; Dry 1938. See also Master 1943; Logue et al. 1944; Wendkos 1944; Friedman 1947, p.23; Blom 1951; Holmgren et al. 1959; Lary and Goldschlager 1974.
33 Orlova 1960; Bachurin 1979.

다. 그들은 세포의 미토콘드리아에 이상이 있다고 생각했으며 그 이상이 무엇인지 찾아냈다. 우크라이나 키예프(Kiev)의 유리 뒤만스키(Yury Dumanskiy), 미하일 산달라(Mikhail Shandala), 류드밀라 토마셰프스카야(Lyudmila Tomashevskaya), 하르코프(Kharkov)의 콜로둡(F. A. Kolodub), 잘루봅스카야(N. P. Zalyubovskaya), 키셀리브 (R. I. Kiselev)는 음식에서 에너지를 추출하는 미토콘드리아 효소의 전자전달 체인에서 활동이 라디오파에 노출되는 동물들뿐만 아니라[34] 일반 전기선에서 나오는 자기장에 노출되는 동물들에서도[35] 감소한다는 것을 증명했다.

전신(telegraph)이 널리 사용된 첫 번째 전쟁이었던 미국 남북전쟁도 "심장 과민증(irritable heart)"은 눈에 띄게 많았던 질병이었다. 당시 필라델피아 군 병원의 젊은 외래의사였던 제이콥 다코스타(Jacob M. Da Costa)라는 그 질병의 전형적인 환자를 다음과 같이 묘사했다.

"몇 달 동안 현역에 복무해온 한 병사가 설사에 시달리고 있었다. 고통스러웠지만 병무 생활을 하지 못할 만큼 심하지는 않았다. 설사와 발열로 잠시 입원한 후, 부대로 돌아와 다시 병무 생활을 했다. 그

---

34 Dumanskiy and Shandala 1973; Dumanskiy and Rudichenko 1976; Zalyubovskaya et al. 1977; Zalyubovskaia and Kiselev 1978; Dumanskiy and Tomashevskaya 1978; Shutenko et al. 1981; Dumanskiy and Tomashevskaya 1982; Tomashevskaya and Soleny 1986; Tomashevskaya and Dumanskiy 1989; Tomashevskaya and Dumanskiy 1988.

35 Chernysheva and Kolodub 1976; Kolodub and Chernysheva 1980.

는 곧 예전처럼 고통을 참을 수 없다는 것을 알아차렸다; 숨이 차서 전우들을 따라잡을 수 없었고, 현기증, 가슴 두근거림, 가슴 통증으로 괴로웠다; 군장비가 그를 짓눌렀다. 그래도 그는 병이 없고 건강한 것처럼 보였다. 연대 군의관으로부터 병무 수행이 부적합하다는 진단을 받고 나서 그는 병원으로 이송되었다. 비록 겉으로는 건강한 상태인 것 같았지만 끊임없이 빠르게 뛰는 심장에 대한 증세가 병원에서 확인되었다."[36]

남북전쟁에서 전기 노출은 곳곳에서 일어났다. 1861년 전쟁이 발발했을 때, 동부 해안과 서부 해안은 아직 연결되지 않았으며 미시시피강 서쪽 대부분 지역은 전신선이 전혀 설치되지 않았다. 하지만 남북전쟁의 첫 번째 전투인 1861년 4월 12일 섬터 기지(Fort Sumter) 공격부터 마지막 리(Robert E. Lee) 장군의 아포마턱스(Appomatux) 항복까지 적어도 북군(Union)의 모든 병사들은 전신선 가까이 행진하고 주둔 캠프를 설치했다. 미국 전신군단(US Military Telegraph Corps)은 행진하는 군대의 뒤를 따라 15,389마일(24,766km)의 전신선을 설치했다. 워싱턴에 주둔한 군 지휘관들은 이 전신선을 이용하여 모든 야전 캠프와 즉시 교신할 수 있었다. 전쟁 후 이 임시 전신선은 모두 해체·폐기되었다.[37]

1864년 셔먼(William T. Sherman) 장군은 다음과 같이 기록하고 있

---

36 Da Costa 1871, p.19.
37 Plum 1882.

다. "그랜트(Ulysses S. Grant) 장군은 내가 있는 곳의 상태를 정확히 알지 못하는 날은 거의 없었다. 전신선으로 1,500마일(2,414km) 이상 되는 거리였다. 현장에는 얇은 절연 전신선이 급히 세운 말뚝이나 나무에서 나무로 설치되고 있었다. 6마일(9.7km)을 연결하는데 두 시간 가량 걸렸다. 나는 매우 숙련된 통신 기사들이 전신선을 잘라서 먼 거리로부터 메시지를 자신들의 혓바닥으로 받았는 것을 보았다."[38]

심장 과민증의 독특한 증상은 모든 미국 군대의 장병들에서 나타나고 있었고 아주 많은 군의관들의 관심을 끌었기 때문에 다코스타(Da Costa)는 이전의 어떤 전쟁에서도 그런 병을 기술한 사람이 없다는 사실에 어리둥절했다. 하지만 과거 어떤 전쟁에도 전신은 그렇게 광범위하게 사용되지 않았다. 1853~56년까지 있었던 크림 전쟁에 관한 영국통계편람(British Blue Book)에서 다코스타는 일부 부대가 "심장 두근거림"으로 병원에 입원했다는 두 가지의 자료를 찾았으며, 1857~58년까지 있었던 인도 반란(Indian Rebellion) 동안 인도에서 같은 문제가 보고된 것을 보고 단서가 될 만한 것을 발견했다. 이 두 개가 미국 남북전쟁 이전에 지휘본부와 부대를 연결하기 위해 전신선이 설치된 유일한 분쟁지역이었다.[39] 다코스타는 자신이 이전의 많은 분쟁에서 나온 의학적 문서들을 조사했지만 크림 전쟁 이전에는 그런 질병의 낌새조차 발견하지 못했다고 썼다.

---

38 Johnston 1880, pp.76-77.
39 Plum 1882, vol. 1, pp.26-27.

그 후 수십 년 동안, 심장 과민증은 비교적 관심을 거의 끌지 못했다. 인도와 남아프리카의 영국군과 때로는 다른 나라 병사들 사이에서 보고되기는 했지만[40] 사례는 얼마 되지 않았다. 남북전쟁 때도 다 코스타가 "흔한"이라 간주한 것도 오늘날의 기준으로 볼 때 많은 경우가 아니었다. 심장병이 사실상 존재하지 않았던 당시에는 2백만 명의 젊은 병사 중에서 1,200명의 가슴 통증 환자가 나타난 것이[41] 마치 처음 보는 바다의 암초처럼 갑자기 나타나 그의 관심을 끌었다. 그 암초가 나타난 이후로 1914년까지는 아무런 방해가 없는 평온한 바다를 가로지르는 좋은 여행 항로만 있었다.

그러나 제1차 세계대전이 발발한 직후, 일반인에게는 심장 질환은 여전히 드물었고 심장의학은 별도의 의학전문분야로 존재하지도 않았던 시기였지만 군인들은 가슴 통증과 숨 가쁨 병세를 보고하기 시작했다. 그 숫자는 수백 명을 넘어 수만 명에 이르렀다. 영국 육군과 해군에서 싸운 650만 명의 젊은이 중 10만 명 이상이 "심장 질환"이라는 진단으로 제대하고 연금을 받았다.[42] 이들 대부분은 "다코스타 증후군" 또는 "피로 증후군"이라고도 불리는 심장 과민증을 가지고 있었다. 미 육군에서는 그런 사례가 모두 "심장 판막 장애(valvular disorder)"라는 병명으로 기록되어 있었고, 이는 육군에서 질병으로

---

40 Oglesby 1887; MacLeod 1898.
41 Smart 1888, p.834.
42 Howell 1985, p.45; International Labour Office 1921, Appendix V, p.50.

제대하는 사유 중 세 번째로 흔했다.[43] 공군에서도 같은 병이 발생했지만, 거의 대부분이 "비행 병(flying sickness)"으로 진단되고 있었다. 이유는 비행 시 높은 고도에서 산소 압력 감소에 반복적으로 노출되어 발생한다고 생각되었기 때문이다.[44]

독일, 오스트리아, 이탈리아, 프랑스에서도 이와 유사한 보고가 있었다.[45]

미국 군의무감(US Surgeon General)은 너무나 엄청난 문제여서 육군 캠프에서 훈련 중인 400만 명의 병사들이 해외 파병 전에 심장 검사를 받도록 명령했다. 피로 증후군은 먼 곳에서(타향에서) 발병하는 "다른 모든 심장 질환이 결합한 가장 보편적인 장애"라고 검진의사 중 하나인 루이스 코너(Lewis A. Conner)가 말했다.[46]

이 전쟁에서 일부 병사들은 포탄 쇼크나 독가스에 노출된 후에 피로 증후군이 발병했다. 많은 병사들은 그런 노출 질병력이 없었다. 하지만 모든 병사들이 최신식 통신 방법을 사용하면서 전투에 나갔다.

대영제국은 독일이 동맹국 프랑스를 침공한지 이틀 후인 1914년 8월 4일 독일에 선전포고했다. 영국군은 8월 9일 프랑스로 출격하기

---

43 Lewis 1918b, p. 1; Cohn 1919, p. 457.
44 Munro 1919, p. 895.
45 Aschenheim 1915; Brasch 1915; Braun 1915; Devoto 1915; Ehret 1915; Merkel 1915; Schott 1915; Treupel 1915; von Dziembowski 1915; von Romberg 1915; Aubertin 1916; Galli 1916; Korach 1916; Lian 1916; Cohn 1919.
46 Conner 1919, p. 777.

시작하여 벨기에로 들어가 8월 22일 몽스(Mons) 시에 도달했다. 그때까지는 무선전신을 사용하지 않았다. 몽스에 체류하는 동안 통신 가능 거리 60~80마일(96.6~130km)의 1,500와트 이동식 무선수신기(무전기)가 영국군 통신부대에 공급되었다.[47] 많은 영국군 병사들이 가슴 통증, 숨 가쁨, 두근거림, 빠른 심장 박동 증상이 있는 이 병에 처음 걸리게 된 것은 몽스에서 후퇴하는 동안이었으며 이들은 심장 질환 여부를 평가를 받기 위해 다시 영국으로 보내졌다.[48]

라디오파 노출은 곳곳에서 일어났고 강렬했다. 영국군은 최전선 모든 참호전에서 통신 거리 5마일(8km)의 배낭용 무전기를 사용하였다. 모든 부대는 최전방에 보병과 함께 두 명의 통신병이 가지고 있는 두 개의 무전기 세트가 있었다. 100 또는 200야드(91.4 또는 182.8m) 뒤에는 예비 병역과 함께 두 개의 무전기와 두 명의 통신병이 더 있었다. 여단 본부에서 1마일(1.6km) 더 뒤로는 더 큰 무전기가 있었고, 사단 본부에서 2마일(3.2km) 뒤로는 500와트 무전기가 있었으며 육군 본부의 전선 뒤로는 120피트(36.6m)의 강철 돛대와 우산 형태의 안테나가 달린 1,500와트의 통신용 마차가 있었다. 통신병들은 자신의 앞 뒤로부터 받은 전보를 중계했다.[49]

모든 기병 사단과 여단은 통신용 마차와 배낭용 무전기를 배정받았다. 기병 정찰대는 말 바로 위에 특별한 무전기를 싣고 다녔는데,

---

47 Scriven 1915; Corcoran 1917.
48 Howell 1985, p.37.
49 Corcoran 1917.

이것을 "수염 무전기(whisker wireless)"이라고 불렀다. 이유는 고슴도치 가시처럼 말 옆구리에서 튀어 나오는 안테나 때문이었다.[50]

대부분의 항공기는 비행기의 금속 프레임을 안테나로 사용하는 가벼운 무전기를 휴대했다. 독일의 전쟁용 비행선 제플린(Zeppelins)과 프랑스 전투기는 훨씬 더 강력한 무전기를 가지고 있었고, 일본은 전쟁에 사용한 풍선에 무전기를 설치하고 있었다. 선박에 설치된 무전기는 해상 전투선이 200 또는 300마일(322 또는 483km) 거리의 전투 대형으로 퍼져 나가는 것을 가능하게 했다. 심지어 잠수함도 수면 아래를 순항하면서 그들의 암호화된 무선 메시지를 방송하고 수신하기 위해 짧은 돛대 또는 절연된 물 분사기를 안테나처럼 쏘아 올렸다.[51]

제2차 세계대전에서 지금은 신경순환계무력증이라 불리는 심장과민증이 부메랑으로 돌아왔다. 이 전쟁에서 처음으로 레이더가 라디오파 통신 대열에 참여하게 되었고, 이것 역시 널리 사용되었고 강렬했다. 새로운 장난감을 가진 아이들처럼, 모든 국가는 가능하면 많이 사용하기 위해 노력했다. 예를 들어 영국은 자국의 해안선에 각각 50만 와트 이상을 방출하는 조기경보 레이더를 설치하고, 잠수함의 잠망경처럼 작은 물체를 탐지할 수 있는 강력한 레이더로 모든 비행기를 무장시켰다. 영국군은 2천 개가 넘는 휴대용 레이더를 105피트(32m) 높이의 이동식 타워에 탑재하여 배치했다. 2천여 대의 "포 조

---

50   Worts 1915.
51   Scriven 1915; Popular Science Monthly 1918.

준" 레이더는 적의 항공기 추적과 격추하는 대공포를 보조했다. 영국 해군 선박들은 대공 레이더뿐만 아니라 최대 100만 와트의 위력을 가진 수표면 레이더, 그리고 잠수함을 탐지하고 항해용으로 사용하는 마이크로웨이브 레이더도 과시하고 있었다.

미국은 500개의 조기경보 레이더를 선박에 배치했고, 비행기에도 추가 조기경보 레이더를 달았다. 각 레이더는 100만 와트의 위력을 가지고 있었다. 남태평양의 상륙거점과 비행장에 이동식 레이더를 사용하고, 선박, 항공기, 해군 비행선에 수천 대의 마이크로웨이브 레이더를 탑재했다. 1941년부터 1945년까지 매사추세츠공대(MIT)의 방사선 연구실(Radiation Laboratory)은 전쟁에서 다양한 용도로 사용할 수 있는 100여 종의 레이더를 개발하느라 바빴다.

다른 나라 군대도 이들과 같은 열정으로 육지, 바다, 공중에 레이더 설비를 배치했다. 독일은 수천 대의 선박, 항공기, 포 조준 레이더와 1,000여대의 지상 조기경보 레이더를 유럽에 배치했다. 구소련, 호주, 캐나다, 뉴질랜드, 남아프리카, 네덜란드, 프랑스, 이탈리아, 헝가리도 그렇게 했다. 병사들은 어느 전쟁터를 가더라도 강한 라디오파와 마이크로웨이브 주파수로 온몸을 뒤집어쓰게 되었다. 그리고 모든 국가에서 육해공군 가릴 것 없이 병사들은 대규모로 쓰러졌다.[52]

이 병을 앓고 있는 병사들에게 엄격한 의료연구 프로그램이 시행

---

52 Lewis 1940; Master 1943; Stephenson and Cameron 1943; Jones and Mellersh 1946; Jones 1948.

된 것은 이 전쟁(제2차 세계대전) 동안이 처음이었다. 이 시기는 프로이트가 주장한 "불안 신경증"이라는 용어가 군의관들 사이에서 확고히 자리 잡고 있었다. 심장병 증상을 보였던 공군 대원들은 당시 "정신력 결여(Lack of Moral Fiber)"를 뜻하는 "L.M.F" 진단을 받고 있었다. 코헨 팀은 정신과 의사들로 가득 차 있었다. 그러나 놀랍게도 코헨 팀 의사들이, 심장병 전문의 폴 화이트의 지도를 받아, 자신들이 결론지은 그 병이 불안에서 비롯된 것이 아닌 진짜 병이라는 객관적인 증거를 찾았다.

이 팀의 명성에 크게 힘입어 신경순환계무력증 연구는 1950년대 내내 미국에서 계속되었고 스웨덴, 핀란드, 포르투갈, 프랑스에서는 1970년대와 1980년대까지, 그리고 심지어 이스라엘과 이탈리아에서는 1990년대에 이르기까지 이루어졌다.[53] 그러나 이 질병의 물리적 원인을 계속 믿는 의사에게 점점 커지는 오명이 붙었다. 이 병에 대한 프로이트의 정신분석 이론을 믿는 자들의 지배력은 약화되었지만, 그들은 정신의학뿐만 아니라 모든 의학에 지울 수 없는 흔적을 남겼다. 오늘날 서방 세계에서는 "불안"이라는 꼬리표만 남아 있고, 신경순환계무력증을 보이는 사람들은 자동으로 정신과 진단을 받게 되고 그저 숨 쉴 수 있는 종이 봉지만 받을 가능성이 높다(정신과 의사들은 보통 불안 증상에는 이런 처방을 하는 것으로 알려져 있음). 아이러니하게도, 프로이트 자신은 "불안 신경증"이라는 용어를 만들었지만, 그 증상

---

53 Mäntysaari et al. 1988; Fava et al. 1994; Sonimo et al. 1998.

의 원인이 정신에 있는 것도 아니고 "심리치료로 해결될 수 있는 것도 아니라고 생각했다."[54]

한편 설명할 수 없는 탈진으로 고통 받는 환자들이 병원에 끝도 없이 계속 나타났다. 이들은 가슴 통증과 숨 가쁨이 동반되는 경우가 많았고, 몇몇 용기 있는 의사들은 정신 질환으로 이들을 모두 설명할 수 없다고 강력히 주장했다. 1988년 미국 질병관리본부의 게리 홈즈(Gary Holmes)에 의해 "만성피로 증후군"(CFS: chronic fatigue syndrome)이라는 용어가 생겨났으며, 일부 의사들은 환자의 가장 두드러진 증상이 탈진 현상일 때 이 용어를 계속 사용해오고 있다. 이런 의사들은 여전히 매우 소수에 속한다. 이들의 보고를 근거로 질병관리본부는 CFS의 유병률을 인구의 0.2~2.5%로 추산하고 있다.[55] 반면에 정신과 계통 환자들은 6명 중 1명 정도는 동일한 증상을 겪고 있으며, "불안 장애"나 "우울증"의 기준에 부합한다고 말하고 있다.

1956년 초 영국에서 같은 종류의 증상을 양성근통성 뇌척수염(ME: myalgic encephalomyelitis)이라고 불렀는데 이는 더욱 혼란스럽게 한다. 이 병명은 피로보다는 근육통이나 신경증상에 초점을 맞춘 이름이었다. 결국 2011년에 13개국 의사들이 모여 "만성피로 증후군"이라는 명칭을 버리고 "양성근통성 뇌척수염"을 적용할 것을 "국제합의기준(International Consensus Criteria)"으로 채택했다. 여기에는

---

54 Freud 1895, pp. 97, 107; Cohen and White 1972.
55 Reyes et al. 2003, Reeves et al. 2007.

"집중 후 탈진 증상(post-exertional exhaustion)"에 특수 신경계, 심혈관, 호흡기관, 면역체계, 위장, 기타 장애로 고통 받는 모든 환자를 대상으로 하고 있다.[56]

그러나 이러한 국제적 "합의" 노력은 실패할 수밖에 없다. 이 합의는 환자들을 훨씬 더 잘 파악하고 있는 정신과 커뮤니티를 완전히 무시하고 있다. 그리고 제2차 세계 대전에서 생겨난 분열이 절대로 없었던 것처럼 가장하고 있다. 구소련과 동유럽, 그리고 대부분의 아시아에서는 오늘날에도 "신경쇠약(neurasthenia)"이라는 옛날 용어가 계속 쓰이고 있다. 이 용어는 1869년 조지 비어드(George Beard)가 설명한 모든 증상에 여전히 널리 적용되고 있다. **그러한 지역에서는 이 질병이 화학물질과 전자기파, 이 두 가지 독성요인에 노출될 때 발생한다고 일반적으로 알려져 있다.**

어둠 속을 헤매는 심장병 정복 계획

문헌에 따르면 신경순환계 무력증, 전파 질병, 불안 장애, 만성피로 증후군, 양성근통성 뇌척수염과 같은 질병은 혈중콜레스테롤의 수치가 높아지게 되고, 모두가 심장 질환으로 인한 사망 위험 또한 높

---

56   Caruthers and van de Sande 2011.

아지게 된다.[57] 포르피린증[58]과 산소 부족[59] 역시 그렇다. 많은 이름을 갖고 있는 이 질병의 근본적인 결함은 충분한 산소와 영양소가 세포에 도달하지만 세포의 에너지 생산 소기관인 미토콘드리아가 그 산소와 영양소를 효율적으로 사용할 수 없으며, 심장, 뇌, 근육, 기타 장기의 요구를 만족시키기에 충분한 에너지가 생산되지 않는다는 것이다. 이것은 심장을 포함한 신체 전반에 산소를 고갈시키고 결국엔 심

57 불안 장애의 콜레스테롤: Lazarev et al. 1989; Bajwa et al. 1992; Freedman et al. 1995; Peter et al. 1999. Heart disease in anxiety disorder: Coryell et al. 1982; Coryell et al. 1986; Coryell 1988; Hayward et al. 1989; Weissman et al. 1990; Eaker et al. 1992; Nutzinger 1992; Kawachi et al. 1994; Rozanski et al. 1999; Bowen et al. 2000; Paterniti et al. 2001; Huffman et al. 2002; Grace et al. 2004; Katerndahl 2004; Eaker et al. 2005; Csaba 2006; Rothenbacher et al. 2007; Shibeshi et al. 2007; Vural and Başar 2007; Frasure-Smith et al. 2008; Phillips et al. 2009; Scherrer et al. 2010; Martens et al. 2010; Seldenrijk et al. 2010; Vogelzangs et al. 2010; Olafiranye et al. 2011; Soares-Filho et al. 2014. Cholesterol in chronic fatigue syndrome: van Rensburg et al. 2001; Peckerman et al. 2003; Jason et al. 2006. Heart disease in chronic fatigue syndrome: Lerner et al. 1993; Bates et al. 1995; Miwa and Fujita 2009. Heart disease in myalgic encephalomyelitis: Caruthers and van de Sande 2011. Cholesterol in radio wave sickness: Klimkova-Deutschova 1974; Sadchikova 1981.

58 포르피린증의 심장 질환: Saint et al. 1954; Goldberg 1959; Eilenberg and Scobie 1960; Ridley 1969, 1975; Stein and Tschudy 1970; Beattie et al. 1973; Bonkowsky et al. 1975; Menawat et al. 1979; Leonhardt 1981; Kordač et al. 1989; Crimlisk 1997. Cholesterol in porphyria: Taddeini et al. 1964; Lees et al. 1970; Stein and Tschudy 1970; York 1972, pp. 61-62; Whitelaw 1974; Kaplan and Lewis 1986; Shiue et al. 1989; Fernández-Miranda et al. 2000; Blom 2011; Park et al. 2011.

59 Chin et al. 1999; Newman et al. 2001; Coughlin et al. 2004; Robinson et al. 2004; Li et al. 2005; McArdle et al. 2006; Li et al. 2007; Savransky et al. 2007; Steiropoulous et al. 2007; Gozal et al. 2008; Dorkova et al. 2008; Lefebvre et al. 2008; Çuhadaroğlu et al. 2009; Drager et al. 2010; Nadeem et al. 2014.

장에 손상을 줄 수 있다. 또한, 당분이나 지방 모두 세포에 의해 효율적으로 이용되지 않기 때문에 남은 당은 혈액에 축적되어 당뇨병으로 이어지고, 사용되지 않은 지방 역시 동맥에 축적하게 된다.

그리고 우리는 그 결함이 어디에 있는지 정확히 알고 있다. 이 병을 앓고 있는 사람들은 세포내 미토콘드리아에 있는 시토크롬 산화효소라 불리는 포리피린 함유 효소의 활동이 줄어든다. 이 효소는 우리가 먹은 음식으로부터 호흡한 산소로 전자를 전달하는 역할을 한다. 이 질병의 모든 진행 과정에서 효소의 활동이 손상되었다. 미토콘드리아 기능 장애는 만성피로 증후군[60]과 불안 장애에서 보고되었다.[61] 환자들의 근육 조직검사에서도 시토크롬 산화효소 활동이 감소된 것으로 나타났다. 포도당 대사 장애는 전파 질환(radio wave sickness)에 잘 알려져 있는데 이는 극히 낮은 수준의 라디오파에 노출된 동물에서도 시토크롬 산화제 활성이 손상되는 것으로 나타났다.[62] 그리고 포르피린증의 신경학적 및 심장 증상은 호흡 과정에 사용되는 헴(heme) 함유 효소인 시토크롬 산화제와 시토크롬c의 결핍에 의한 것으로 널리 알려졌다.[63]

최근 인도 판잡대학(Panjab University) 동물학자 닐리마 쿠마르

---

60 Behan et al. 1991; Wong et al. 1992; McCully et al. 1996; Myhill et al. 2009.
61 Marazziti et al. 2001; Gardner et al. 2003; Fattal et al. 2007; Gardner and Boles 2008, 2011; Hroudová and Fišar 2011.
62 주 34번 참고. Ammari et al. 2008.
63 Goldberg et al. 1985; Kordač et al. 1989; Herrick et al. 1990; Moore 1990; Thunell 2000.

(Neelima Kumar)는 10분 동안 휴대전화에 노출시키는 것만으로도 꿀벌의 세포 호흡이 정지될 수 있다는 것을 명쾌하게 증명했다. 벌의 혈액이라고 불리는 용혈액(hemolymph)의 총 탄수화물 농도는 10분 동안 1mL당 1.29mg에서 1.5mg으로 증가했다. 20분 후에는 1mL당 1.73mg까지 올라갔다. 포도당 함량은 1mL당 0.218mg에서 0.231mg으로 증가했고 20분 뒤 0.277mg까지 증가했다. 총 지방은 1mL당 2.06mg에서 3.03mg로 증가했고 20분 뒤 4.50mg으로 증가했다. 콜레스테롤은 1mL당 0.230mg에서 1.381mg으로 증가했고 20분 뒤 2.565mg으로 증가했다. 총 단백질은 1mL당 0.475mg에서 0.525mg으로 다시 0.825mg으로 증가했다. 즉, 휴대전화에 10분 정도 노출된 벌들은 사실상 당분, 단백질, 지방을 대사시킬 수 없게 되었다. 벌과 인간의 미토콘드리아는 본질적으로 같지만 벌들의 신진대사가 훨씬 더 빠르기 때문에 전자기장은 더 빨리 영향을 미친다.

20세기(특히 제2차 세계대전 이후)에 유독성 화학물질과 전자기장이 우리 세포의 호흡을 크게 방해하기 시작했다. 우리는 컬럼비아대의 연구에서 작은 전기장도 시토크롬 산화효소에서 전자전달속도를 변화시킨다는 것을 알게 되었다. 이것을 연구한 마틴 블랭크(Martin Blank)와 레바 굿맨(Reba Goodman)은 이것의 원인은 가장 기본적인 물리적 원리에 있다고 생각했다. 그들은 2009년에 "전자기장은 반응에서 화학적 힘과 경쟁하는 힘으로 작용한다."라고 썼다. 미 연방환경보호청(US Environmental Protection Agency)의 과학자 존 알리스(John

Allis)와 윌리엄 조인즈(William Joines)는 라디오파로 인한 유사한 영향을 발견하고 같은 맥락에서 변형된 이론을 개발했다. 그들은 포르피린 함유 효소에 들어있는 철 원자들의 움직임이 진동하는 전기장에 의해 맞춰져 전자를 운반하는 능력에 방해가 된다고 추측했다.[64]

영국 생리학자 존 할데인(John Scott Haldane)이 그의 저서 『호흡(Respiration)』에서 "병사들의 심장"이 불안이 아니라 만성적인 산소 부족에 의해 야기된 것이라고 처음으로 제안했다.[65] 만델 코헨(Mandel Cohen)은 후에 그 결함이 폐에 있는 것이 아니라 세포에 있다는 것을 증명했다. 이 환자들은 계속해서 공기를 들이켰다. 그들이 신경 증상(노이로제) 때문이 아니라 그들이 정말로 그것을 충분히 얻을 수 없었기 때문이다. 아마 환자들을 21%가 아닌 15%의 산소만을 함유하고 있는 대기에 넣었거나 1만5천피트(4,572m) 높이로 그들을 이동시킨 것 같았다. 그들의 가슴은 아프고 빠르게 뛰었다. 공포에 놀란 것이 아니라 공기를 갈망했기 때문이다. 그리고 그들의 심장은 산소를 갈망했다. 이유는 그들의 관상동맥이 막혀서가 아니라, 그들의 세포가 들이마신 공기를 충분히 이용할 수 없었기 때문이다.

이 환자들은 정신병자가 아니라 세상을 향한 경고였다. 같은 일이 민간인들에게도 일어나고 있었다. 그들 역시 천천히 질식사하는 중이었고 그 결과 1953년에는 심장병은 대유행으로 자리 잡았다. 포르

---

64 Sanders et al. 1984.
65 Haldane 1922, pp. 56-57; Haldane and Priestley 1935, pp. 139-41.

피린 효소 결핍이 없는 사람들조차도, 세포 속의 미토콘드리아는 탄수화물, 지방, 단백질을 대사시키기 위해, 결핍이 있는 사람들에 비해 정도는 작았지만, 여전히 고군분투하고 있었다. 분해되지 않는 지방들은 혈액 속 지방 운반 콜레스테롤과 함께 동맥의 벽에 축적되어 있었다. 인간과 동물들은 스트레스와 질병의 징후를 보이지 않고서는 예전처럼 그들의 심장을 활발하게 뛰도록 할 수 없었다. 이것은 신체가 극한에 다다랐을 때, 예를 들어 운동선수나 전쟁 중에 군인들에게 가장 명백한 피해를 야기한다. 그 실제 이야기는 놀라운 통계자료에 의해 밝혀진다.

내가 연구를 시작했을 때, 나는 사무엘 밀햄의 자료만을 갖고 있었다. 1940년 그가 농촌 지역의 발병률에서 전기 보급률이 가장 높은 5개 주와 가장 낮은 5개 주 사이에 큰 차이를 발견한 것을 보고, 나는 48개 주의 발병률을 모두 계산하고 그 수치를 그래프에 표시하면 어떻게 될지 보고 싶었다. 나는 미국의 인구동태통계에서 농촌 사망률을 조사했다. 에디슨 전기 연구소(Edison Electric Institute)에서 발행한 가정용 전기 고객 수를 미국 인구 조사에서 나온 총 가구 수로 나누어 각 주의 전기 보급률을 계산했다.

인구 동태 통계

1931년과 1940년의 결과는 〈그림 12-1〉과 〈그림 12-2〉에 제시되었다. 전기 보급률이 가장 높은 주와 낮은 주의 농촌 심장병 사망률이 5배에서 6배 정도 차이가 있을 뿐만 아니라, 모든 데이터 포인트는 같은 선에 매우 근접하게 놓여있다. 전기 보급률이 높을수록, 즉 전기사용 가정이 더 많을수록 심장병 사망률이 높았다. 농촌의 심장병 발병 가구 수는 전기 사용 가구 수에 비례했다.[66]

더욱 놀라운 것은 미국에서 농촌 전기보급 프로그램이 가동되기전인 1931년에 전기를 사용하지 않는 농촌 지역의 심장병 사망률이 19세기 심장병 유행이 시작되기 이전의 미국 전체 심장병 사망률만큼 낮았다는 사실이다.

사망률 데이터를 수집한 첫 번째 인구조사 해인 1850년에 전국 총 2,527명의 심장병 사망자가 기록되었다. 그 해 심장병은 사망원인 중 25위를 차지했다. 심장병으로 사망한 사람들의 수는 사고로 익사한 사람들의 수에 불과했다. 심장병은 주로 어린 아이들과 노인에게서 발생하였고, 도시보다는 농촌에서 주로 발생하였는데 이는 농촌 사람들이 도시 거주자 보다 오래 살았기 때문이다.

---

66 1930~1931년의 전기사용 가구 수는 국가전기조명협회(National Electric Light Association), 통계 게시판 7호 및 8호에서, 1939~1940년은 에디슨 전기연구소 통계 게시판 7호 및 8호에서 구했음. 자오선 100도 동쪽 주의 경우, 통계 게시판의 권고에 따라 "농장 서비스" 소비자(1930~1931) 또는 "시골지역" 소비자(1939~1940)는 실제 거주자 수를 추정하기 위해 "주거 또는 가정" 소비자에 더해졌음. 서쪽 주의 경우 "농장"과 "시골지역" 서비스는 주로 상업적 소비자(보통 대형 관개 시스템)를 참고했음. 자오선 100도 동쪽에서도 시골지역의 주거 서비스를 위해 같은 용어가 사용되었음. 유타주의 농장 가구 수에서 차이가 나는 것은 1940년 농촌 전기화 관리청(Rural Electrification Administration)에서 발간한 유타주 농촌 전기화를 참고하여 해결하였음.

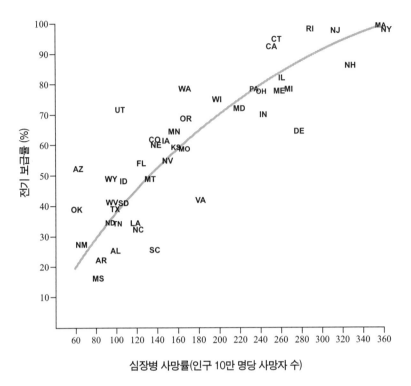

<그림 12-1> 미국 주별 농촌 심장병 사망률 (1931년)

19세기 통계와 오늘날의 통계를 현실적으로 비교하기 위해 나는 인구조사 수치를 어느 정도 조정해야 했다. 1850년, 1860년, 1870년 의 인구 조사자들은 그들이 방문했던 가구들이 전년도에 누가 죽었는지, 무엇 때문에 죽었는지에 대한 기억을 통해 그들에게 보고된 숫자 만 가지고 있었다. 이 수치는 인구조사국에 의해 평균적으로 약 40% 가 부족한 것으로 추정되었다. 1880년 인구조사에서 그 수치는 의사 들의 보고에 의해 보충되었고 평균적으로 실제 수치에 19% 가량 모

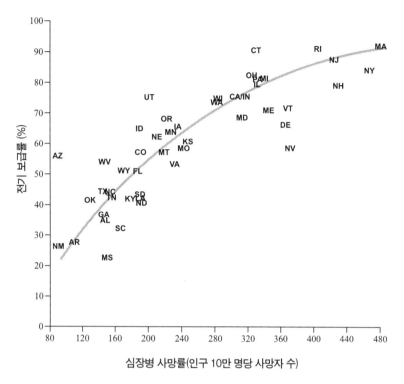

<그림 12-2> 미국 주별 농촌 심장병 사망률 (1940년)

자랐다. 1890년에 북동부 8개 주와 워싱턴 D.C가 모든 사망자의 공식
등록을 요구하는 법안을 통과시켰고, 이들 주의 통계는 2~3% 이내로
정확한 것으로 간주되었다. 1910년 사망자 공식 등록 법안 통과 주가
23개로 확대되었고, 1930년에는 오직 텍사스주만이 사망자의 등록을
요구하지 않았다.

또 다른 복잡한 요인은 심장 질환은 발생 요인이 부종(edema)을

제외하면 분명하지 않기 때문에 부종 또는 수종(dropsy)[67]이 유일한 사망 원인으로 기록되었다는 점이다. 실제로 사망이 심장 또는 신장 질환으로 발생했을 가능성이 높다고 하더라도 원인은 이렇게 기록된다. 하지만 더 복잡한 문제는 1870년 자료에 처음 나타난 "브라이트병(Bright's disease, 지금의 신장병)"이다. 이것은 부종을 일으킨 신장병에 대한 새로운 용어였다. 1870년 그것의 발병률은 10만 명당 4.5명으로 보고되었다.

이러한 복잡성을 염두에 두고, 나는 1850년부터 2010년까지 10년마다 심혈관 질환으로 인한 대략적인 사망률을 계산했다. 이 계산에 "수종"이란 용어가 사용되고 있을 때(1900년까지)인, 1850년과 1860년 동안 10만 당 4.5씩 뺀 수종의 수치를 더했다. 1850년, 1860년, 1870년에 대해선 40%의 보정계수를, 1880년에는 19%의 보정계수를 사용했다. 나는 심장, 동맥, 혈압으로 인한 모든 사망 신고를 포함했다. 1890년부터 나는 오직 사망 등록 주의 수치만을 사용했으며, 1930년에는 텍사스주를 제외한 전국을 포함했다. 그 결과는 〈표 12-1〉와 같다:

1910년은 도시의 사망률이 농촌의 사망률을 넘어선 첫 해였다. 그러나 가장 큰 격차가 나타난 것은 농촌이다. 1910년 가장 많은 전신, 전화, 전등, 전력을 사용하고 지상에 밀도 높은 전선망이 있는 북동부 지역의 주에는 농촌 지역이 도시보다 심혈관 질환으로 인한 사망률이

---

67   Johnson 1868.

<표 12-1> 심혈관 질환으로 인한 사망률(인구 10만 명당 사망자 수)

연도	사망률	연도	사망률
1850	77	1940	291
1860	78	1950	384
1870	78	1960	396
1880	102	1970	394
1890	145	1980	361
1890*	60	1990	310
1900	154	2000	280
1910	183	2010	210
1920	187	2017	214
1930	235		

*인디언 보호구역

더 높았다. 코네티컷의 농촌 사망률은 234, 뉴욕은 279, 매사추세츠
는 296였다. 반면 콜로라도의 농촌 사망률은 여전히 100이었고 워싱
턴주는 92이었다. 켄터키의 농촌 사망률은 88.5로 도시 사망률 202의
44%에 불과했다.

〈그림 12-1〉과 〈그림 12-2〉에서 볼 수 있듯이 심장병은 전기 보급
에 따라 꾸준히 증가했고, 1950년대에 농촌 전기 보급률이 100%에 도
달했을 때 절정에 달했다. 심장병 발병률은 30년 동안 균등화되었고
다시 떨어지기 시작했다. 언뜻 보기엔 그렇게 보인다. 그러나 자세히
살펴보면 실제 모습이 드러난다. 이것은 그저 사망률이다. 심장병을

앓고 있는 사람들의 수, 즉 발병률은 실제로 계속 증가했고, 오늘날에
도 여전히 증가하고 있다. 1953년대에 심장 마비를 치료하고 예방하
기 위해 헤파린(heparin)과 이후 아스피린과 같은 항응고제의 등장 때
문에 사망률 상승이 멈췄다.[68] 그 후 수십 년 동안 항응고제, 혈압을
낮추는 약물, 심장 우회 수술, 풍선 혈관 성형수술, 관상동맥 스텐트,
맥박 조정기, 심지어 심장이식수술까지 더욱 적극적으로 사용하여 점
점 더 많은 수의 심장 질환을 지닌 사람들이 살아남을 수 있게 되었
다. 하지만 이는 심장마비를 겪는 사람들이 적다는 것이 아니다. 심장
마비를 겪는 사람들은 더 많아지고 있었다.

프래밍햄 심장 연구(Framingham Heart Study)는 1990년대에 첫 번
째 심장마비를 겪을 확률이 나이와 관계없이 본질적으로 동일하다는
것을 발견했고 1960년대 역시 마찬가지였다.[69] 이것은 놀라운 일로
다가왔다. 의사들은 사람들에게 콜레스테롤을 낮추기 위한 스타틴
(statin) 약을 줌으로써 동맥이 막히는 것으로부터 생명을 구하고, 자동
적으로 건강한 심장이 된다고 생각했다. 하지만 그렇게 되지 않았다.
그리고 다른 연구에서 미네소타 심장 조사(Minnesota Heart Survey)에
참여한 과학자들이 2001년 관상동맥 심장 질환 진단을 받고 있는 병
원 환자가 줄었지만, 더 많은 환자들이 심장과 관련된 가슴 통증을 진
단받고 있다는 사실을 발견했다. 실제로 1985년과 1995년 사이에 불

68   Koller 1962.
69   Parikh et al. 2009.

안 협심증(unstable angina)의 비율은 남자는 56%, 여자는 30% 증가했다.[70]

울혈성 심부전 환자도 꾸준히 증가하고 있다. 메이오 클리닉(Mayo Clinic) 연구자들은 환자들의 20년간의 기록을 조사했고, 심장마비 발생률이 1979~1984년의 5년보다 1996~2000년의 5년이 8.3% 더 높았다는 것을 알아냈다.[71]

여전히, 실제 상황은 훨씬 더 심각했다. 이 수치들은 새로 심장마비 진단받은 사람들만 반영한다. 이런 상태로 걸어 다니는 총 인구의 증가는 놀라울 뿐이며, 그 증가의 극히 일부만이 인구의 고령화에 기인한다. 쿡 카운티 병원, 로욜라대(Loyola University) 의대, 질병관리본부의 의사들이 미국 병원을 대표하는 표본 자료에서 환자 기록을 조사한 결과 심부전 진단을 받은 환자 수가 1973년에서 1986년 사이에 두 배 이상 증가했다는 사실이 밝혀졌다.[72] 이후 질병관리본부의 과학자들이 한 비슷한 연구에서 이러한 경향은 계속되고 있다는 것을 발견했다. 심부전으로 인한 입원 횟수는 1979~2004년 사이에 3배로 증가했고, 연령을 조정한 비율도 2배 증가했으며, 65세 미만에서 가장 크게 증가했다.[73] 디트로이트에 있는 헨리포드 병원의 비슷한 연구에서 울혈성 심부전 환자가 1989년부터 1999년까지 매년 4배 가까이 증

---

70   McGovern et al. 2001.
71   Roger et al. 2004.
72   Ghali et al. 1990.
73   Fang et al. 2008.

가했다는 사실이 밝혀졌다.[74]

프라이버거 탄원서(Freiburger Appeal)에 서명한 3천 명의 전자파 유해성을 경고한 의사들이 단언했듯이 젊은이들이 전례 없이 높은 비율로 심장마비를 앓고 있다. 미국에서는 오늘날 40대가 심혈관 질환을 앓는 비율이 1970년에 70대가 앓는 비율만큼 높아졌다. 오늘날 40에서 44세 사이의 미국인 4분의 1이 심혈관 질환을 가지고 있다.[75] 그리고 젊은 사람들의 심장에 가해지는 스트레스도 운동선수들에게만 국한된 것이 아니다. 2005년 15세부터 34세까지 청소년과 젊은 성인들의 건강을 조사한 질병통제센터의 연구원들은 1989년과 1998년 사이에 젊은 남성들의 갑작스런 심장 사망률이 11% 증가했고, 젊은 여성들에서는 30% 증가했으며, 확대된 심장, 심장 리듬 방해, 폐심장 질환, 고혈압 심장병도 이 젊은 인구 집단에서 증가했다.[76]

이러한 경향은 21세기에도 계속되어왔다. 미국인의 20대 심장마비 발생 건수는 1999년과 2006년 사이에 20% 증가했고, 이 연령대에서 모든 종류의 심장병 사망률은 3분의 1이나 증가했다.[77] 2014년에 심장마비로 입원한 전체 환자 3분의 1은 나이가 35세부터 54세 사이였다.[78]

---

74 McCullough et al. 2002.
75 Cutler et al. 1997; Martin et al. 2009.
76 Zheng et al. 2005.
77 National Center for Health Statistics 1999, 2006.
78 Arora et al. 2019

개발도상국이라고 더 나은 것이 아니다. 그들은 이미 선진국을 따라 전기화의 화려한 길을 걸어왔고, 무선 기술의 전면 수용으로 이 길을 훨씬 더 빠르게 따라가고 있다. 결과는 피할 수 없다. 심장 질환은 한때 저소득 국가에서는 중요하지 않았다. 이제 딱 한 곳을 제외하고 세계 모든 지역에서 1등 살인자가 되었다. 2013년 자료를 보면 심장 질환은 오직 아프리카 사하라 사막 이남에서만 여전히 사망 원인에서 가난의 질병(AIDS, 폐렴)에 밀렸다.

수십억 달러가 심장 질환 정복에 쓰였음에도 불구하고 의료계는 여전히 어둠 속을 더듬고 있다. 지난 150년 동안 이 대유행을 초래한 주된 요인이 세계의 전기화라는 것을 인식하지 못하는 한 이 전쟁에서 승리하지 못할 것이다.

* 뒷쪽에 있는 <표 12-2>는 <그림 12-1>과 <그림 12-2>의 자료

<표 12-2> 미국 주별 전기 보급률과 농촌 심장병 사망률(인구 10만 명당 사망자 수)

주	1931년		1940년	
	보급률(%)	사망률	보급률(%)	사망률
AL	25.7	98.8	34.7	147
AZ	62.5	61.4	56.1	87
AR	22.1	84.6	27.3	109
CA	92.5	250.3	75.6	305
CO	61.5	137.4	56.9	188
CT	94.9	255.7	90.5	328
DE	64.4	277.5	66.1	364
FL	53.8	124.0	50.7	186
GA	28.4	(자료없음)	36.5	144
ID	48.2	106.5	64.5	187
IL	82.5	259.9	79.4	330
IN	70.0	241.8	74.9	311
IA	61.4	148.3	65.5	234
KS	59.4	157.8	60.2	246
KY	38.0	(자료없음)	41.6	177
LA	34.1	118.7	41.5	189
ME	77.5	258.5	70.5	344
MD	72.3	219.2	65.2	312
MA	98.5	357.0	91.9	479
MI	78.4	267.4	81.3	339
MN	64.2	156.3	63.4	225
MS	16.5	81.2	22.7	149
MO	59.1	166.3	58.3	241
MT	48.9	131.4	56.8	217
NE	60.0	138.5	62.1	208
NV	54.8	150.0	58.3	370
NH	86.3	327.4	78.7	428
NJ	97.7	313.2	87.0	423
NM	27.3	64.8	26.5	88
NY	98.1	360.3	83.9	465
NC	32.4	120.8	43.7	152
ND	34.5	94.1	40.5	190
OH	77.0	240.1	82.5	323
OK	39.2	59.9	41.3	127
OR	68.8	168.5	67.7	220
PA	78.5	234.2	80.4	331
RI	98.2	289.8	91.0	404
SC	25.6	136.8	32.1	165
SD	41.0	106.0	43.0	188
TN	34.0	100.1	42.1	154
TX	39.5	97.9	43.5	144
UT	71.8	103.9	75.2	198
VT	71.9	(자료없음)	71.5	367
VA	41.7	181.6	53.1	231
WA	78.7	166.6	73.8	230
WV	41.0	94.7	53.4	146
WI	74.7	198.0	54.2	282
WY	49.5	95.1	50.8	170

제13장

설탕과 전자파, 당뇨병의 진짜 원인은

미시간주 포트 휴론(Port Huron)의 목재와 곡물 상인의 아들은 1859년 12살의 나이에 자신의 집과 친구 집 사이에 1마일(1.6km)의 전신선을 연결하여 서로 통신하면서 지냈다. 이후 토머스 에디슨(Thomas Alva Edison)은 전기의 신비한 힘과 친밀해졌다. 그는 열다섯 살 때부터 떠돌이 전신기사로 일하다가 스물한 살이 되면서 보스턴으로 가서 기업체에 통신 서비스를 제공하는 사업을 시작했다. 에디슨은 시내 사무실에서부터 주택과 건물의 지붕을 따라 도시 외곽의 공장과 창고를 전선으로 연결했다. 스물아홉 살이 되어 그는 실험실을 뉴저지주에 있는 작은 마을로 옮겼다. 이때 그는 전신 기술을 발전시키고 새롭게 발명된 전화기를 완성하는 일을 하고 있었다. 1878년에는 축음기를 발명하여 "멘로 곽(Menlo Park, 실험실이 있었던 뉴저지주 작은 마을)의 마법사"는 세계적으로 유명해졌다. 이후 그는 훨씬 더 야심 찬 임무를 수행했다. 그는 주택을 전기로 밝히고 연간 10억 5천만 달러의 가스조명산업을 대체하는 꿈을 꿨다. 그 꿈을 실현하기 전에 그는 백열전구, 일정한 전압이 유지되는 발전기, 병렬회로 배전시스템을 발명했다. 1882년 11월, 그는 지금까지 우리가 사용하고 있는 3선식 배전방식(Three-wire Distribution System)을 특허 등록했다.

그 무렵, 에디슨은 당뇨병이라는 당시에는 희소했던 병에 걸렸다.[1]

1866년 또 다른 한 젊은이는 자신의 집과 이웃집 사이에 손으로 만든 전신기를 연결했다. 그는 스코틀랜드에서 성장해서 영국 바스(Bath)의 한 학교에서 발성법을 가르치고 있었다. 5년 후 그는 미국 보스턴에서 청각 장애인에게 말하는 법을 가르치다 보스턴대(Boston University) 발성학 교수가 되었다. 하지만 그는 자신의 평생 과업인 전기를 포기하지 않았다. 그는 자신의 청각장애 학생 집에 하숙하고 있었는데 하루는 그 학생이 자기 침실을 힐끗 들여다보았다. 그 학생은 수년 뒤 그때 본 침실에 대해 다음과 같이 회상했다. "나는 바닥과 의자, 탁자, 심지어 전선으로 뒤덮인 옷장, 배터리, 코일, 담뱃갑, 그리고 잡다한 장비로 된 형용할 수 없는 지저분함을 보았다." "지하실은 이미 넘쳐났고, 몇 달 되지 않아 그는 마차 창고까지 확장했다." 알렉산

---

1   The Sun 1891; Howe 1931; Joslin Diabetes Clinic 1990.

더 벨(Alexander Graham Bell)은 여러 건의 전신기 성능 개선을 위한 특허를 낸 후 1876년 전화기를 발명하고, 30세가 되기도 전에 세계적인 명성을 얻었다. 하지만 그는 자신의 건강에 대해 끝없는 불평을 했다. 심한 두통, 불면증, 좌골 신경통, 숨 가쁨, 가슴 통증, 불규칙한 심장 박동, 비정상적인 광 민감도 등, 이 모든 증상이 그가 생애 최초로 영국 바스에서 했던 전기 실험에서 비롯되었다.

1915년에 그도 역시 당뇨 진단을 받았다.[2]

나는 한때 당뇨병이 얼마나 드물었는가를 알기 위해 의학 도서관에서 옛날 서적들을 뒤졌다. 나는 우선 18세기 초기부터 중기까지 의사로 진료했던 스코틀랜드인 로버트 와이트(Robert Whytt)의 연구 저서를 살펴보았다. 하지만 750여 페이지에 달하는 이 책에서 당뇨에 대한 언급은 찾을 수 없었다.

18세기 말에 미국 의사인 존 브라운(John Brown)은 자신의 저서 『의학적 요소(Elements of Medicine)』에 이 병에 관해 두 단락을 기술했다. 17세기에 활동한 영국 의학의 아버지(Father of English Medicine)로 알려진 토마스 시든햄(Thomas Sydenham)의 저서에서는 당뇨병에 관한 내용 한 페이지를 찾았다. 그 한 페이지는 병에 대한 설명은 빈약했고 육식만으로 된 식사를 권장하고 약초요법을 처방했다.

나는 에디슨과 벨이 전기에 대해 집중적으로 실험하고 있었던

---

2 Gray 2006, pp. 46, 261, 414.

1876년에 뉴욕에서 출판된 500페이지짜리 벤자민 리차드슨(Benjamin Ward Richardson)의 저서 『현대 생활의 질병들(*Diseases of Modern Life*)』을 읽어보았다. 여기에는 4페이지에 걸쳐 당뇨병에 관해 설명하고 있었다. 리처드슨은 그 병을 정신적 과로로 인한 탈진이나 신경계에 대한 어떤 충격으로 인한 현대 질병이라고 생각했다. 하지만 그것 역시 여전히 드문 일이었다.

다음에는 1881~86년에 단계별로 출간되었고 독일어와 영어로 저술된 나의 19세기의 질병에 대한 "경전"인, 『지리적 및 역사적 병리학 편람(*Handbook of Geographical and Historical Pathology*)』을 조사했다. 세 권으로 된 이 방대한 내용의 학술서에서 아우구스트 허쉬(August Hirsch)는 알려진 질병의 역사를 전 세계 유병률과 분포를 함께 정리했다. 허쉬는 당뇨병에 관해 6페이지를 할당하면서 이 병은 드물게 나타나며 정보가 거의 없다는 점을 주요하게 지적하고 있다. 그는 기원전 4세기에 고대 그리스의 히포크라테스는 당뇨병에 대해 전혀 언급하지 않았다고 썼다. 서기 2세기에 그리스 태생으로 로마에서 의술을 펼친 갈렌(Galen)은 당뇨병에 관해 언급했지만, 자신은 두 사례만 보았다고 기술했다.

실제로 당뇨병에 관해 언급한 첫 번째 책은 1798년에 쓰였지만, 저자인 영국의 존 롤로(John Rollo)는 자신이 23년 동안 의술을 행하면서 단 세 사례만을 직접 보았다.

허쉬(Hirsch)는 자신이 전 세계에서 수집한 통계 자료를 통해 당뇨병은 "가장 희소한 질병 중 하나"라는 것을 확인했다.[3] 당뇨병으로 인한 연간 사망자는 필라델피아에서는 약 16명, 브뤼셀 약 3명, 베를린 약 30명, 영국(잉글랜드)에서 약 550명이었다. 터키, 이집트, 모로코, 멕시코, 실론(Ceylon, 지금의 스리랑카), 인도의 특정 지역에서 사례가 가끔 보고되었다. 하지만 러시아 상트페테르부르크(St. Petersburg)의 자료 제공자는 6년 동안 어떤 사례도 보지 못했다. 아프리카 세네감비아(Senegambia)와 기니 코스트(Guinea Coast)의 의사들은 한 번도 본 적이 없었고, 중국, 일본, 호주, 태평양, 중앙아메리카, 서인도제도, 남아메리카의 가이아나(Guiana)와 페루에서도 그런 기록은 없었다. 브라질 리우데자네이루에서 여러 해 동안 의술을 베푼 한 제보자도 한 번도 당뇨병 사례를 본 적이 없었다고 했다.

그렇다면 당뇨병은 어떻게 인류의 주요 살인자 중 하나가 되었을까? 오늘날 세계에서는 설탕의 섭취를 제한하는 것이 당뇨병의 예방과 통제에 중요한 역할을 한다는 것을 우리는 보게 될 것이다. 하지만 당뇨병 증가를 식이 설탕 탓으로 돌리는 것은 심장병 증가를 식이 지방 탓으로 돌리는 것만큼 만족스럽지 못하는 것 또한 우리는 보게 될 것이다.

1976년, 나는 뉴멕시코주 앨버커키에 살고 있었다. 그 때 한 친구가 내 손에 새로 출간된 책을 한 권 주었는데, 그 책이 내가 먹고 마시는 방식을 바꿔 놓았다. 윌리엄 더프티(William Dufty)가 저술한 『설탕

---

3 Hirsch 1885, p. 645.

우울증(*Sugar Blues*)』은 처음부터 끝까지 괜찮은 책이었다. 저자는 지난 수세기 동안 많은 사람들의 건강 기초를 약화시켜온 가장 중독성이 강한 것은 술, 담배, 아편, 마리화나가 아니라 설탕이라는 사실을 나에게 확신시켰다. 그는 나아가서 아프리카 노예무역이 400년이나 계속된 이유는 12~13세기에 있었던 십자군을 통해 얻은 설탕 중독 충족을 위한 필요성 때문이 큰 부분을 차지한다고 했다. 그는 유럽인들이 아랍 제국으로부터 세계 설탕 거래 통제권을 빼앗았고 자신들의 설탕 농장을 돌보기 위해 꾸준한 노동력의 공급이 필요했다고 기술했다. 그는 설탕이 "맥주나 포도주보다 더 도취하게 만들고 많은 약보다 더 강력했다"라고 주장했다. 그는 자신의 난치병과 설탕 중독을 끊어버리려는 용감무쌍한 노력에 관한 이야기를 장황하게 늘어놓았다. 이 이야기는 자신의 주장을 잘 뒷받침했고, 마침내 성공적으로 끝나는 해피엔딩이었다. 그는 "편두통, 불가사의한 발열, 잇몸 출혈, 치질, 피부 발진, 비만, 만성 피로, 그리고 15년 동안 자신을 괴롭혔던 다양한 아픔과 통증의 지긋지긋함이 24시간 내에 사라졌고 다시는 재발하지 않았다"라고 말했다.

더프티는 또 왜 설탕이 당뇨병을 유발하는지 설명했다. 우리의 세포, 특히 우리의 뇌세포는 우리가 먹는 탄수화물을 소화시킨 최종 산물인 포도당이라는 단당류를 꾸준히 공급함으로써 에너지를 얻는다. 그는 "기분이 좋아지거나 나빠지거나, 제정신이거나 아니거나, 차분하거나 광적이거나, 고무되거나 침체되는 것의 차이는 우리가 입에 무엇을 넣느냐에 꽤 많이 달려 있다."라고 썼다. 그는 또 삶과 죽음을 갈라놓는 것은 우리 혈액 내 포도당과 산소 양의 정확한 균형에 의존하여 인슐린이 이 균형을 유지하는 호르몬이라고 설명했다. 식사 후 췌장에 의해 충분한 인슐린이 분비되지 않으면 혈중 포도당은 독성 수준으로 쌓이고 우리는 소변으로 그것을 배설하기 시작한다. 인슐린이 너무 많이 생성되면 혈당 수치가 위험할 정도로 떨어진다.

더프티는 정제된 설탕의 섭취는 소화 과정이 필요 없어 혈액에 너무 빨리 흡수되는 문제를 야기한다고 썼다. 복합 탄수화물, 지방, 단백질을 섭취하면 췌장이 다양한 소화 효소를 소장에 분비하여 이러한 음식을 분해하게 된다. 이 과정은 시간이 걸리고 혈중 포도당 수치가 점차 올라간다. 하지만 정제된 설탕을 먹으면 거의 즉시 포도당으로 변하여 혈액으로 직접 전달되는데, 이미 혈액에는 포도당 수치가 산소와 정확한 균형을 유지해오고 있었다. 그래서 혈중 포도당 수치는 급격히 증가하여 균형이 깨지고 몸은 위기에 처한다고 더프티는 설명했다.

이 책을 읽고 나서 1년 후에 나는 의과대학에 지원하기로 결심했고, 우선 학부에서 수강하지 않은 생물학과 화학의 기초과목을 수강해야 했다. 캘리포니아대 샌디에이고 분교(University of California, San Diego)의 생화학 교수는 내가 그 책을 읽으면서 알게 된 기본적인 내용을 확인시켜 주었다. "우리는 천천히 단계적으로 소화해야 하는 감자 같은 음식을 먹으며 진화했다"라고 교수님은 말했다. 포도당은 식사 후 상당 기간이 지나서 혈류로 들어가는데, 췌장은 포도당이 혈류로 들어가는 속도와 아주 정확하게 일치하는 속도로 인슐린을 자동으로 분비한다. 이 메커니즘은 육류, 감자, 야채를 먹으면 완벽하게 작동하지만 정제된 설탕이 들어있는 음식은 소동을 일으킨다. 설탕은 전체 양이 한 번에 혈류로 들어간다. 하지만 췌장은 정제된 설탕에 대해 아는 바가 없어 우리가 엄청난 양의 감자가 들어간 음식을 먹었다고 "생각"한다. 훨씬 더 많은 포도당이 계속 방출될 것이다. 그래서 췌장은 엄청난 양의 식사를 처리할 수 있는 인슐린을 제조한다. 췌장의 이 과민반응은 혈당 수치를 너무 낮게 만들어 뇌와 근육이 당에 굶주리게 된다. 이러한 상태를 저혈당이라 한다.[4] 이 과도한 자극이 몇 년 동안 계속되면 췌장은 탈진 상태가 되어 충분한 인슐린 생산을 중단하거나 전혀 생산하지 못할 수도 있다. 이러한 상태를 당뇨병이라고 하며, 에너지 균형을 유지하여 생명을 지키기 위해서는 인슐린이나 다른 약을 복용해야 한다.

더프티 외에도 많은 사람들은 지난 200년 동안 설탕 소비의 급격한 증가는 똑같은 비정상적 당뇨병 비율 증가를 동반했다고 지적해왔다. 약 1세기 전 보스턴의 조슬린 당뇨병 센터(Joslin Diabetes Center)의 설립자인 엘리엇 조슬린(Elliott P. Joslin) 박사는 미국 1인당 연간 설탕 소비량이 1800년에서 1917년 사이에 8배 증가했음을 보여주는 통계를 발표했다.[5]

---

4 Harris 1924; Brun et al. 2000.
5 Joslin 1917, p.59.

그러나 이 당뇨병 모델은 중요한 부분을 놓치고 있다. 이것은 우리에게 21세기에 당뇨병에 걸리지 않는 방법(고도로 정제된 음식, 특히 설탕을 먹지 말라)을 가르쳐준다. 하지만 우리 시대에 당뇨병의 끔찍한 만연을 설명해주기에는 완전히 실패했다. 설탕과 무관하게 당뇨병은 한때 매우 희소한 병이었다. 인류 대다수는 한때 소변으로 당을 배출하지 않고 췌장을 탈진시키지도 않으면서 대량의 정제된 설탕(순수 당)을 소화하고 대사할 수 있었다. 심지어 임상 경험을 통해 설탕을 당뇨의 원인으로 의심했던 조슬린조차 미국의 전체 설탕 소비량이 1900년에서 1917년 사이에 17%밖에 증가하지 않았는데, 당뇨로 인한 사망률이 거의 두 배로 증가했다는 것을 지적했다. 그리고 그는 자신의 통계가 정제된 설탕만을 나타낸 것이기 때문에 19세기에 설탕 사용을 과소평가했다. 통계 자료는 메이플 시럽, 꿀, 소르금 시럽(sorghum syrup), 사탕수수 시럽, 그리고 특히 당밀(molasses)을 포함하지 않았다. 당밀은 정제된 설탕보다 더 저렴했고, 약 1850년까지 미국인들은 정제된 설탕보다 더 많은 당밀을 소비했다. 〈그림 13-1〉은 지난 2세기 동안의 실제 설탕 소비량을 보여준다.[6] 여기에는 시럽과 당

6 1822년부터 2014년까지 설탕 및 기타 당류 연간 소비량은 다음 자료로부터 구했음: Annual Report of the Commissioner of Agriculture for the Year 1878; American Almanac and Treasury of Facts (New York: American News Company, 1888); Proceedings of the Interstate Sugar Cane Growers First Annual Convention (Macon, GA: Smith and Watson, 1903); A. Bouchereau, Statement of the Sugar Crop Made in Louisiana in 1905-'06 (New Orleans, 1909); Statistical Abstracts of the United States for 1904-1910; Ninth Census of the United States, vol. 3, The Statistics of Wealth and Industry of the United

<그림 13-1> 미국 설탕 및 기타 당류 소비(1882~2014)

* (1 파운드=0.4536 kg)

밀의 당분 함량을 포함하고 있다. 하지만 설탕 사용 증가가 당뇨병 증가로 나타난다는 모델에 맞지 않는다. 실제로 1인당 설탕 소비량은 1922년에서 1984년 사이에 전혀 증가하지 않았지만 당뇨병 발생률은 10배나 치솟았다.

States (1872); Twelfth Census of the United States, vol. 5, Agriculture (1902); Thirteenth Census of the United States, vol. 5, Agriculture (1914); United States Census of Agriculture, vol. 2 (1950); Statistical Bulletin No. 3646 (U.S. Dept. of Agriculture, 1965); Supplement to Agricultural Economic Report No. 138 (U.S. Dept. of Agriculture, 1975); and Sugar and Sweeteners Outlook, Table 50 - U.S. per capita caloric sweeteners estimated deliveries for domestic food and beverage use, by calendar year (U.S. Dept. of Agriculture, 2003). 꿀은 설탕 81%, 당밀은 52%, 사탕수수(cane) 시럽은 56.3%, 메이플 시럽은 66.5%, 사탕수수(sorghum) 시럽은 68% 함유한 것으로 평가되었음.

세 공동체의 당뇨병 이야기

단지 식단만이 현대 사회의 당뇨병 대유행에 책임이 아니라는 것이 지구 반대편 끝에 있는 각각 다른 세 공동체의 역사에서 명확하게 드러난다. 첫 번째는 오늘날 세계에서 가장 높은 당뇨병 발병률을 가지고 있다. 두 번째는 세계에서 가장 설탕을 많이 소비한다. 세 번째는 내가 좀 더 자세히 살펴보려는 곳으로 세계에서 가장 최근에 전기가 보급된 나라다.

1) 아메리카 인디언

이야기의 주인공은 아메리카 인디언이다. 미국 당뇨병 협회에 따르면 현대인들은 너무 많은 음식을 먹고 있으며 그 칼로리를 소모할 만큼의 충분한 운동을 하지 않는다고 한다. 이것은 비만을 유발하며 대부분의 당뇨병이 발생하는 진짜 원인이라고 여겨진다. 그래서 인디언들은 유전적으로 당뇨병에 걸리기 쉬우며, 이러한 경향은 그들이 인디언 보호구역에 갇혀 있을 때 빠지게 되는 좌식 생활과 전통 음식을 대체한 많은 양의 흰 밀가루, 지방, 설탕이 함유된 건강하지 못한 식습관에 의해 촉발되었다. 그래서 오늘날 미국과 캐나다의 인디언 보호구역에 있는 대부분의 인디언들은 실제로 세계에서 가장 높은 당뇨병 비율을 가지고 있다.

하지만 이것은 모든 인디언 보호구역이 19세기 말에 만들어졌고, 대부분의 보호구역에서주요 식품은 흰 밀가루를 돼지비계 기름에 튀

겨 설탕과 함께 먹는 인디언 튀김 빵이었는데도 불구하고 당뇨병이 20세기 후반까지 인디언들 사이에 없었던 이유를 설명하지 못한다. 1940년 이전에는 인디언 보건국은 단 한 명의 인디언도 사망 원인으로 당뇨병을 기록한 적이 없었다. 그리고 가까운 1987년에 미국 인디언 보건국과 캐나다 국립보건복지부가 시행한 조사는 인디언 집단에 따른 당뇨병 비율이 극심한 차이를 보여주었다. 인구 1,000명당 당뇨병 환자 수가 북서 보호구역(Northwest Territories) 7명, 유콘주(Yukon) 9명, 온타리오주(Ontario)와 매니토바주(Manitoba)의 크리족(Cree)과 오지브와족(Ojibwa) 28명, 워싱턴주(Washington) 루미(Lummi) 보호구역 40명, 노바스코샤주(Nova Scotia) 미크맥족(Micmac)과 워싱턴주(Washington) 마카족(Makah) 53명, 사우스다코타주(South Dakota) 파인 리지(Pine Ridge) 보호구역 70명, 몬타나주(Montana) 크로우(Crow) 보호구역 85명, 다코타스(Dakotas: 노스다코타주+사우스다코타주) 스탠딩 락 수(Standing Rock Sioux) 보호구역 125명, 미네소타주(Minnesota)와 노스웨스트주(North Dakota) 치페와(Chippewa) 보호구역 148명, 네브라스카주(Nebraska) 위네바고/오마하(Winnebago/Omaha) 보호구역 218명, 아리조나주(Arizona) 길라강(Gila Rive) 보호구역 380명이 기록되었다.[7]

1987년에는 인디언 부족별 식습관과 생활방식 모두 당뇨병 발생률이 50배나 차이 나는 것을 설명할 만큼 다르지 않았다. 하지만 그 차이를 설명할 수 있는 한 가지 환경적 요인이 있다. 대부분의 인디언

7   Gohdes 1995.

보호구역은 미국 농장에 비해 늦게 전기가 들어왔다. 심지어 20세기 후반에도 일부 보호구역은 여전히 전기를 사용하지 않았다. 여기에는 캐나다 영토 대부분의 인디언 보호지역과 알래스카에 있는 대부분의 원주민 마을이 포함됐다. 1953년 다코타스 스탠딩 록 보호구역에 전기가 처음으로 보급되자, 그와 동시에 그곳에서 당뇨병이 발병했다.[8] 길라강 보호구역은 피닉스(Phoenix)시 외곽에 위치한다. 400만의 대도시로 가는 고압 송전선이 그곳을 횡단할 뿐만 아니라, 전기 설비와 통신 회사를 자체 운영하고 있다. 이 작은 보호구역에 있는 피마족(Pima)과 마리코파족(Maricopa)은 북미의 다른 인디언 부족들보다 더 큰 전자기장에 집중 노출되어 있다.

2) 브라질

1516년부터 사탕수수를 재배해 온 브라질은 17세기 이후 설탕의 최대 생산국이자 소비국이 되었다. 그러나 당뇨병이 미국에서 문명의 질병으로 인식되기 시작한 1870년대에 그 병은 세계의 설탕 수도인 리우데자네이루에서는 전혀 알려지지 않았다.

오늘날 브라질은 연간 3천만 톤 이상의 설탕을 생산하고 있으며 1인당 130파운드(약 59kg)의 백설탕을 소비하는데 이는 미국보다 더 많은 수치다. 2002~2003년의 브라질과 1996~2006년의 미국 식단을 분석한 결과, 브라질인들은 평균 16.7%의 칼로리를 식탁의 설탕이나 가

---

8 Black Eagle, 개인 교신.

공식품에 첨가된 설탕에서 섭취하는 반면 미국인들은 단 15.7%의 칼로리를 정제된 설탕에서 섭취했다. 하지만 미국인은 브라질인보다 당뇨병 발병률이 2.5배 이상 높았다.[9]

3) 부탄

인도와 중국의 산악 국경 지대에 끼어있는 고립된 히말라야 왕국 부탄은, 아마 세계에서 마지막으로 전기가 통하게 된 나라가 일지도 모른다. 1960년대까지만 해도 부탄은 은행도, 국가통화도, 도로도 없었다. 부탄은 영국 소설가 제임스 힐턴(James Hilton)이 소설 『잃어버린 지평선(Lost Horizon)』에서 지상낙원으로 묘사한 샹그릴라(Shangri-La)의 모델로 알려져 있다. 1980년대 후반에, 나는 미국 평화봉사단의 캐나다 버전인 CUSO(Canadian University Service Overseas) 인터내셔널에서 일하는 한 캐나다 여성을 알게 되었을 때 이 평화의 나라에 대해 주요 사실을 알게 되었다. 그녀는 부탄의 작은 마을에서 아이들에게 영어를 가르치며 4년 동안 머물다가 막 돌아온 상태였다. 부탄은 네덜란드보다 면적이 좀 더 크고 인구는 75만이 조금 넘는다.

당시 도로 체계는 여전히 극히 제한되어 있었고, 작은 도시에 불과한 수도 팀부(Thimphu)에 바로 인접한 곳도 여행은 도보나 승마로 이루어졌다. 그녀가 살았던 마을도 그런 곳이었다. 부탄을 방문하는 외부인은 연간 1천 명으로 제한되어 있었기 때문에 그녀는 그곳에 살

---

9 Levy et al. 2012; Welsh et al. 2010.

수 있다는 것이 특권이라 느꼈다. 그녀가 가지고 돌아온 손으로 짠 바구니와 다른 수공예품들은 정교하고 아름다웠다. 국가의 대부분 지역에 전기가 전혀 없었기 때문에 기술은 알려지지 않았다. 당뇨병 역시 극히 드물었고, 수도 밖에서는 전혀 알려지지 않았다.

2002년까지만 해도 연료용 목재가 사실상 모든 비상업용 에너지 소비량의 100%를 제공했다. 연료용 목재 소비량은 1인당 1.22톤으로 세계에서 최고이거나 아니면 최고에 가까운 것에 해당할 것이다. 부탄은 전기의 영향을 관찰할 수 있는 이상적인 실험실이었다. 그 나라는 10년 조금 넘는 기간에 전기화가 거의 0%인 상태에서 100%가 되었기 때문이다.

1998년 지미 싱게 왕축(Jigme Singye Wangchuk) 왕은 권한 중 일부를 민주적인 의회에 이양하여 나라를 현대화하기를 원했다. 2002년 7월 1일에 에너지부와 부탄 전력청이 창설되었다. 같은 날 부탄전력공사(Bhutan Power Corporation)가 출범했다. 1,193명의 직원을 거느린 이 회사는 즉시 이 왕국에서 가장 큰 회사가 되었다. 주어진 임무는 10년 이내에 나라를 완전히 전기화하는 것을 목표로 하여 왕국 전체에 전기를 생산 보급하는 것이었다. 2012년까지 전기가 보급된 시골 가구의 비율이 실제로 약 84%에 달했다.

2004년에 634명의 당뇨병 환자가 부탄에서 새롭게 보고되었다. 이듬해는 944명, 그 다음 해는 1,470명, 또 그 다음 해는 1,732명, 그리고 또 그 다음 해는 2,541명의 당뇨병 환자가 보고되었고 15명이 사망했다.[10] 2010년에는 91명이 사망했으며 당뇨병은 이때 왕국에서 8 번째로 흔한 사망 원인이 되었다. 관상동맥질환이 1위였으며, 인구의 66.5%만이 정상 혈당을 가지고 있었다.[11] 국민 건강(특히 시골 사람)의 갑작스러운 변화는 전통적인 부탄식 식단 때문이라고 엄청나게 비난받았다. 하지만 그 식단은 변하지 않았다. "부탄 사람들은 지방이 풍부한 음식을 좋아한다."라고 지미 왕축은 부탄 옵저버(Bhutan Observer)라는 신문에서 말했다. 다음은 부탄 신문기사 내용이다. "부탄의 진미들은 모두 지방이 많다. 염분이 많고 지방이 많은 음식은 고혈압을 유발한다. 오늘날 부탄의 건강 악화 주요 원인 중 하나는 기름기 많고 짠 전통 부탄식 식단에 의한 고혈압이다. 부탄인들의 주식인 쌀은 탄수화물이 풍부해서 신체 활동이 없는 한 지방으로 변한다. 아마 부탄 사람들은 점점 충분한 운동을 하지 않고 있는 것 같다." 글쓴이는 인구의 3분의 2가 과일과 야채를 충분히 먹지 않고 있다고 우려를 나타냈다.

하지만 부탄 식단은 바뀌지 않았다. 부탄 사람들은 가난하다. 나라 전체가 도로가 거의 없고 산이 많다. 부탄 사람들이 모두 갑자기 밖으로 나가 자동차, 냉장고, 세탁기, 텔레비전, 컴퓨터를 사고 비활동적이고 게으른 사람들이 된 것이 아니다. 그런데 당뇨병 비율은 4년 만에 4배 증가했다. 부탄은 현재 심장병 사망률이 세계 18위가 되

10　Pelden 2009.
11　Giri et al. 2013.

었다.

지난 10년간 부탄에서 일어난 유일한 변화는 전기 보급과 그에 따른 국민의 전자기장 노출이었다.

앞 장에서 설명한 전자기장 노출은 기초 신진대사를 방해한다는 사실을 기억하자. 세포의 에너지 생산 장소인 미토콘드리아는 활동력이 떨어져 세포가 포도당, 지방, 단백질을 분해할 수 있는 속도를 줄이게 한다. 과다한 지방들이 세포에 흡수되는 대신 혈액 속에 축적되고 그것을 운반하는 콜레스테롤과 함께 동맥의 벽에 쌓여 찌꺼기(plaque)가 형성되며 관상동맥 심장질환을 일으킨다. 이것은 저지방식을 먹음으로써 예방할 수 있다.

마찬가지로 과도한 포도당은 세포에 의해 흡수되는 대신 혈액에 다시 돌아와 축적된다. 이것은 췌장의 인슐린 분비를 증가시킨다. 보통 인슐린은 근육의 흡수를 증가시켜 혈당을 낮춘다. 하지만 지금 우리의 근육 세포는 따라갈 수 없다. 근육 세포는 식후에 포도당을 최대한 빨리 태우지만 이제 더 이상 충분히 빠르지 못하다. 초과분 대부분은 지방세포로 들어가 지방으로 변환되어 우리를 비만으로 만든다. 만약 췌장이 못쓰게 되어 인슐린 생산이 중단된다면, 당신은 제1형 당뇨병이 생기게 된다. 만약 췌장이 적정량 또는 그 이상의 많은 인슐린을 생산하고 있더라도 근육이 충분히 빨리 포도당을 사용할 수 없다면, 이것은 "인슐린 저항성"으로 해석되며 당신은 제2형 당뇨병이 있다고 할 수 있다.

고도로 정제되고 빠르게 소화되는 음식(특히 설탕)이 없는 식단을 섭취한다면 이를 예방할 수 있다. 실제로 1922년 인슐린이 발견되기 전 엘리엇 조슬린(Elliott Joslin)을 비롯한 일부 의사들은 거의 굶는 것에 가까운 식이요법으로 심한 당뇨병 환자를 성공적으로 치료했다.[12] 환자의 설탕 섭취뿐만 아니라 모든 칼로리 섭취를 근본적으로 제한하여 포도당이 세포가 처리할 수 있는 속도보다 빠르지 않게 혈류에 유입되도록 했다. 며칠 동안 혈당이 빠르게 정상화된 후, 탄수화물부터, 단백질, 지방 순서로 점차 환자의 식단에 재도입했다. 설탕은 없도록 했다. 이 방법은 1~2년 안에 사망할 수도 있었던 많은 사람들을 구했다.

하지만 조슬린 시대에 이병의 고유한 성질은 이해할 수 없는 변형을 겪었다.

오늘날 세계적으로 당뇨병의 대부분을 차지하는 인슐린 저항성은 19세기 후반 이전에는 존재하지 않았다. 비만 당뇨병 환자들도 마찬가지로 존재하지 않았다. 당뇨병에 걸린 거의 모든 사람들은 인슐린이 부족했고 보편적으로 마른 체형이었다. 근육과 지방세포가 포도당을 흡수하기 위해서는 인슐린이 필요하기 때문에 인슐린이 거의 없거나 전혀 없는 사람들은 포도당을 버리게 된다. 그들은 에너지로 포도당을 사용하는 대신 소변으로 포도당을 배출하고, 저장된 체지방을

---

12 Joslin 1917, 1924, 1927, 1943, 1950; Woodyatt 1921; Allen 1914, 1915, 1916, 1922; Mazur 2011.

태움으로써 생존한다.

사실, 과체중 당뇨병 환자들은 처음에 너무 이례적이어서 19세기 후반의 의사들은 이 병에서 일어난 변화를 믿을 수 없었으며, 그들 중 일부는 믿지 않았다. 그들 중 한 명인 런던의 저명한 의사 존 포더길(John Milner Fothergill)은 1884년 필라델피아 메디컬 타임스(Philadelpha Medical Times)에 편지를 보내며 다음과 같이 적었다. "잘 먹어서 뚱뚱하고 얼굴이 발그레하며 혈기 왕성한 남자가 소변으로 당을 배출하면, 오직 초보자만이 그를 규범대로 당뇨병 환자라고 추측한다. 하지만 당뇨는 엄청난 소모성 질병이다."[13] 나중에 안 일이지만 포더길은 당뇨를 부인하고 있었다. 뚱뚱하고 얼굴이 발그레했던 포더길은 5년 후 당뇨병으로 사망했다.

오늘날 이 병은 완전히 변했다. 인슐린 결핍성 제1형 당뇨병을 가진 어린이조차 과체중인 경향이 있다. 그들은 지방 대사 능력이 저하된 세포 때문에 당뇨병이 되기 전에 과체중이 된다. 당뇨병이 된 후에는 그들은 평생 복용하는 인슐린으로 인해 지방세포가 많은 포도당을 섭취하게 하고 그것을 지방으로 저장하기 때문에 과체중이 된다.

당뇨병 역시 지방 대사 장애

오늘날, 환자로부터 채취 한 모든 혈액은 분석하기 위해 즉시 실

---

13 Fothergill 1884.

험실로 보낸다. 의사는 좀처럼 그것을 보지 않는다. 그러나 100년 전에는 혈액의 질과 일관성이 진단에 소중한 지침이었다. 의사들은 당뇨병 환자의 정맥에서 뽑아낸 혈액이 우유 같아서 당뇨는 설탕뿐만 아니라 지방 대사 또한 불가능하다는 것을 알고 있었다. 그리고 그것을 세워두었을 때, 두꺼운 "크림" 층이 항상 위로 떠올랐다.

당뇨병이 대유행 병이 되었고 어떤 약으로도 조절할 수 없었던 20세기 초, 환자의 혈액에 15~20% 지방이 함유된 것은 드문 일이 아니었다. 조슬린은 혈당보다 혈중 콜레스테롤이 질병의 중중도에 대한 더 신뢰할만한 척도라는 것도 알아냈다. 그는 저탄수화물, 고지방 식이요법으로 당뇨병을 치료하던 동시대 사람들의 생각에 동의하지 않았다. 그는 "식단의 지방 조절을 포함하는 치료법 수정의 중요성은 확실하다."라고 썼다. 그는 동시대 사람들뿐만 아니라 미래에도 적절한 경고를 보냈다: "지방의 정상적인 대사가 중단되고 그에 대한 원인이 명확하게 밝혀지지 않으면, 환자와 의사 모두 그 문제가 있음을 알아차리지 못한 채 그냥 지나치게 된다. 그래서 지방은 종종 탄수화물보다 당뇨병에 더 큰 위험이 된다."[14]

탄수화물과 지방 대사가 연동되지 않는 것은 미토콘드리아에서 호흡 장애가 발생했다는 징후다. 앞에서 봤듯이 미토콘드리아는 전자기장에 의해 방해받는다. 그러한 전자기장의 영향으로 호흡 효소 활동이 느려지게 된다. 식사 후에 세포는 우리가 먹은 단백질, 지방,

---

14 Joslin 1917, pp. 100, 102, 106, 107.

당의 분해 산물을 혈액으로부터 공급되는 속도만큼 빨리 산화시킬 수 없다. 즉, 공급이 수요를 초과하는 것이다. 최근 연구는 어떻게 이런 일이 일어나는지 정확히 보여주었다.

1963년 영국 케임브리지대 생화학자 필립 랜들(Philip J. Randle)은 포도당과 지방산은 에너지 생산을 위해 서로 경쟁한다는 이론을 제안했다. 그는 이러한 상호 경쟁은 인슐린과 독립적으로 작용하여 혈액 내 포도당 수치를 조절한다고 말했다. 즉 혈중 지방산 수치가 높으면 포도당 대사를 억제하고, 그 반대로도 마찬가지다. 이를 지지하는 증거가 거의 즉시 나타났다. 스위스 로잔느 대학(University of Lausanne)의 장피에르 펠버(Jean-Pierre Felber)와 알프레도 바노티(Alfredo Vannotti)는 다섯 명의 건강한 지원자들에게 포도당 내성 검사를 한 후, 며칠 뒤 그 사람들에게 지질(lipid) 정맥 주사를 하는 동안 다시 동일한 검사를 했다. 모든 사람은 인슐린 저항력이 있는 것처럼 2차 검사에 반응했다. 그들의 인슐린 수치는 그대로 유지되었지만, 포도당과 지방산이 같은 호흡 효소를 두고 경쟁하느라 혈액 내에 높은 수준의 지방산이 존재하는 상태에서는 포도당을 빨리 대사시킬 수 없었다. 이러한 실험들은 반복하기 쉬웠고, 확실한 증거들이 "포도당-지방산 사이클(glucose-fatty acid cycle)"의 개념을 확인시켜 주었다. 어떤 증거들은 지방뿐만 아니라 아미노산도 호흡을 위해 포도당과 경쟁한다는 생각을 뒷받침했다.

케임브리지대 랜들(Randle)은 환경적 요인으로 인해 호흡 효소가 전혀 작용하지 못하게 될 경우 일어날 수 있는 일들을 미토콘드리아 관점에서 생각하지 않았다. 그러나 지난 10년 반 동안, 마침내 몇몇 당뇨병 연구자들은 특별히 미토콘드리아 기능에 초점을 맞추기 시작했다.

우리의 음식물이 갖고 있는 단백질, 지방, 탄수화물이라는 세 가지 주요 영양소는 혈액에 흡수되기 전에 간단한 물질로 분해된다는 사실을 기억해야 한다. 단백질은 아미노산이 된다. 지방은 중성지방(triglycerides)과 유리지방산(free fatty acids)이 된다. 탄수화물은 포도당이 된다. 이 중 일부는 세포 성장과 유지관리에 사용되며 신체 구조의 일부가 된다. 나머지는 세포에서 연소되어 에너지를 얻는다.

세포 내에서는 미토콘드리아라는 소기관에서 아미노산, 지방산, 포도당은 모두 더 단순한 화학물질로 변형되어 크렙스 사이클(Krebs cycle)이라 불리는 잘 알려진 반응회로에 공급된다. 그리고 그것들은 나머지 분해과정을 거친 후에 우리가 숨 쉬는 산소와 결합하여 이산화탄소, 물, 에너지를 생산할 수 있게 된다. 이 연소 과정의 마지막 구성 요소인 전자 전달 체인은 크렙스 사이클로부터 전자를 받아 한 번에 한 개씩 산소 분자에 전달한다. 만약 블랭크와 굿맨이 제안한 대로 그러한 전자의 속도가 외부 전자기장에 의해 변형되거나, 전자전달 체인에 있는 어떤 요소의 기능도 달리 변화한다면, 우리가 섭취한 음식물의 최종 연소는 손상된다. 단백질, 지방, 탄수화물은 서로 경쟁하기 시작하며 혈류로 되돌아간다. 지방은 동맥에 축적되고 포도당은 소변으로 배설된다. 뇌, 심장, 근육, 장기는 산소 결핍 상태가 되어 생명 현상은 느려지고 파괴된다.

최근에야 이것이 실제로 당뇨병에서 일어난다는 것이 증명되었다. 한 세기 동안, 과학자들은 대부분의 당뇨병 환자들은 뚱뚱하기 때문에 비만이 당뇨병을 일으킨다고 추측했다. 그러나 1994년 피츠버그 의대(University of Pittsburgh School of Medicine)의 데이비드 켈리(David E. Kelley)는 캐나다 쿼벡(Quebec)의 라발대(Laval University)의 장아이메 시모노(Jean-Aimé Simoneau)와 협력하여 당뇨병 환자들의 혈액에 이처럼 높은 지방산 수치를 갖는 이유를 정확히 밝혀내기로 했다. 인슐린이 발견된 지 72년 만에 켈리와 시모노는 이 질병에서 세포 호흡을 자세히 측정한 첫 번째 그룹이었다. 놀랍게도, 문제는 세포의 지질(lipid) 흡수 능력이 아니라 에너지 생산을 위한 지질 연소 능력에 있는 것으로 밝혀졌다. 많은 양의 지방산이 근육에 흡수되어 대사되지 않고 있었다. 이것은 곧 진성 당뇨병에서 세포 수준의 모든 호흡과 관련된 집중적인 연구로 이어졌다. 피츠버그대뿐만 아니라 호주 빅토리아에 있는 RMIT 대학교의 조슬린 당뇨병 센터 그리고 다른 연구센터에서도 중요한 연구가 계속 수행되고 있다.[15]

새롭게 발견된 것은 모든 단계에서 세포대사가 감소한다는 것이다. 지방을 분해하여 크렙스 사이클에 공급하는 효소가 손상되고, 지

---

15 Simoneau et al. 1995; Gerbiz et al. 1996; Kelley et al. 1999; Simoneau and Kelley 1997; Kelley and Mandarino 2000; Kelley et al. 2002; Bruce et al. 2003; Morino et al. 2006; Toledo et al. 2008; Ritov et al. 2010; Patti and Corvera 2010; DeLany et al. 2014; Antoun et al. 2015.

방, 당분, 단백질의 분해 산물을 받는 크렙스 사이클 자체의 효소도 손상된다. 전자전달 체인도 손상된다. 미토콘드리아는 더 작아지고 수가 줄어든다. 환자의 운동 중 산소 소비량이 줄어든다. 인슐린 저항성이 심할수록, 즉 당뇨병이 심할수록, 세포 호흡 능력에 대한 모든 측정치는 더 크게 감소한다.

실제로, 호주의 클린턴 브루스(Clinton Bruce)와 그의 동료들은 근육의 산화 능력이 지방 함유량보다 인슐린 저항성의 더 좋은 지표라는 것을 발견했다. 이는 비만이 당뇨병을 유발한다는 전통적인 이론에 의문을 제기했다. 그들은 비만이 당뇨병의 원인이 아니라 아마 당뇨병을 일으키는 세포 호흡에서 일어나는 결함의 결과일 것으로 추측했다. 2014년에 게재된 피츠버그의 날씬하고 활동적인 젊은 흑인 여성들을 대상으로 한 연구가 이를 확인해주는 것으로 보였다. 이 여성들은 인슐린 저항력이 다소 높았지만 아직 당뇨병에 걸리지 않았으며, 의료진들은 운동 중 산소 소비가 감소하고, 근육 세포 내 미토콘드리아 호흡이 줄어든다는 두 가지 외에는 이 그룹에서 다른 생리학적 이상을 발견할 수 없었다.[16]

2009년에 피츠버그 팀은 놀라운 결과를 얻었다. 전자전달 체인에서 전자가 환경적 요인에 의해 방해를 받는다면, 식이 요법과 운동은 산소가 참여하는 마지막 에너지 생성 단계를 제외한 모든 신진대사의 구성요소를 향상시킬 수 있을 것으로 그 팀은 예상했다. 예상은 그대

16 DeLany et al. 2014.

로 적중했다. 당뇨병 환자들에게 칼로리를 제한하고 엄격한 운동 체계를 요구하는 것은 여러 측면에서 유익했다. 이는 크렙스 사이클의 효소 활동을 증가시켰고 근육 세포의 지방 함량을 줄였다. 또 세포 내 미토콘드리아의 수를 증가시켰다. 이러한 효과는 인슐린 민감도를 향상시키고 혈당을 조절하는데 도움을 주었다. 그러나 미토콘드리아의 수는 증가했지만, 효율성은 증가하지 않았다. 식이 요법을 하고 운동을 하는 당뇨병 환자들의 전자 전달 효소는 여전히 건강한 사람들의 효소에 비해 절반밖에 활동적이지 않았다.[17]

2010년 6월 하버드대 의대 교수 겸 조슬린 당뇨병 센터 연구원인 메리-엘리자베스 패티(Mary-Elizabeth Patti)와 매사추세츠대 워스터 의대(University of Massachusetts Medical School, Worcester) 교수인 실비아 코베라(Silvia Corvera)는 당뇨병에서 미토콘드리아의 역할에 관해 그동안 이루어진 연구에 대한 종합적인 리뷰 논문을 발표했다. 그들은 세포 호흡의 결함이 현대 사회의 대유행 이면에 있는 근본적인 문제가 될 수 있다는 결론을 내리게 되었다. 그들은 "더 높은 세포 산화 수요에 적응하는 미토콘드리아의 기능 상실로 인해, 인슐린 저항의 악순환과 인슐린 분비 장애가 시작될 수 있다."고 썼다.

그러나 그들은 다음 단계로 나아가려 하지 않았다. 오늘날 어떤 당뇨병 연구자도 수많은 사람들의 미토콘드리아 "적응 실패"에 관한 환경적 원인을 찾고 있지 않다. 그들은 여전히, 그것을 반박하는 중

---

17 Ritov et al. 2010.

거 앞에서도, 이 병의 원인을 잘못된 식단, 운동 부족, 유전적 영향 탓으로 돌리고 있다. 이것은 댄 헐리(Dan Hurley)가 2011년 자신의 저서 『늘어나는 당뇨병(*Diabetes Rising*)』에서 지적했듯이, **인간의 유전자는 변하지 않았고, 식사, 운동, 복용약도 인슐린이 나온 이후 90년 동안 이 질병의 급증에 영향을 주지 않았다.**

전파 질환과 당뇨병

1917년, 조슬린이 당뇨병 관련 저서 제2판을 출간하고 있을 때, 전쟁터에서는 전파(라디오파)가 대대적으로 사용되고 있었다. 제8장에서 보았듯이, 라디오파는 이때쯤 지구에서 전자파 오염의 선도적인 원천으로서 전력 살포에 동참했다. 그것의 기여도는 라디오, 텔레비전, 레이더, 컴퓨터, 휴대전화, 인공위성, 수백만 개의 방송탑이 전파를 멀리까지 보내서 살아있는 세포를 흠뻑 적셔버리는 전자기장의 주요 원천이 되어버린 오늘날까지 꾸준히 성장해 왔다.

라디오파가 혈당에 미치는 영향은 매우 잘 기록되어 있다. 그러나 미국이나 유럽에서 이루어진 연구는 하나도 없다. 이 연구의 대부분은 이상한 알파벳을 사용하는 체코어, 폴란드어, 러시아어, 기타 슬라브어로 발표되었고 서방 세계가 이해하는 언어로 번역된 적이 없기 때문에 서방 의학계에서는 이 분야에는 연구가 없다고 지금까지 가장하는 것이 가능했다.

하지만 그 중 일부는 널리 보급되지 않는 문서에 있다. 바로 미국 군(United States military)과 몇 차례의 국제회의 덕분이다.

1950년대 말부터 1980년대에 걸친 냉전기간 동안, 미국 육해공군은 핵 공격 가능성에 대비해 강력한 조기 경보 레이더를 개발하여 기지를 건설하고 있었다. 미국을 둘러싼 대기권 상공을 방어하기 위해 이들 기지는 전체 해안지역, 멕시코와 캐나다 국경을 감시하려고 했다. 이것은 미국 국경의 폭이 수백 킬로미터나 되고 그곳에 사는 모든 사람들에게 인류 역사상 전례 없는 강력한 전자파의 충격이 가해질 것을 의미했다. 군 당국은 그러한 방사선이 건강에 미치는 영향에 대하여 진행 중인 모든 연구를 검토할 필요가 있었다. 요점은 그들은 미국 사람들에게 노출시켜도 문제가 되지 않는 최대 전자파 방사선의 수준이 얼마인지 알고 싶어 했다는 것이다. 그래서 냉전 중에 외국 문서를 번역하기 위해 설립된 연방기구인 공동출판연구서비스(JPRS: Joint Publications Research Service)의 기능 중 하나는 구소련과 동유럽의 전파 질환 연구 중 일부를 영어로 번역하는 것이었다. 이 문헌에서 찾은 실험실을 통한 가장 일관된 발견 중 하나는 탄수화물 신진대사 방해다.

1950년대 말 모스크바에서 마리아 사디코바(Maria Sadchikova)는 극초단파(UHF: Ultra High Frequency) 방사선에 피폭된 57명의 근로자들에게 포도당 내성 검사를 실시했다. 대부분의 사람들은 혈당 곡선이 변형되었다: 그들의 혈당은 포도당 경구 투여 후 2시간 이상 비정상적으로 높게 유지되었다. 그리고 한 시간 후에 두 번째 포도당 경구

투여는 일부 환자들에게 인슐린의 결핍을 나타내는 두 번째 급증을 유발했다.[18]

1964년 체코슬로바키아의 바르토니체크(V. Bartoníček)는 오늘날 우리가 무선전화, 휴대전화, 무선컴퓨터에서 많이 노출되는 전파 종류인 센티미터파(centimeter waves)에 노출된 27명의 근로자들에게 포도당 내성 검사를 실시했다. 근로자 중 14명은 당뇨병 전 단계(prediabetic) 환자였고 4명은 소변에 당분이 들어있었다. 이것은 크리스토퍼 닷지(Christopher Dodge)가 미 해군관측소(USNO: US Naval Observatory)에서 보고서로 작성하여 1969년 버지니아주 리치몬드에서 열린 심포지엄에서 발표한 내용을 요약한 것이다.

1973년 사디치코바(Sadchikova)는 바르샤바에서 열린 전자파 방사선의 생물학적 영향과 건강 위험에 관한 심포지엄에 참석했다. 그녀는 여기서 자신의 연구팀이 20년 동안 라디오파에 노출된 1,180명의 근로자를 관찰한 결과를 보고할 수 있었다. 관찰한 근로자 중 약 150명은 전파 질환 진단을 받았는데, "이 병의 모든 임상 기록은 당뇨병과 당뇨병 전단계 혈당 곡선을 동반했다"라고 그녀는 말했다.

같은 심포지엄에서 체코슬로바키아의 엘리스카 클림코바-두츠초바(Eliska Klimková-Deutschová)는 센티미터파에 노출된 모든 사람의 75%에서 높은 공복 혈당을 발견했다고 보고했다.

구소련의 일부 연구에 참여하고 이후 러시아에서 이 연구를 계속

---

18   Gel'fon and Sadchikova 1960.

하고 있던 발렌티나 니키티나(Valentina Nikitina)는 2000년 상태페테르부르크(St. Petersburg)에서 열린 국제학회에 참석했다. 그녀는 러시아 해군의 무선통신장비를 관리하고 시험한 사람들은, 심지어 이미 5년에서 10년 전에 그 일을 중단한 사람들도 노출되지 않은 사람들보다 평균적으로 높은 혈당수치를 보였다고 보고했다.

구소련 의사들이 환자를 진찰했던 그 의료 센터는 과학자들이 동물들을 같은 라디오파에 노출시키는 부속 실험실이 있었다. 그들 역시 탄수화물 신진대사의 심각한 방해 현상을 보고했다. 그들은 전자 전달 체인의 마지막 효소인 사이토크롬 산화효소를 비롯한 효소 활동이 항상 억제된다는 사실을 발견했다. 이것은 당분, 지방, 단백질의 산화를 방해한다. 이를 보완하기 위해 혐기성(산소를 사용하지 않는) 대사가 증가하고, 조직 내에 젖산이 쌓이고, 간에는 에너지가 풍부한 글리코겐 저장소가 고갈된다. 그리고 산소 소비량이 감소한다. 혈당 곡선이 영향을 받고 공복 포도당 수치가 높아진다. 탄수화물 갈증이 나타나고 세포는 산소결핍 상태가 된다.[19]

이러한 변화는 빠르게 일어난다. 일찍이 1962년에 레닌그라드에

19 Gel'fon and Sadchikova 1960; Syngayevskaya 1962; Bartoníček and Klimková-Deutschová 1964; Petrov 1970a, p.164; Sadchikova 1974; Klimková-Deutschová 1974; Dumanskiy and Rudichenko 1976; Dumanskiy and Shandala 1974; Dumanskiy and Tomashevskaya 1978; Gabovich et al. 1979; Kolodub and Chemysheva 1980; Belokrinitskiy 1981; Shutenko et al. 1981; Dumanskiy et al. 1982; Dumanskiy and Tomashevskaya 1982; Tomashevskaya and Soleny 1986; Tomashevskaya and Dumanskiy 1988; Navakatikian and Tomashevskaya 1994.

서 연구하던 신가이예프스카야(V. A. Syngayevskaya)는 낮은 강도의 라디오파에 토끼를 노출시켰고 이 동물의 혈당이 1시간 이내에 3분의 1 정도 상승했다는 것을 발견했다. 1982년 키예프에서 연구하던 바실리 벨로크리니츠키(Vasily Belokrinitskiy)는 소변의 당량은 동물이 노출된 전자파 방사선 강도와 횟수에 정비례한다고 보고했다. 1994년 미하일 나바카티키안(Mikhail Navakatikian)과 류드밀라 토마셰프스카야(Lyudmila Tomashevskaya)는 쥐(Rat)가 제곱센티미터당 100마이크로와트의 전자파 방사선에 30분 동안 피폭된 경우 인슐린 수치 15%, 12시간 동안 피폭된 경우 50%가 감소했다고 보고했다. 이 정도의 노출은 오늘날 무선컴퓨터 바로 앞에 앉아 있는 사람이 받는 전자파 방사선 양과 비슷하며 뇌가 휴대폰으로부터 받는 양보다는 상당히 적다.

이 정보의 대부분이 러시아와 동유럽 알파벳으로 숨겨져 있을 때는 대중의 항의가 없었지만, 지금은 있어야 한다. 왜냐하면 지금은 휴대전화가 인간의 포도당 대사를 방해하는 정도를 직접 확인하는 것이 가능해졌고 그러한 연구 결과가 영어로 발표되고 있기 때문이다. 2011년 핀란드의 과학자들은 뇌혈류와 대사(Journal of Cerebral Blood Flow and Metabolism)라는 학술지에 놀라운 발견을 보고했다. 그들은 양전자 단층촬영(PET: positron emission tomography)을 사용하여 뇌를 스캔한 결과, 휴대전화 옆에 있는 뇌의 영역에서 포도당 흡수가 상당히 감소하는 현상을 관찰했다.[20]

---

20 Kwon et al. 2011.

보다 최근에는 캘리포니아주 오클랜드에 있는 카이저 퍼머넌테 (Kaiser Permanente)의 연구자들은 전자기장이 어린이의 비만을 유발한다는 사실을 확인했다. 그들은 임신한 여성들에게 평소 하루 동안 자기장에 노출되는 정도를 측정하기 위해 24시간 동안 착용할 수 있는 측정기를 주었다. 이 여성들로부터 태어난 아이들은 임신 중 어머니의 평균 피폭이 2.5밀리가우스를 초과할 경우 10대일 때 비만일 가능성이 6배가 넘었다. 물론 아이들은 자라면서 같은 높은 전기장에 노출되어 있었기 때문에 이 연구가 실제로 증명한 사실은 자기장이 어린이의 비만을 유발한다는 것이다.[21]

인구 동태 통계

심장병과 마찬가지로, 1930년대에 당뇨병으로 인한 농촌 지역의 사망률은 그 지역의 전기 보급율과 밀접한 관련이 있었고, 보급률이 가장 높은 주와 가장 낮은 주가 무려 10배나 차이가 났다. 이것을 〈그림 13-2〉와 〈그림 13-3〉에 그래프로 묘사했다.

미국에서 전반적인 당뇨병의 변천사는 심장병과 유사하다.

1922년 인슐린이 발명되었음에도 불구하고 당뇨병으로 인한 사망률은 1870년대부터 1940년대까지 꾸준히 증가했다.

〈표 13-1〉에서 1950년 사망률의 눈에 띄는 하락은 실제 나타난 현

---

21 Li et al. 2012.

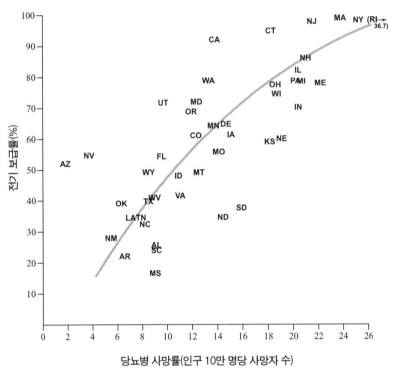

<그림 13-2> 미국 주별 농촌 당뇨병 사망률 (1931년)

상이 아니라 1949년에 했던 재분류 때문이다. 그 이전에는 당뇨병과 심장병 둘 다 있는 경우 사인은 당뇨병으로 보고되었다. 1949년부터 이 경우 심장병을 사망 원인으로 분류하여 당뇨병 사망률이 약 40% 감소했다. 1953년대 말, 오리나제(Orinase), 디아비나제(Diabinase), 펜포민(Phenformin)이 시판되었는데, 이는 "인슐린 내성(인슐린 사용 제한)" 당뇨병을 가진 사람들의 혈당 조절을 돕는 많은 구강 약품 중 처음 나온 것들이었다. 이 약들은 사망률을 억제했지만 줄이지는 못했

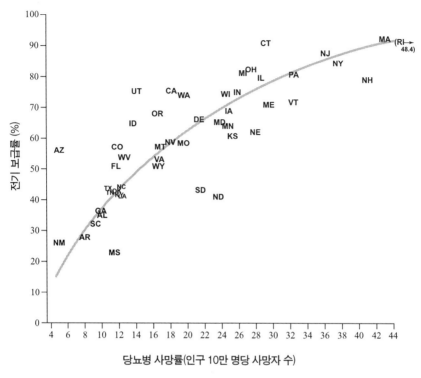

<그림 13-3> 미국 주별 농촌 당뇨병 사망률 (1940년)

다. 한편 미국의 당뇨병 진단 건수는 꾸준히 증가하고 있었다.

1980년에 미국과 전 세계에서 당뇨병이라는 질병의 정의가 완화 되었기 때문에 시간에 따라 실제 일어난 변화는 더욱 컸을 것이다. 이 전에는 두 시간 동안 혈장 포도당 수치가 데시리터당 130밀리그램이 넘는 것을 당뇨병이라 여겼지만, 1980년 이후로는 200을 초과할 때까 지 당뇨병으로 진단되지 않는다. 현재 소변에 당이 검출되지 않을 수 도 있는 140에서 200까지는 "당뇨병 전 단계"라고 분류한다.

<표 13-1> 미국에서 당뇨병으로 인한 사망률(10만 명당 사망자 수)

연도	사망률	연도	사망률
1850	1.4	1940	26.6
1860	1.7	1950	16.2
1870	3.0	1960	16.7
1880	3.4	1970	18.9
1890	6.4	1980	15.4
1900	10.6	1990	19.2
1910	15.0	2000	25.2
1920	16.2	2010	22.3
1930	19.0	2017	25.7

〈그림 13-4〉에 제시한 미국의 연간 당뇨병 발생률을 보면 아무도 그 이유를 설명할 수 없었다. 하지만 그 해는 통신업계가 미국에 디지털 휴대전화를 대거 도입한 해였다. 1996년 크리스마스 시즌 동안 수십 개의 미국 대도시에서 휴대전화들이 처음 판매되었다. 1996년에는 그런 대도시에서만 중계기 타워 건설이 시작되었지만, 1997년에는 중계기 타워 건설의 행진이 엄청난 숫자로 늘어나 농촌 지역도 뛰어넘고 이전의 미개척지까지 점령했다. 1997년은 휴대전화가 부유한 사람의 사치품에서 일반인의 예비 필수품으로 바뀐 한 해였다. 기지국과 안테나에서 나오는 마이크로웨이브 방사선을 미국의 상당히 넓은 지역에서 피할 수 없게 된 해였다. 지금의 상태는 걷잡을 수 없다 〈표 13-2〉.

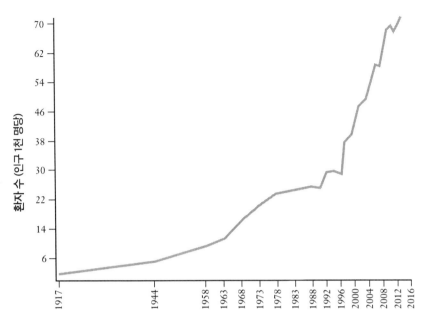

<그림 13-4> 미국의 연간 당뇨병 발생률(1917년부터 2016년까지)

　　질병관리본부는 미국에서 20세 이상의 성인 2천 1백만이 당뇨병
으로 진단받았고, 추가로 진단받지 않은 당뇨병 환자가 8백만 명 더
있으며, 당뇨 전단계 환자가 8천 6백만 명이나 되는 것으로 추산하고
있다. 이 수치를 합하면, 전체 성인의 절반 이상인 1억 1천 5백만 명
의 미국인들이 혈당이 높아졌다는 충격적인 통계를 얻을 수 있다.

　　전 세계적으로 2000년에 1억 8천만 명 이상의 성인이 당뇨병을 앓
고 있는 것으로 추정되었지만 2014에는 3억 8천 7백만 명으로 증가했
다. 지구상의 어느 나라에서도 당뇨병이나 비만의 비율은 감소하지
않았다.

<표 13-2> 미국에서 연간 당뇨병 환자 수(인구 1,000명당)

연도	환자 수	연도	환자 수
1917	1.9[22]	1999	40.0
1944	5.7	2000	44.0
1958	9.3	2001	47.5
1963	11.5	2002	48.4
1968	16.2	2003	49.3
1973	20.4	2004	52.9
1978	23.7	2005	56.1
1983	24.5	2006	59.0
1988	25.6	2007	58.6
1990	25.2	2008	62.9
1992	29.3	2009	68.6
1994	29.8	2010	69.6
1996	28.9	2011	67.8
1997	38.0	2012	69.6
1998	39.0	2013	71.8

　　당뇨병처럼 전자기장 노출에 의한 비만 영향도 추적했다. 1960년부터 시작된 미국의 첫 공식 통계는 성인의 4분의 1이 과체중이었다는 것을 보여준다〈표13-3〉. 그 숫자는 20년 동안 변하지 않았다. 하지만 네 번의 조사 중 1988년부터 1991년까지 실시된 마지막 조사에서 1천 4백만 명의 미국인이 추가로 과체중이 되었다는 놀라운 사실이 밝혀졌다.

22　1917 figure from Joslin 1917, p. 25.

<표 13-3> 미국인의 과체중, 비만, 그리고 병적 비만

연도	과체중 (성인 20~74세의 비율)	비만[23] (20세 이상 성인의 비율)	병적비만 (20세 이상 성인의 비율)
1960-1962	24.3	13.4	0.8
1971-1974	25.0	14.4	1.3
1976-1980	25.4	14.7	1.3
1988-1991	33.3	22.3	2.8
1999-2000	-	30.5	4.7
2009-2010	-	35.7	5.7

　　미국 의학협회 저널(Journal of the American Medical Association)에서 저자들은 하와이와 영국에서 실시된 연구에 따르면 1980년대에 남녀노소 상관없이 전반적으로 인구 전체가 비슷하게 비만율이 증가했다고 논평했다. 그들은 원인으로 "영양 지식, 태도, 운동, 신체 활동 수준, 그리고 사회적, 인구학적, 건강 행동 요소들"이 변한 것을 의심했다.[24] 이들 중 하나를 증거로 지적하지 않았다. 이에 대한 반박으로, 영국의 의사 제레미야 모리스(Jeremiah Morris)는 영국 의학저널(British Medical Journal)에 보내는 기고문에서 다음과 같이 언급했다. 그 기간 동안 평균 생활방식이 개선되었지 악화되지는 않았다. 영국에서 과거보다 더 많은 사람들이 자전거를 타고, 걷고, 수영하고, 에어로빅을 하고 있다. 집 밖에서도 식사를 조절하였고 그로써 하루 평균 음식 소

23　Flegal et al. 1998, 2002, 2010; Ogden et al. 2012.
24　Kuczmarski et al. 1994. Prentice and Jebb 1995.

비량은 1970년과 1990년 사이에 20% 감소했다.

그러나 1977년 애플은 첫 번째 개인용 컴퓨터를 출시했으며, 1980 년대에는 미국과 영국 양국에서 가정이나 직장 혹은 둘 다, 대부분의 사람들이 갑자기 역사상 처음으로 매일 몇 시간씩 컴퓨터의 고주파 전자기장에 지속적으로 노출되었다.

이 문제는 너무 커져서 1991년에 질병관리본부가 단순 과체중이 아니라 비만으로 소급 추적하기 시작했다. 미국 평균 키 정도의 남성과 여성의 경우 약 30파운드(13.6kg)가 과체중이면 비만으로 정의된다 〈표 13-3〉.

"병적 비만"으로 불리는 3급 비만이 1980년부터 계속 증가하고 있다. 이것은 약 100파운드(45.4kg)가 넘는 과체중으로 정의된다〈표 13-3〉.

오늘날 모든 성인의 3분의 2 이상(약 1억 5천만 미국인)이 과체중이다. 8천만 명이 비만인데 이 중 1,250만 명이 어린이이며, 이 중 150만 명은 2세에서 5세까지의 어린이다.[25] 또 1,250만 명의 성인은 100파운드(45.4kg) 이상에 해당하는 과체중이다. 질병관리본부의 전문가들은 세계 인구 5억 명 이상의 성인이 비만이며 비슷한 추세가 다른 곳에서 보고되고 있다고 외친다. 그들은 손을 뻗어 당당하게 말한다, "우리는 과체중과 비만이 증가하는 원인을 모른다."[26] 이런 것 말고는 그들은 지금까지 별로 하는 일이 없었다.

---

25 Kim et al. 2006.
26 Flegal 1998, p.45.

야생동물과 가축의 비만도

만약 비만이 환경적 요인에 의해 일어난다면, 그것은 동물에게도 일어나야 한다. 그래서 그렇게 일어나고 있다.

몇 년 전 앨라배마대(University of Alabama) 보건대학원의 생물통계학 교수인 데이비드 앨리슨(David B. Allison)은 위스콘신 비인간영장류센터(Wisconsin Non-Human Primate Center)에서 마모셋(marmosets)이라고 불리는 작은 원숭이들에 대한 자료를 검토하다가 그 동물의 평균 체중이 시간이 지나면서 현저하게 증가했다는 사실을 발견하게 되었다. 미스터리라고 느낀 그는 센터에 확인했지만, 통제된 식사로 일정한 실험실 환경에 살고 있는 이 많은 수의 동물들에서 나타난 체중 증가에 대한 납득할 수 있는 이유를 찾을 수가 없었다.

앨리슨은 호기심에 끌려 인터넷으로 체중 정보가 포함된 포유류에 대한 최소 10년 이상 계속된 이전 연구를 검색했다. 그는 영장류센터, 독성학 프로그램, 애완동물 사료회사, 수의학 프로그램의 동료들을 연구에 참여시켰다. 2010년에 발행된 관련 학회지(Proceedings of the Royal Society B)에 실린 최종 논문에는 공동저자로 앨라배마, 플로리다, 푸에르토리코, 메릴랜드, 위스콘신, 노스캐롤라이나, 캘리포니아 지역의 11명이 포함되어 있으며 실험동물, 애완동물, 도시와 시골에 돌아다니는 쥐(feral rats)를 포함한 8개 종을 대표하는 24개 이상의 동물 개체군 2만 마리에 대한 데이터를 분석하였다. 24개의 모든 개체군에서 평균 체중이 시간이 지남에 따라 증가했다. 우연히 이런 일

<표 13-4> 동물의 체중 증가

동물 개체군 (장소)	기간	증가율(10년 동안)
마카키 원숭이 (위스콘신 영장류센터)	1971~2006년	5.3%
마카키 원숭이 (오리건 영장류센터)	1981~1993년	9.6%
마카키 원숭이 (캘리포니아 영장류센터)	1979~1992년	11.5%
침팬지 (애틀랜타 여키즈 영장류센터)	1985~2005년	33.6%
버빗 원숭이 (UCLA 버빗 원숭이 연구센터)	1990-2006년	8.8%
마모셋 원숭이 (위스콘신 영장류 센터)	1991~2006년	9.3%
실험실 생쥐	1982~2005년	3.4%
애완용 개	1989~2001년	2.9%
애완용 고양이	1989~2001년	9.7%
야생 쥐 (도시)	1948~2006년	6.9%
야생 쥐 (농촌)	1948~1986년	4.8%

이 일어날 확률은 100억 분의 1도 안 되었다.

〈표 13-4〉에서 보듯이 침팬지의 체중이 가장 많이 늘었다. 1985년에 비해 2005년에 비만일 가능성이 29배나 높았다. 하지만 시골 쥐에서는 40년 동안 10년마다 일관되게 15%의 비만이 증가했다. 저자들은 다른 곳에서도 비슷한 연구에서 같은 결과를 얻었다. 버지니아주

의 경종마(가볍고 경쾌한 경기용 말)는 2006년에는 19%가 비만인 반면 1998년에는 5%가 비만이었고,[27] 프랑스의 실험용 쥐는 같은 조건에서 1979년부터 1991년 까지 체중이 증가해왔다.

야생동물과 가축의 무게가 너무 많이 늘었고 적어도 1940년대부터 그래왔기 때문에 앨리슨과 동료들은 사람이 살찌는 추세는 운동 부족과 나쁜 식습관 때문이라는 고리타분한 생각에 도전했다. 그들은 지구의 알려지지 않은 환경 요인을 알리기 위해 우리에게 이 동물들을 경고용으로 제시했다. 그래서 그들은 자신들의 보고서에 "탄광의 카나리아"라는 제목을 달았다.[28]

* 뒷쪽에 있는 <표 13-5>는 <그림 13-2>와 <그림 13-3>의 자료

---

27 Thatcher et al. 2009.
28 Klimentidis et al. 2011.

\<13-5> 미국 주별 전기 보급률과 농촌 당뇨병 사망률(인구 10만 명당 사망자 수)

주	1931년		1940년	
	보급률(%)	사망률	보급률(%)	사망률
AL	25.7	8.9	34.7	9.8
AZ	62.5	1.7	56.1	4.9
AR	22.1	6.5	27.3	7.8
CA	92.5	13.7	75.6	18.0
CO	61.5	12.2	56.9	11.6
CT	94.9	18.2	90.5	29.0
DE	64.4	14.6	66.1	21.2
FL	53.8	9.4	50.7	11.5
GA	28.4	(자료없음)	36.5	9.8
ID	48.2	10.8	64.5	13.5
IL	82.5	20.3	79.4	28.4
IN	70.0	20.3	74.9	25.8
IA	61.4	15.0	65.5	24.7
KS	59.4	18.1	60.2	25.1
KY	38.0	(자료없음)	41.6	11.9
LA	34.1	6.9	41.5	12.1
ME	77.5	22.1	70.5	29.4
MD	72.3	12.2	65.2	23.6
MA	98.5	23.7	91.9	42.9
MI	78.4	20.6	81.3	26.4
MN	64.2	13.6	63.4	24.6
MS	16.5	8.9	22.7	11.3
MO	59.1	14.0	58.3	19.4
MT	48.9	12.4	56.8	16.7
NE	60.0	19.0	62.1	27.8
NV	54.8	3.6	58.3	17.9
NH	86.3	20.9	78.7	40.8
NJ	97.7	21.4	87.0	35.9
NM	27.3	5.3	26.5	4.8
NY	98.1	25.2	83.9	37.4
NC	32.4	8.2	43.7	12.1
ND	34.5	14.3	40.5	23.5
OH	77.0	18.5	82.5	27.3
OK	39.2	6.2	41.3	11.7
OR	68.8	11.8	67.7	16.3
PA	78.5	20.1	80.4	32.2
RI	98.2	36.7	91.0	48.4
SC	25.6	8.9	32.1	9.1
SD	41.0	15.8	43.0	21.4
TN	34.0	7.8	42.1	10.8
TX	39.5	8.4	43.5	10.6
UT	71.8	9.6	75.2	13.9
VT	71.9	(자료없음)	71.5	32.2
VA	41.7	10.9	53.1	16.6
WA	78.7	13.2	73.8	19.3
WV	41.0	8.8	53.4	12.4
WI	74.7	18.7	54.2	24.4
WY	49.5	8.3	50.8	16.5

제14장

암세포와 전자파의 산소에 숨겨진 비밀

20세기가 시작되면서 종양의 원인을 규명하는 중대한 문제가 거
대한 스핑크스처럼 의학의 지평선에 크게 부각되었다.

로저 윌리엄스(W. Roger Williams)
1908 영국 왕립의과대학(the Royal College of Surgeons) 펠로우

2011년 2월 24일, 이탈리아 대법원은 전 바티칸 라디오운영위원장 로
베르토 투치(Roberto Tucci) 추기경에게 유죄를 선고했다. 라디오파
로 환경을 오염시켜 공해를 유발했다는 이유였다. 바티칸이 40개 언
어로 전 세계에 보내는 방송은 도시 외곽 주민들이 둘러싼 1,000에이
커(405만 m²)의 땅에 세워진 58개의 강력한 안테나 타워에서 방출한
다〈그림 14-1〉. 그곳 주민들은 수십 년 동안 전자파가 어린이 백혈병

<그림 14-1> 바티칸 라디오 안테나 집단 전경: 안젤로 프란체스키(Angelo Franceschi) 촬영

을 유발하였을 뿐만 아니라 자신들의 건강을 파괴해왔다고 주장해왔다. 바티칸을 과실치사 혐의로 기소하는 방안을 검토해왔던 로마 검찰청의 요청에 따라 자이라 세치(Zaira Secchi) 판사는 밀라노 국립암연구소(National Cancer Institute of Milan)에 공식 조사를 지시했다. 2010년 11월 13일에 발표된 조사 결과는 충격적이었다. 1997년부터 2003년 사이에 바티칸 라디오의 안테나가 집단으로 설치된 지역으로부터 6~12킬로미터 떨어진 곳에 살고 있던 1세부터 14세까지의 아이들은 백혈병, 림프종, 골수종이 멀리 떨어진 곳에 사는 아이들에 비해 8배나 더 많이 발병했다. 그리고 안테나로부터 6~12킬로미터 이내에 살던 어른들의 백혈병 사망률은 멀리 떨어진 곳의 거주자 보다 거의 7배에 달했다.

사무엘 밀햄(Samuel Milham)이 전기화로 인한 것이라 지목한 세 번째 문명의 질병은 암이다. 언뜻 보기에 그 연관성이 명확하지 않다. 당분 신진대사가 잘 안 되는 것은 당뇨병과 확실히 관련이 있고, 지방 신진대사가 잘 안 되는 것은 심장병과 관련이 있다. 하지만 암은 어떻게 맞아 떨어질까? 그 열쇠는 100여 년 전에 자신의 실험실에서 성게 알을 연구한 한 과학자가 제공했다. 그는 1세기 후, 3천 명의 의사들이 라디오파가 백혈병을 유발한다는 사실을 전 세계에 호소하는 탄원서에 사인했던 바로 그 도시 출신이다.

암세포와 산소 결핍

1883년 10월 8일, 독일 프라이부르크(Freiburg)의 저명한 유대인 물리학자 에밀 워버그(Emil Warburg)의 아들이 태어났다. 그가 13살이었을 때, 가족이 베를린으로 이사했는데, 당시 자연과학의 거장들이 그 가정의 주요 방문객들이었다. 화학자 에밀 피셔(Emil Fischer), 물리학자 월터 네른스트(Walter Nernst), 생리학자 테오도르 엥겔만(Theodor Wilhelm Engelmann)이 있었다. 나중에 앨버트 아인슈타인(Albert Einstein)이 베를린으로 이사했는데, 그 위대한 과학자는 그의 아버지와 함께 실내악을 연주하기 위해 건너오곤 했다. 아인슈타인은 바이올린을, 에밀 워버그는 피아노를 연주했다. 이런 분위기에서 자라난 어린 오토가 화학을 공부하기 위해 프라이부르크 대학에 입학했을 때 놀라는 사람은 아무도 없었다.

오토 하인리히 워버그(1883~1970)
(Otto Heinrich Warburg, M.D., Ph.D.)

그가 1906년에 박사학위를 받았을 때, 계속 증가하는 유행병 하나가 이 야심찬 젊은이의 관심을 끌기 시작했다. 그는 그 병에 심각하게 영향을 받은 첫 세대였다. 유럽 전역의 암 발병률은 그가 태어난 이후 두 배가 되었다. 그는 치료를 꿈꾸며 암 발생 이유를 찾는데 인생을 바치기로 결심했다. 그는 이를 염두에 두고 학교로 돌아와 1911년에 하이델베르크대(University of Heidelberg)에서 의사가 되었다.

그는 정상적인 세포가 암세포로 변했을 때 조직에서 어떤 근본적인 변화가 일어나는지 궁금했다. "무작위로 무한정 성장하는 종양세포의 신진대사는 같은 속도로 체계적인 성장을 하는 정상세포의 신진대사와 무엇이 다른가?"[1] 오토 워버그(Otto Warburg)는 종양과 초기 배아 모두 빨리 성장하는 미분화된 세포로 구성되어 있다는 사실에 깊은 인상을 받고 평생 수정란 연구를 시작하게 된다. 아마 그는 암세포는 배아 성장패턴으로 되돌아간 정상세포에 불과하다고 추측했다. 그가 연구를 위해 성게 알을 선택하게 된 것은 배아가 크고 특히 빨리 자라기 때문이었다. 그가 의대에 있을 동안 출판한 그의 첫 번째 주요 연구는 알이 수정하게 되면 산소 소모율이 6배 증가하는 것을 보여주

---

1   Warburg 1925, p.148.

었다.[2]

그러나 1908년에는 산소와 관련된 세포 내 화학반응이 전혀 알려지지 않았기 때문에 더 이상 그의 야심을 추구할 수 없었다. 흡수하는 빛의 주파수로부터 화학물질을 식별하는 분광광도계는 당시 새로운 것이었으나 아직 살아있는 시스템에는 적용되지 않았다. 세포 배양과 가스교환 측정을 위한 기존의 기술은 원시적이었다. 워버그는 암세포의 신진대사를 규명하는데 실질적인 진전을 이루기 전에 정상세포의 신진대사에 관한 근본적인 연구가 이루어져야 한다는 것을 깨달았다. 암 연구는 아직 기다려야 했다.

그는 세계 대전에 복무하면서 잠시 휴식을 취한 다음, 이후 몇 년 동안 자신이 개발한 기술을 사용하여 세포에서 호흡이 어떤 작은 구조에서 일어나는 것을 증명하였다. 그는 그 작은 구조를 "그라나(grana)"라고 칭했는데 지금 우리는 그것을 미토콘드리아라고 부른다. 그는 알코올, 시안화합물, 기타 화학물질이 호흡에 미치는 영향을 실험했고, '그라나'에 있는 효소에는 자신이 추측했던 중금속이 반드시 있어야 한다는 결론을 내렸으며, 나중에 그것이 철(iron)이라는 것을 증명했다. 그는 세포 안에서 산소와 반응하는 효소의 일부분은 혈액에서 산소와 결합하는 헤모글로빈의 어떤 부분과 일치한다는 것을 분광 광도계를 이용하여 증명하는 획기적인 실험을 했다. 헴(heme)이라 불리는 화학물질은 철이 결합된 포르피린이며, 그것을 포함한 효

---

2 Warburg 1908.

소는 모든 세포에 존재하여 호흡을 가능하게 한다. 오늘날 그것은 시토크롬 산화효소로 알려져 있다. 이 업적으로 워버그는 1931년에 노벨 생리의학상을 받았다.

한편, 1923년 워버그는 15년 전에 중단했던 암에 대한 연구를 재개했다. 그는 "성게 알의 호흡은 수정이 이루어지는 순간부터 6배 증가한다는 사실이 출발점이었다."라고 썼다. 즉, 휴식 상태에서 성장 상태로 바뀌는 순간부터였다. 그는 암세포에서도 비슷한 호흡 증가를 발견할 것으로 기대했다. 그러나 놀랍게도 그는 정반대 현상을 발견했다. 그가 연구하던 쥐의 종양은 건강한 쥐의 정상적인 조직보다 훨씬 적은 양의 산소를 사용했다.

그는 "이 결과는 매우 놀라워서, 종양은 연소에 필요한 물질의 결핍에 의한 것이라는 추측이 옳았음을 증명한 것 같았다."라고 썼다. 그래서 워버그는 배양 배지에 여러 가지 영양분을 첨가하여 여전히 산소 사용량이 극적으로 증가할 것으로 기대하고 있었다. 하지만, 그가 포도당을 첨가했을 때, 종양의 호흡이 완전히 멈췄다! 그리고 왜 이런 일이 일어났는지 알아내려는 노력을 하는 과정에서 그는 배양 배지에서 엄청난 양의 젖산이 축적되고 있다는 사실을 알게 되었다. 실제로, 종양은 시간당 종양 무게의 12%에 해당하는 젖산을 생산하고 있었다. 단위 시간 당 혈액보다 124배나 많은 젖산을 생산하고, 휴식 중인 개구리 근육의 200배, 개구리 근육이 최대로 사용될 때 나오는 양의 8배에 달하는 젖산을 생산하고 있었다. 종양은 포도당을 물

론 소비하고 있었지만, 그것을 위해 산소를 사용하지는 않았다.[3]

동물과 인간에서 나타나는 다른 유형의 암 발생에 대한 추가 실험에서, 워버그는 이것이 일반적으로 모든 암세포에 해당하며, 정상세포에는 그렇지 않음을 발견했다. 이 특이한 사실은 워버그에게 가장 중요하면서도 암의 원인을 밝히는 주요한 열쇠로 각인되었다.

산소를 사용하지 않고 포도당으로부터 에너지를 추출하는 혐기성 당분해(glycolysis) 또는 발효라 불리는 신진대사는 대부분의 살아 있는 세포 내에서 조금 일어나는 매우 비효율적인 과정으로 단지 충분한 산소가 공급되지 않을 때만 중요한 현상이다. 예를 들어, 달리기 선수는 단거리 경주를 하는 동안 폐가 산소를 공급해 줄 수 있는 것보다 더 빨리 에너지를 소비할 정도로 근육을 사용한다. 이때 근육은 일시적으로 혐기성(산소가 없는) 에너지를 생산하며, 그들이 단거리 질주를 끝내고 공기를 들이마시기 위해 멈추었을 때 다시 공급해야하는 산소 부담(부채)을 야기한다. 비록 비상시에 빠르게 에너지를 공급할 수 있지만, 혐기성 당분 분해는 같은 양의 포도당에 비해 훨씬 적은 에너지를 생산하고, 폐기처분해야 하는 젖산을 조직에 축적한다.

발효는 지구상에 녹색식물이 나타나 대기를 산소로 채우기 전에 모든 형태의 생명체가 수십억 년 동안 에너지를 얻었던 아주 오래된 형태의 신진대사다. 오늘날 몇몇 원시적인 형태의 생명체들, 예를 들어, 많은 박테리아와 효모들은 여전히 그것에 의존하고 있지만, 모든

---

3 Warburg et al. 1924; Warburg 1925.

복잡한 유기체들은 그런 식으로 생명을 유지하는 방법은 버렸다.

1923년 워버그가 발견한 것은 암세포는 이러한 근본적인 측면에서 모든 고등생물의 정상세포와 다르다는 것이다. 암세포는 혐기성 당분 분해율을 높게 유지하고 산소가 있는 곳에서도 많은 양의 젖산을 생산한다. 워버그 효과라 불리는 이 발견은 양전자 방출 단층 촬영, 즉 PET(positron emission tomography) 스캐너를 사용하여 오늘날 암의 진단과 진행 단계 규명을 위한 기초가 된다. 혐기성 당분 분해는 비효율적이고 엄청난 속도로 포도당을 소비하기 때문에 PET 스캔은 방사성 포도당을 더 빨리 흡수함으로써 체내에서 종양을 쉽게 발견할 수 있다. 그리고 종양이 더 악성일수록 더 빨리 포도당을 흡수한다.

워버그는 자신이 암의 원인을 발견했다고 합리적으로 믿었다. 암의 경우 호흡 기작이 손상되어 세포의 신진대사에 대한 통제력을 상실한 것이 분명하다. 억제되지 않은 당분 분해와 억제되지 않은 성장이 그 결과다. 정상적인 신진대사 조절이 없을 때 세포는 보다 원시적인 상태로 되돌아간다. 모든 복잡한 유기체들은 그들의 고도로 차별화된 형태를 유지하기 위해 산소를 가지고 있어야 한다고 워버그가 제안했다. 산소가 없다면, 생명체는 대기 중에 산소가 존재하지 않던 시절에 지구에 배타적으로 존재했던 것처럼 분화되지 않고 단순화된 형태의 성장으로 되돌아갈 것이다. "종양의 기원에서 원인 요소는 산소 결핍 외에는 아무것도 없다."라고 워버그가 제안했다.[4] 세포가

---

4 Warburg 1925, p. 162.

산소를 단지 일시적으로만 빼앗기면 응급상황으로 혐기성 당분 분해가 일어나지만, 산소가 가용해지면 다시 중단된다. 그러나 세포가 반복적으로 또는 만성적으로 산소를 빼앗길 때 호흡 조절은 결국 손상되고 당분 분해는 독립적으로 된다고 그는 말했다. 1930년 워버그는 "성장하는 세포의 호흡이 방해되면 일반적으로 세포는 죽고, 죽지 않으면 종양세포가 생긴다."라고 썼다.[5]

워버그의 가설은 1990년대 중반에 호주의 의사 존 홀트(John Holt)에 의해 처음으로 나의 관심을 끌었다. 그는 자신은 마이크로웨이브 방사선으로 암을 치료하고 있으면서도 동료들에게는 같은 마이크로웨이브가 정상세포를 암세포로 바꿀 수 있다고 경고했던 흥미진진한 인물이다. 나는 워버그의 암에 관한 연구가 어떻게 나의 전기에 관한 연구에 관련되어 있는지 충분히 이해하지 못했기 때문에 홀트가 나에게 보낸 연구 논문을 나중에 참고하기 위해 멀리 치워두었다. 그런데 지금은 보다 많은 퍼즐 조각들이 제 자리를 잡아가면서, 그 관련성이 명백해졌다. 모닥불 위에 내리는 비처럼, 전기는 살아있는 세포의 연소 불꽃을 꺼지게 한다. 만약 워버그가 옳았고 만성적인 산소 부족이 암을 유발한다면, 현대에 암이 대유행하게 된 기원을 찾기 위해 전기화를 제외하고 다른 것은 알아볼 필요가 없다.

워버그의 이론은 처음부터 논란의 여지가 있었다. 1920년대에 알려진 수백 가지 암은 수천 종류의 화학물질과 물리적 요소에 의해 촉

---

5 Warburg 1930, p. x.

발되었다. 많은 과학자들은 그렇게 단순한 일반적인 원인을 믿기에 주저했다. 워버그는 그들에게 간단한 설명으로 대답했다. 그 수천 가지 화학물질과 물리적 요소들은 각각 자체 방식으로 세포의 산소 반응을 방해한다. 예를 들어, 비소는 암을 유발하는 호흡의 독이라고 그는 설명했다. 우레탄은 호흡을 억제하고 암을 유발하는 마취제다. 피부 아래에 이물질을 이식하면 그것은 혈액 순환을 차단해 주변 조직의 산소를 고갈시키기 때문에 암을 유발한다.[6]

관련 연구자들이 워버그의 원인에 대한 이론을 반드시 수용할 필요는 없었지만, 그들은 워버그가 주장하는 이론을 확인하려는 관심조차 두지 않았다. 종양은 일반적으로 산소 없이 자랄 수 있는 능력을 갖추고 있다. 1942년경 미국 국립암연구소(National Cancer Institute)의 딘 버크(Dean Burk)는 자신이 검사한 암 조직의 95% 이상이 여기에 해당한다고 보고할 수 있었다.

그 후 1950년대 초, 로스앤젤레스에 있는 레바논병원 시더스의학연구소(Institute for Medical Research at Cedars)의 해리 골드블랫(Harry Goldblatt)과 글래디스 카메론(Gladys Cameron)은 회의적인 대중에게 자신들이 정상세포를 단지 산소만 반복적으로 고갈시켜 암세포로 변형시키는데 성공했다고 보고했다. 이는 생후 5일 된 쥐의 심장에서 섬유아세포(fibroblasts)를 채취하여 세포 배양하는 실험을 통해 이루어졌다.

---

6 Warburg 1956.

1959년, 폴 골드하버(Paul Goldhaber)는 실험을 통해 워버그의 가설을 뒷받침해주었다. 그는 어떤 유형의 미공확산장치(Millipore diffusion chambers)를, 쥐의 피부 아래에 이식했을 때 주변에 커다란 종양이 생기게 했지만 다른 것은 안 된다는 것을 발견했다. 확산장치는 여러 가지 동물 실험에서 조직 액체를 채취하는 데 사용되었다. 암을 유발하는 능력은 장치에 사용한 플라스틱의 종류가 아니라 액체가 흐를 수 있는 미공의 크기에 의한 것으로 밝혀졌다. 미공의 직경이 450밀리마이크론(millimicrons)일 때 39마리 중 단 한 마리에서만 종양이 발생했지만, 100밀리마이크론일 때는 34마리 중 9마리에서, 50밀리마이크론에 불과할 때는 35마리 중 거의 절반에 가까운 16마리에서 종양을 발생했다. 미공의 크기가 너무 작을 때는 유체 순환을 간섭하여 장치에 접하고 있는 조직에서 산소를 고갈시키는 것으로 보인다.

1967년, 버크 연구팀은 종양의 악성 정도가 심할수록 혐기성 당분 분해율이 높고 포도당을 더 많이 소모하며, 젖산을 더 많이 생산한다는 것을 증명했다. 버크는 "급히 성장하는 복수(ascites, 뱃물) 암세포의 극단적인 형태는 혐기성 상태에서 어떤 다른 살아있는 포유류 조직보다 아마 더 빠르고 일관된 속도로 포도당으로부터 젖산을 최대 시간당 조직의 건조 중량의 절반까지 생산할 수 있다."고 보고했다. "심지어 최소 초당 백 번 이상 날갯짓을 할 수 있는 벌새(hummingbird)도 기껏해야 하루 동안 그 새의 건조된 중량의 절반에 해당하는 포도당밖에 소비하지 않는다."

워버그는 암의 기원이 알려졌다고 주장했기 때문에, 그는 "알려진 발암물질을 제거하면 모든 암의 약 80%를 예방할 수 있다"고 생각했다.[7] 그래서 그는 1954년에 흡연, 살충제, 식품 첨가제, 자동차 대기 오염에 대한 규제를 주장했다.[8] 이러한 주장을 자신의 사생활에 접목시킨 것은 그에게 괴짜라는 평판을 얻게 했다. 환경주의가 인기를 얻기 훨씬 전에, 워버그는 1에이커(4,050m²)의 유기농 정원을 가지고 있었고 유기농을 하는 사람들로부터 우유를 구입했다. 또 그는 프랑스 버터를 구입했다. 왜냐하면 프랑스가 독일보다 훨씬 더 엄격하게 제초제와 살충제의 사용을 규제했기 때문이다.

오토 워버그는 1970년 83세의 나이로 세상을 떠났다. 그 해 종양 유전자가 처음으로 발견되었다. 종양 유전자는 돌연변이에 의한 것으로 여겨지는 비정상적인 유전자로, 암의 발생과 관련이 있다. 종양 유전자와 종양 억제 유전자의 발견은 암은 유전자 돌연변이에 의한 것이지 변형된 신진대사에 의한 것이 아니라는 광범위한 신념을 촉진했다. 처음부터 논란이 됐던 워버그의 가설은 이후 30년 동안 대부분 버려졌다.

그러나 인체의 암을 진단하고 진행 단계를 규명하기 위한 PET 스캔의 광범위한 사용은 워버그 효과를 암 연구의 주요 반열로 다시 끌어올렸다. 이제 암세포가 혐기성 환경에서 살고, 또 성장을 위해서 혐

---

7 Warburg 1966b.
8 Krebs 1981, pp. 23-24, 74.

기성 신진대사에 의존해야 한다는 사실을 아무도 부인할 수 없다. 한 때 종양 유전자론에만 치중했던 분자생물학자들조차 결국 산소 부족과 암 사이에 연관성이 있다는 사실을 발견하고 있다. 모든 세포에서 저산소 유발 인자(HIF: hypoxia-inducible factor)라는 단백질이 발견되었다. 이 단백질은 저산소 조건에서 활성화되어 암세포 성장에 필요한 많은 유전자를 다시 활성화시킨다. HIF 활동은 결장암, 유방암, 위암, 폐암, 피부암, 식도암, 자궁암, 난소암, 췌장암, 전립선암, 신장암, 뇌암에서 증가하는 것으로 확인되었다.[9]

미토콘드리아 수와 크기의 감소, 미토콘드리아의 비정상적 구조, 크렙스 사이클의 효소 활동 감소, 전자전달 체인의 활동 감소, 미토콘드리아 유전자의 돌연변이와 같은 손상된 호흡을 나타내는 세포 변화는 대부분 형태의 암에서 일상적으로 발견되고 있다. 심지어 바이러스에 의한 종양에서도, 악성종양의 첫 번째 징후 중 하나는 혐기성 신진대사율의 증가다.

암세포의 호흡을 실험적으로 억제하거나 단순히 산소를 결핍시키는 것은 악성 형질 전환과 암세포 성장에 관여하는 수백 개의 유전자 발현을 변형시키는 것으로 나타났다. 호흡을 손상시키는 것은 암세포를 더 침습적(건강한 세포를 범하는)으로 만들고, 호흡이 정상적으로 회복되면 암세포를 덜 침습적으로 만든다.[10]

---

9   Harris 2002; Ferreira and Campos 2009.
10   Ristow and Cuezva 2oo6; van Waveren et al. 2006; Srivastava 2009; Sánchez-Aragó et al. 2010.

암 연구자들 사이에 "종양은 세포 호흡이 감소해야만 발병할 수 있다."라는 의견의 일치가 이루어지고 있다.[11] 2009년에 오토 워버그에 헌정하는 책 『세포 호흡과 암의 발생(Cellular Respiration and Carcinogenesis)』이 출판되었다. 이 질문의 모든 측면을 다루기 위해 미국, 독일, 프랑스, 이탈리아, 브라질, 일본, 폴란드에서 나온 헌정 논문들이 책에 들어있다.[12] 서문에서 그레그 세멘자(Gregg Semenza)는 다음과 같이 기술하고 있다. "워버그는 현재 워버그 압력계(manometer)로 알려진 장치를 발명했는데, 이것으로 그는 같은 주변 산소 농도에서 정상 세포보다 종양세포가 산소를 덜 소비하며 더 많은 젖산을 생산한다는 것을 증명했다. 100년이 지난 지금, 전이성(metastatic) 암세포가 워버그 효과를 어떻게 그리고 왜 분명히 보여주는지를 이해하기 위한 논쟁은 여전히 진행 중이며, 헤비급 복싱 12회전(그 책이 12장으로 구성되었으며 무게 있는 논쟁이 벌어지고 있음)이 여기에 기술한 짤막한 소개를 넘어 독자들을 기다리고 있다."

오늘날 암 연구자들이 묻고 있는 질문은 더 이상 "워버그 효과가 진짜인가?"가 아니라, "저산소증은 암을 일으키는 원인인가, 아니면 결과로 나타나는 현상인가?"이다.[13] 그러나 점점 더 많은 과학자들이 인정하고 있듯이, 그것은 정말로 중요한 것이 아니며, 단지 의미론적인 질문에 불과할 수도 있다. 암세포는 산소가 없는 상태에서 번성하

---

11 Kondoh 2009, p.101; Sánchez-Aragó et al. 2010.
12 Apte and Sarangarajan 2009a.
13 Ferreira and Campos 2009, p.81.

기 때문에 산소 부족은 초기 암세포에 생존의 이점을 준다.[14] 따라서 호흡을 손상시키는 환경적 요인(워버그가 옳아서 그것이 직접 악성 변형을 일으키든, 아니면 회의론자들이 옳아서 그것이 정상세포에 비해 암세포에 유리한 환경을 제공하든)은 반드시 암 발생률을 증가시킬 것이다.

지금까지 우리가 본 것처럼, 전기가 바로 그런 요인이다.

당뇨와 암

만약 우리 주변의 전자기장에 의한 신진대사의 감속이 당뇨병과 암을 발생시킨다면, 당뇨병 환자들의 암 발병률이 높을 것이고, 그 반대로도 마찬가지일 것이다. 그것은 실제로 그렇다.

이 두 질병의 연관성을 최초로 확인한 사람은 1910년대 남아프리카 의사 조지 메이나드(George Darell Maynard)다. 거의 모든 다른 질병들과 달리, 암과 당뇨병의 발병률은 꾸준히 증가하고 있었다. 두 병이 공통 원인을 가지고 있을지도 모른다고 생각한 그는 미국의 1900년대 인구조사에서 사망기록을 의무화한 15개 주의 사망률 통계를 분석했다. 그리고 그는 인구와 나이를 바로 잡은 후에 두 질병이 강하게 연관되어 있다는 것을 알아냈다. 한 가지 발병률이 높았던 주들은

---

14 Vaupel et al. 1998; Gatenby and Gillis 2004; McFate et al. 2008; Gonzáles-Cuyar et al. 2009, pp.134-36; Semenza 2009; Werner 2009, pp.171-72; Sánchez-Aragó et al. 2010.

다른 것도 발병률도 높았다. 그는 전기가 공통 원인일 수 있다고 제안했다:

"내가 보기엔 두 병의 단 한 가지 공통된 요인만이 우리가 알고 있는 사실들과 일치할 것 같다. 즉 현대 문명의 압박, 경쟁적인 현대 사회로 인한 긴장 또는 이것들과 밀접하게 연관된 다른 요인이다. 방사능과 각종 전기현상은 때때로 암을 발생시킨다는 비난을 받아왔다. 현대 도시 생활에서 고압 전류의 사용이 증가했다는 것은 의심할 여지가 없는 사실이다."

100년이 지난 지금, 당뇨병과 암은 함께 발생한다는 것은 인정된 사실이다. 전 세계적으로 160건 이상의 역학적 연구가 이 문제를 조사했으며, 대다수가 두 질병 사이의 연관성을 확인했다. 당뇨병 환자는 일반인보다 비호지킨 림프종(non-Hodgkin's lymphoma)뿐만 아니라 간, 췌장, 신장, 자궁내막, 결장, 직장, 방광, 유방에 암이 발생하고 그로 인해 사망할 가능성이 더 높다.[15] 2009년 12월 미국당뇨병협회와 미국암협회가 공동학회를 개최했다. 여기서 나온 보고서는 "암과 당뇨병은 동일인에서 우연히 그럴 것으로 예상하는 것보다 더 빈번하게 진단된다."라고 의견의 일치를 보았다.[16]

---

15 Vigneri et al. 2009.
16 Giovannuca et al. 2010.

동물의 암

우리는 12장에서 1901년부터 작성된 필라델피아 동물원의 전체 부검 기록에서 1930년대와 1940년대에 심장 질환의 증가가 가속화되었으며, 모든 동물 종이 그 질환의 영향을 받았다는 사실을 보았다. 심장 질환과 똑같이 암 발생률의 증가도 일어났다. 그 동물원의 펜로즈 실험실(Penrose Research Laboratory)[17]은 1959년 보고서에서 부검 기록을 1901~1934(전반기)와 1935~1955(후반기)로 나누었다. 포유류 9종에서 악성 종양 발생률은 전반기에서 후반기로 가면서 2배에서 20배로 증가했다. 그리고 양성 종양 발생률은 더욱 증가했다. 예를 들어 전반기에 이루어진 고양이 부검에서는 양성 또는 악성 종양이 단지 3.6%에 불과했지만 후반기에는 18.1%로 증가했다. 곰(ursines)의 경우 전반기에는 7.8%가 종양이 있었지만, 후반기에는 47%가 종양이 있었다.

동물원의 새 7,286마리를 부검한 결과 전반기에서 후반기로 가면서 악성 종양은 2.5배, 양성 종양은 8배 증가했다.

인구 동태 통계

실제 이야기는 역사적 기록에 의해 다시 드러난다.

암의 증가는 심장병과 당뇨병이 증가하기 전에 조금씩 증가했다. 〈표 14-1〉에 제시한 영국(잉글랜드)의 초기 기록에 따르면 1850년부터

---

17 Lombard et al. 1959.

<표 14-1> 영국(잉글랜드)의 암 사망률(인구 10만 명당 연평균 사망자 수)

연도	사망률	연도	사망률
1840	17.7	1880	50.2
1850	27.9	1885	57.2
1855	31.9	1890	67.6
1860	34.3	1895	75.5
1865	37.2	1900	82.8
1870	42.4	1905	88.5
1875	47.1		

암 사망자가 증가하고 있었다.[18]

　1839년 7월 9일, 런던에서 웨스트 드레이튼(West Drayton)까지 이어지는 쿡(Cooke)과 휘트스톤(Wheatstone)의 첫 번째 상업용 전신선이 개설되었다. 1850년까지, 2천마일(3,219km)이 넘는 전선이 영국을 종횡으로 달렸다. 영국에서 1840년대부터 1850년대 사이에 암 발병률이 처음 증가하기 시작했다는 것을 증명할 수 있는 초기 통계는 없지만, 스웨덴 스톡홀름에서 서쪽으로 9마일(14.5km) 떨어진 부유한 작은 시골 지역 펠링스브로(Fellingsbro)의 교구에 대한 통계는 있다. 우리가 통계를 갖게 된 이유는 1902년에 스웨덴의 의사 아돌프 에크블롬(Adolf Ekblom)이 19세기 동안 암 발병률이 정말로 증가했는지 알아보기 위해 펠링스브로 교구 성직자가 보관했던 "사망 기록부"를

18　Williams 1908, p. 53.

조사했기 때문이다. 에크블롬이 그 기록부에서 정리한 숫자는 〈표 13-2〉와 같다.

이 기록은 1863년부터 1884년까지는 자료가 불충분하다. 하지만 남아있는 기록은 우리가 찾는 이야기를 들려준다.

펠링스브로의 인구는 19세기 초에는 4,608명, 말에는 7,104명이었다. 1801년에서 1850년 사이에 약 3년마다 한 사람씩 암으로 죽었다. 그 후 1853년에는 스웨덴의 첫 전신선이 수도 스톡홀름과 북쪽으로 37마일(60km) 떨어진 도시 웁살라(Uppsala) 사이에 연결되었다. 이듬해에는 웁살라에서 남서쪽으로 바스테라스(Vasteras)를 거쳐 오레브로 (Orebro)까지 노선이 이어졌다. 이 전신선은 펠링스브로 교구의 한가운데를 통과했다. 그때부터 펠링스브로의 암 발병률이 올라가기 시작했다.[19] 20세기가 시작될 무렵, 펠링스브로의 시골 사람들은 런던의 일반 거주자들보다 더 빨리 암으로 죽어가고 있었다.

〈표 13-2〉 스웨덴(펠링스브로)의 암 사망률(인구 10만 명당 연평균 사망자 수)

연도	사망률	연도	사망률
1801-1810	2.1	1841-1850	6.6
1811-1820	6.5	1851-1860*	14.0
1821-1830	8.1	1885-1894	72.5
1831-1840	3.5	1895-1900	141.0

*1861년부터 1884년까지 자료 불충분

---

19 Guinchard 1914.

1900년에 인구 10만 명당 세계 각국 연간 암으로 인한 사망자 수는 〈표 14-3〉과 같다.

〈표 14-3〉 세계 각국의 연간 암 사망률(1900년, 인구 10만 명당 사망자 수)

국가	사망률	국가	사망률
스위스	127	쿠바	29
홀랜드	92	칠레	27
노르웨이	91	영국령 기아나	24
잉글랜드와 웨일스	83	포르투갈	22
스코틀랜드	79	윈드워드 및 리워드 제도	22
버뮤다	75	코스타리카	20
독일	72	영국 온두라스	19
오스트리아	71	자메이카	16
프랑스	65	세인트키츠	13
미국	64	트리니다드	12
호주	63	모리셔스	12
아일랜드	61	세르비아	9
뉴질랜드	56	실론	5.5
벨기에	56	홍콩	4.5
이탈리아	52	브라질	4.5
우루과이	50	과테말라	4
일본	46	볼리비아 라파즈	3.4
스페인	39	바하마	1.8
헝가리	33	피지	1.7

* 뉴기니, 보르네오, 자바, 수마트라, 필리핀, 아프리카 대부분, 마카오 : 자료없음

모든 역사적 자료는 암은 항상 전기와 함께한다는 것을 보여준다. 1914년, 전기가 없는 보호구역에 거주하던 63,000명의 미국 인디언 중, 암으로 인한 사망자는 단 두 명에 불과했다. 당시 미국 전체의 암 사망률은 이것의 25배였다.[20]

1920년부터 1921년 사이 단 1년 동안에만 모든 현대화된 국가에서 암 사망률이 갑자기 3%에서 10%로 비정상적으로 급증했다. 이것은 상용 AM 라디오 방송 시작과 일치한다. 1920년에는 노르웨이 암 사망률은 8%, 남아프리카와 프랑스는 7%, 스웨덴은 5%, 네덜란드는 4%, 미국은 3% 증가했다. 1921년에는 포르투갈 암 사망률이 10%, 영국, 독일, 벨기에, 우루과이는 5%, 호주는 4% 증가했다.

우리가 좋은 자료를 확보한 모든 국가에서 폐암, 유방암, 전립선암의 발병률이 20세기 전반 내내 눈에 띄게 증가했다. 유방암으로 인한 사망자는 노르웨이에서 5배, 네덜란드에서 6배, 미국에서 16배 증가했다. 영국에서 폐암으로 인한 사망은 20배로 증가했다. 전립선암 사망자는 스위스에서 11배, 호주에서 12배, 영국에서 13배 증가했다.

폐암은 한때 아주 드물어서 1929년까지 대부분 국가에서 따로 기록하지도 않았다. 폐암을 추적한 몇몇 나라에서도 1920년경까지 폐암 발병률은 극적인 상승을 시작하지 않았다. 벤자민 리처드슨(Benjamin Ward Richardson)은 1876년 저서 『현대 생활의 병(*Diseases of Modern Life*)』을 통해 이런 관점에서 오늘날 독자들에게 놀라움을 준

---

20   Hoffman 1915, p. 151.

다. 그 책에 나오는 "흡연으로 인한 암"이라는 장에서는 담배가 입술, 혀, 목구멍의 암을 유발했는지에 대한 논란을 다루고 있지만 폐암은 언급조차 없다. 폐암은 미국암통제협회(American Society for the Control of Cancer)가 설립된 1913년에도 여전히 드물었다. 같은 해 뉴욕주 악성질병연구소(Institute for the Study of Malignant Disease)에 보고된 암 환자 2,641명 중 원발성 폐암(primary lung cancer) 사례는 단 한 건에 불과했다. 프레데릭 호프만(Frederick Hoffman)은 1915년 자신의 전집『전 세계 암으로 인한 사망(The Mortality From Cancer Throughout the World)』에서 흡연이 입술, 입, 목의 암을 유발한다는 것이 증명된 사실이라고 주장했지만, 리처드슨이 40년 전에 그랬던 것처럼 흡연과 관련된 폐암에 대해서는 언급하지 않았다.[21]

스웨덴의 연구자 오르잔 홀버그(Orjan Hallberg)와 올레 요한슨(Olle Johansson)은 20세기 후반 40개국에서 악성 흑색종(melanoma), 방광암, 대장암과 함께 폐암, 유방암, 전립선암의 발병률이 놀라울 정도로 계속 상승했으며 전체 암 발생률은 인체의 라디오파 노출 변화에 정확하게 일치하면서 증가했음을 보여주었다. 스웨덴의 암 사망률 증가 속도는 1920년, 1955년, 1969년에 가속화되었고, 1978년에는 하락했다. 그들은 "20세기의 암 추세(Cancer Trends During the 20th Century)"라는 논문에 "1920년에 AM 라디오가 나왔고, 1955년에는 FM 라디오와 TV1을, 1969~70년에는 TV2와 컬러 TV를 수신했으며,

---

21 Hoffman 1915, pp. 185-186.

1978년에는 몇몇 기존 AM 방송 송신기가 중단되었다."라고 기술했다. 그들의 자료는 적어도 많은 폐암 사례가 흡연과 같이 라디오파에도 기인할 수 있음을 시사하고 있다.

홀버그와 요한슨은 런던 위생 및 열대의학 대학(London School of Hygiene and Tropical Medicine) 헬렌 돌크(Helen Dolk)의 연구를 보고 악성 흑색종과 FM 전파 노출의 연관성에 주목했다. 1995년 돌크와 동료들은 영국 웨스트 미드랜드 서튼 콜드필드(Sutton Coldfield)에 있는 강력한 텔레비전과 FM 라디오 송신기에서 거리가 멀어질수록 피부 흑색종 발병률이 감소했음을 보여주었다. 홀버그와 요한슨은 85~108MHz의 FM 주파수 범위가 인체의 공명 주파수에 가깝다는 점을 인식하고 스웨덴 565개 군(county) 모두에서 FM 전파 노출과 흑색종 발병률을 비교하기로 했다. 결과는 놀라웠다. 군별 흑색종 발병률과 평균 FM 송신기 수를 XY그래프에 표시했을 때 점들은 일직선으로 나타났다〈그림 14-2〉. 4.5 FM 방송국(그림 14-2에서 4개 FM 방송국으로 수신하고 5번째 방송국에서 일부 청취하는 것을 말함)으로부터 수신하는 군은 어떤 FM 방송국으로도 수신하지 않는 군보다 11배나 높은 악성 흑색종 발생률을 갖고 있었다.

그들은 "피부의 악성 흑색종, 햇빛 이야기가 아님(Malignant Melanoma of the Skin, Not a Sunshine Story)"이라는 논문에서 1955년 이후 이 병의 엄청난 증가는 태양이 주원인이라는 주장을 반박하고 있다. 오존층 파괴로 인한 자외선 복사 증가가 1955년에는 일어나지 않

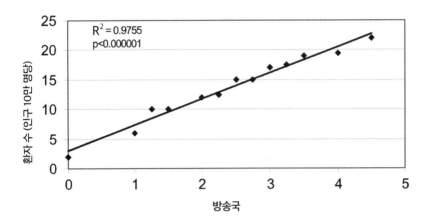

<그림 14-2> 흑색종 발병률과 평균 FM 송신기 수(Hallberg and johanson, 2005)

았다. 또 1960년대까지는 스웨덴 사람들이 태양을 쬐기 위해 남쪽 나라들로 많이 여행하기 시작한 것도 아니다. 난처한 진실은 머리와 발의 흑색종 발병률은 1955년과 2008년 사이에 거의 증가하지 않은 반면 태양으로부터 보호되는 신체 중앙에는 흑색종 발병률이 20배나 증가했다는 것이다. 대부분의 피부 점과 흑색종이 이제는 머리, 팔, 발이 아닌 햇빛에 노출되지 않는 신체 부위에서 일어나고 있다〈그림 14-3〉.

이스라엘의 엘리후 리히터(Elihu Richter)는 히브리대 하다사 의과대학(Hadassah School of Medicine)에서 치료받은 47명의 환자에 대한 보고서를 발표했는데, 이 환자들은 직업상 높은 수준의 전자기장과 라디오파에 노출된 후 암에 걸렸다.[22] 이들 중 많은 사람들(특히 가장 젊은)

22   Stein et al. 2011.

은 놀라울 정도로 짧은 기간 동안의
노출로도 암이 발병했다. 어떤 사
람은 노출 시작 후 5~6개월 정도에
도 암에 걸렸다. 이것은 휴대전화가
세계 인구에 미치는 영향을 보기 위
해 10년 또는 20년을 기다려야 한다
는 생각을 떨쳐 버리게 했다. 리히
터 교수팀은 "최근 학교에 와이파
이가 도입되고, 많은 학교에서 학생
별 개인용 컴퓨터가 주어지고, 학교
의 고주파전압 과도현상, 휴대전화.

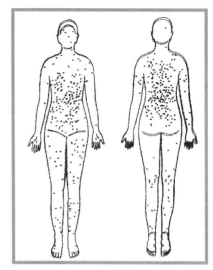

<14-3> 흑색종 발생 신체 부위
(Hallberg and johanson, 2002a)

무선전화, 중계기 안테나, 스마트 미터와 가정용 스마트 장치의 라디
오파/마이크로웨이브에 노출, 고전력 발생기와 변압기로 인한 초저
주파 노출 등으로 어린 사람들은 더 이상 전자파 노출에 자유롭지 못
하다."고 경고한다.

　　리히터는 모든 종양을 진료했다: 백혈병과 림프종, 그리고 뇌, 비
인두(nasopharynx), 직장, 대장, 고환, 뼈, 귀밑샘, 유방, 피부, 척추, 폐,
간, 신장, 뇌하수체, 전립선, 뺨 근육에서 발생하는 모든 암.

　　〈그림 14-4〉과 〈그림 14-5〉는 1931년과 1940년에 미국 48개 주에
서 관측된 암 발병률과 전기화 간의 동일한 선형 대응 관계를 보여준
다. 심장병과 당뇨병 자료도 이미 앞에서 제시했다. 1850년부터 2010

<표 14-4>미국의 암 사망률(인구 10만 명당 사망자 수)[23]

연도	사망률	연도	사망률
1850	10.3	1940	120.3
1860	14.7	1950	139.8
1870	22.5	1960	149.2
1880	31.0	1970	162.8
1890	46.9	1980	183.9
1900	60.0	1990	203.2
1910	76.2	2000	200.9
1920	83.4	2010	185.9
1930	98.9		

년까지 미국 전체 암 사망률은 〈표 14-4〉에 제시하였다.

네바다주의 상태는 1931년과 1940년 사이에 다른 어떤 주보다 더 많이 이동했다는 것을 알아차릴 수 있을 것이다. 네바다주에서는 가정용 전기화율은 소폭 증가하는 데 그친 반면 심장병, 당뇨병, 암으로 인한 사망률은 극적으로 증가했다. 나는 1936년에 완공된 후버(Hoover) 댐의 건설이 그러한 이유였음을 주장한다. 당시 세계에서 가장 강력한 수력 발전소는 10억 와트 용량의 전기를 고압선으로 라스베가스, 로스앤젤레스, 남부 캘리포니아 대부분 지역을 보냈다. 그 고

---

23 Vital Statistics of the United States (United States Bureau of the Census) and National Vital Statistics Reports(Centers for Disease Control and Prevention).

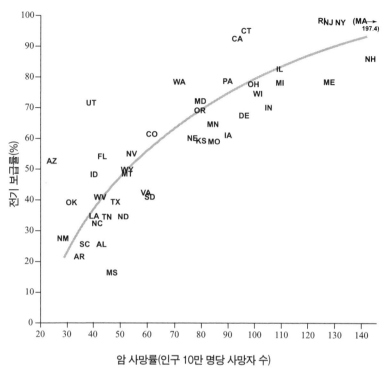

<그림 14-4> 미국 주별 농촌 암 사망률(1931년)

압선은 후버 댐에서 네바다 남동부를 지나 목적지까지 가면서 주변 지역에 사는 대부분의 사람들에게 세계 최고 수준의 전자기장으로 노출시켰다. 1939년 6월, 로스앤젤레스의 송전망은 당시 세계에서 가장 강력한 287,000 볼트의 송전선으로 후버 댐과 연결되었다[24] 〈그림 14-6〉.

폐암과 뇌암은 추가 언급이 필요하다.

24   Moffat 1988.

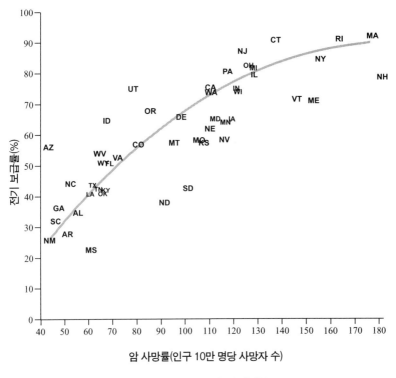

<그림 14-5> 미국 주별 농촌 암 사망률(1940년)

〈그림 14-7〉에서 알 수 있듯이, 1970년 이후 남녀 모두 흡연율이 꾸준히 감소하고 있다. 그러나 폐암 사망률은 여성의 경우 거의 4배 증가했으며, 남성은 그래프로 보기에는 50년 전과 거의 같다.[25]

"슈퍼맨" 배우 크리스토퍼 리브(Christopher Reeve)의 미망인 다나

---

25 흡연율 자료(National Center for Health Statistics). 폐암 자료(Vital Statistics of the United States, 1970, 1980, 1990) 및 (National Vital Statistics Reports, 2000, 2010, 2015).

<그림 14-6> 후버 댐의 송전선(로스앤젤레스 지역으로 전기를 보낸다.
찰스 오리어(Charles O'Rear)의 이 사진은 국립문서보관소의 디지털 수집품)

리브(Dana Reeve)가 비흡연자임에도 불구하고 2006년 46세의 나이에 폐암으로 죽었을 때 대중들은 놀라워했다. 왜냐하면 우리는 수십 년 동안 이런 암은 흡연에 의해 발생한다고 각인되어 왔기 때문이다. 그러나 흡연을 해 본 적이 없는 사람들의 폐암을 별도의 범주로 분류하면 현재 전 세계적으로 7번째의 암 사망 원인이 된다.[26] 이것은 자궁경부암, 췌장암, 전립선암보다 앞 순서에 있다.

---

26   National Cancer Institute 2009.

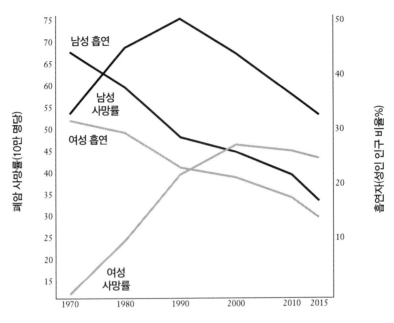

<그림 14-7> 미국의 흡연율과 폐암 사망률(인구 10만 명당 사망자)

조작된 휴대전화 암 발생률

뇌종양은 분명 휴대전화 때문에 언급할 가치가 있다. 전 세계 수십억 명의 사람들이 하루에도 몇 시간씩 그들의 뇌를 마이크로웨이브 방사선에 가까운 표적거리에서 노출시키고 있다. 이는 1996년 또는 1997년에 거의 대부분의 나라에서 새롭게 시작된 상황이다. 하지만 20년 전 디지털 휴대전화가 등장한 이래로 뇌종양 관련 연구 자금의 대부분을 특별 이익단체가 통제했기 때문에 뇌종양에 대한 정직한 연구 자료는 얻기가 어렵다. 그 결과 독자적인 과학자들과 산업계 과학자들 간에 미디어 전쟁이 벌어졌다. 10년 이상 휴대전화를 사용한 사람들의 뇌암 발병률이 3배에서 5배까지 증가했다고 보고한 독자적인 과학자들이 암 발생률이 전혀 증가하지 않았다고 보고하는 산업계 과학자들에게 지게 됐다.

호주의 신경외과 의사 찰리 티오(Charlie Teo)의 말에 따르면, 문제는 휴대전화 사용에 관한 모든 데이터는 휴대전화 공급업체에서 통제하는 데이터 뱅크에서 나오는 것으로서 "어느 통신업체도 과학자들이 이러한 대대적인 연구에 관한 자신들의 기록에 접근하는 것을 허락하지 않는다."는 것이다.

내가 2006년에 자료 접근을 요청했을 때, 통신사뿐만 아니라 통신사 후원금으로 연구한 과학자들이 얼마나 긴밀하게 자료를 보호하는지 직접 알게 되었다. 그런데 이번에는 덴마크에서 다른 산업체에서 지원한 연구 결과가 발표됐다. 연구 의도가 휴대전화는 뇌종양을 유발하지 않을 뿐만 아니라, 휴대전화 사용자들이 다른 사람보다 뇌종양 발병률이 낮다는 사실을 보여주기 위한 것이었다. 다시 말해서, 이 과학자들은 사람들이 하루에 몇 시간씩 휴대전화를 머리에 대고 있음으로써 실제로 뇌종양으로부터 자신을 보호할 수 있다는 사실을 전 세계가 믿도록 하는 것이다. 국립암연구소 학술지(*Journal of the National Cancer Institute*)에 발표된 이 연구는 "휴대전화 사용과 암 위험: 덴마크 전국 코호트 업데이트"라는 제목이 붙었다.[27] 이 연구는 4십 2만 명 이상의 덴마크 휴대전화 사용자와 비사용자들의 20년 동안

---

27 Schüz et al. 2006.

의료 기록을 조사한 후 결론을 내렸다고 주장했다. 내가 보기에 그 통계에 문제가 있음이 분명했다.

그 연구는 휴대전화 사용자가 비사용자에 비해 단지 남성에게서만 뇌종양 발병률이 낮다는 사실을 발견했지만, 스웨덴 과학자 홀버그와 요한슨이 라디오파로 인해 발병률이 높다고 보고한 암(방광암, 유방암, 폐암, 전립선암)은 발병률이 높다는 사실을 이 연구도 발견했다. 덴마크의 연구는 스웨덴 연구원들이 언급했던 대장암과 흑색종 발병률은 보고하지 않았다. 하지만 덴마크의 연구는 휴대전화 사용자들 사이에서 남성은 고환암 발병률이 더 높고 여성은 자궁경부암과 신장암 발병률이 상당히 높다는 것을 추가로 발견했다. 나는 자료 조작을 감지했다. 왜냐하면 "보호" 효과가 있다고 보고된 종류의 암은 뇌종양이 유일했기 때문이다. 뇌종양은 덴마크 과학자들과 그들의 연구비 제공자들이 휴대전화는 암을 유발하지 않는다는 것을 대중에게 확신시키기 위해 노력하고 있었던 바로 그 암이다.

이 연구의 대상 사람들은 모두 실제로 연구가 종료된 2004년까지 오랫동안 휴대전화를 사용했다는 사실을 나는 알았다. "사용자"와 "비사용자"의 유일한 차이점은 첫 가입 일이었다. "사용자"는 1982년에서 1995년 사이에 처음으로 휴대전화를 구입한 반면 "비사용자"는 1995년 이후에야 구입했다. 그리고 모든 "사용자"들을 함께 모았다. 이 연구는 9년 동안 휴대전화를 사용한 사람과 22년 동안 사용한 사람을 구분하지 않았다. 그러나 이 연구에 따르면 1994년 이전에 가입한 사람들은 나중에 처음 가입한 사람들보다 더 부유하고, 술과 담배를 덜 피우는 경향이 있다고 한다. 나는 사용 기간을 조절하는 것이 연구 결과를 바꿀지도 모른다고 생각했다. 그래서 나는 과학자들이 권위 있는 학술지에 게재된 연구를 검증하고자 할 때 하는 자연스럽고 정상적으로 받아들여지는 행동을 취하면서 그들의 자료를 보겠다고 요청했다. 2006년 12월 18일, 나는 제1 저자 요아힘 슈즈(Joachim Schuz)에게 덴마크에 이메일을 보내, 당신들의 자료를 보고 싶어 하는 같은 분야 연구자들이 있다고 말했다. 그리고 2007년 1월 19일, 우리는 점잖게 거절당했다. 거절 서한에는 이 연구의 여섯 명의 저자 중세 명인 슈즈(Schuz), 크리스토퍼 요한센(Christoffer Johansen), 조르겐 H 올슨(Jorgen H. Olsen)이 서명했다.

한편, 호주의 테오는 경종을 울리고 있다. "나는 매주 10명에서 20명의 새로운 환자를 본다."라고 그는 말한다. "그 환자들의 종양 중 적어도 3분의 1은 귀 주변의 뇌 부위에 있다. 신경외과 의사로서 나는 이 사실을 무시할 수 없다."

우리 대부분은 아니지만 많은 사람들이 뇌종양에 걸렸거나 뇌종양으로 사망한 한 명 이상의 지인이나 가족을 알고 있다. 46세의 나이로 2012년에 죽은 내 친구 노엘 카우프만(Noel Kaufmann)은 휴대전화를 사용하지 않았지만, 몇 년 동안 같은 종류의 방사선을 방출하는 가정용 무선전화기를 사용했고, 그를 죽인 종양은 그가 전화기를 대던 귀밑의 뇌 부분에 있었다. 우리 모두 뇌종양으로 사망한 유명인에 대해 들어본 적이 있다: 상원의원 테드 케네디(Ted Kennedy)와 존 메케인(John McCain), 변호사 조니 코크란(Johnnie Cochran), 기자 로버트 노박(Robert Novak), 조 바이든(Joe Biden) 부통령의 아들 보 바이든(Beau Biden) 등이다. 나는 캘리포니아 뇌종양협회장이 보내준 지난 10년 반 동안 뇌종양을 앓거나 그로 인해 사망한 300여 명의 유명인사들의 명단을 내 파일에 가지고 있다. 내가 어렸을 적에는 뇌종양에 걸린 유명인사에 대해 들어본 적이 없다.

하지만 널리 알려진 연구들은 뇌종양 발병률이 증가하지 않는다고 우리를 확신시킨다. 이것은 분명 사실이 아니다. 조금만 조사해 보면 왜 그 데이터를 미국이나 다른 곳에서 신뢰할 수 없는지 알 수 있다. 2007년 스웨덴 국가보건복지위원회(Swedish National Board of Health and Welfare) 연구자들은 어떤 이유 때문인지 대학병원에서 진단된 뇌종양 환자의 3분의 1과 군 단위 병원(county hospital)의 대다수 환자가 스웨덴 암 등록부에 보고하지 않고 있다는 사실을 알게 되었다.[28] 다른 모든 종류의 암은 일상적으로 보고되고 있었지만, 뇌종양은 그렇지 않았다.

1994년의 연구에 따르면 이미 핀란드에서는 뇌종양 보고에 어려움이 발생하고 있는 것으로 밝혀졌다. 핀란드의 암 등록은 대부분 종류의 암에 대해 철저히 이루어졌지만, 뇌종양은 심각하게 과소 신고

---

28 Barlow et al. 2009.

되고 있었다.[29]

　미국에서도 뇌종양뿐만 아니라 전반적인 감시에서 심각한 문제들이 발견되었다. 국립암연구소(National Cancer Institute)가 운영하는 감시 역학과 최종 결과(SEER: Surveillance Epidemiology and End Results) 프로그램은 정확한 데이터를 내놓기 위해 주정부(state) 등록부에 의존한다. 하지만 그 자료는 정확하지 않다. 미국의 연구자 데이비드 해리스(David Harris)는 베를린에서 열린 2008년 학회에서 주정부 등록부가 암 발병 건수의 증가를 따라잡지 못하고 있다는 보고를 했는데, 이는 충분한 예산을 받지 못하고 있기 때문이라고 했다. 그는 "현재 SEER 등록은 가용 자원은 예전과 같이 한정되어 있는데 시간은 부족하고 더 많은 사례를 수집해야 하는 과제에 직면해 있다."고 말했다. 이는 미국 경제가 개선되지 않는 한, 암 발병 증가가 커질수록 보고는 적어질 것을 의미한다.

　더욱 심각한 것은 재향군인병원(VA: Veterans Administration)과 군 기지 의료시설이 주정부 암 등록부에 환자 보고를 의도적으로 거부한 사실이다. 2007년 의학저널 란셋 종양학회지(Lancet Oncology)에 실린 브라이언트 펄로우(Bryant Furlow)의 보고서는 "2004년 말에 시작된 캘리포니아주 암 등록부에 VA가 보고한 새로운 발병 사례가 엄청나게 급감한 사실"을 지적했다. 2003년에 3천 건이었던 것이 2005년 말에는 거의 없는 것으로 보고되었다. 펄로우는 다른 주에 문의하고 나

29　Teppo et al. 1994.

서 캘리포니아주만의 문제가 아님을 알게 되었다. 플로리다주 암 등록부는 어떠한 VA 사례 보고도 받은 적이 없었고, 다른 주의 VA 시설들은 수년간 밀린, 보고되지 않은 암 사례들을 다루고 있었다. 홀리 하우(Holly Howe)는 펠로우에게 "우리는 VA와 5년 이상 일해왔지만, 상황이 더 악화됐다."라고 말했다. 그녀는 북미 중부암등록기관협회(North American Association of Central Cancer Registries)를 대표한다. VA가 암 환자를 매년 보고하지 않고 있는 경우가 7만 건이나 되었다. 그리고 2007년에는, VA는 주 등록부와 VA 시설 간의 모든 기존 협약을 무효화시키는 암 관련 지침을 발표하면서 보고 폐지 공식 정책을 발표했다. 펠로우는 국방부도 암 등록부에 협조하지 않고 있다고 보고했다. 군기지 시설에서 진단된 암은 여러 해 동안 어떤 주 정부에도 보고되지 않았다. 이 모든 잘못된 결과로, 로스앤젤레스 암 감시 프로그램의 데니스 디폰(Dennis Deapon)은 부족한 데이터에 근거한 연구는 쓸모없는 것이 될 수 있다고 경고했다. 그는 "2000년 중간부터 시작한 연구는 연구자와 일반 대중에게 그들이 틀렸다는 사실을 알려주기 위해 아마 표지에 별표를 하거나 스티커를 붙이는 것이 영원히 필요할 것이다"라고 말했다.

캐나다 캘거리대(University of Calgary) 남부앨버타 암연구소의 의사들은 캐나다 국가 전체나 앨버타주에서 악성 뇌종양 발생률이 전혀 증가하지 않는다는 정부 공식 통계에도 불구하고 2012년에서 2013년까지 단 1년 동안 캘거리시 악성 뇌종양이 30% 증가했다는 기록을 보고 충격을 받았다.[30] 이 불일치는 앨버타대 보건대학원의 역학 교수인 페이스 데이비스(Faith Davis)가 불을 붙였다. 악성 종양에 관한 공식 통계는 신뢰성이 떨어지기는 하지만, 비악성 종양 관련 그 통계는 더 나쁘다. 왜냐하면 캐나다 감시 시스템이 그런 것들을 전혀 기록하지 않기 때문이다. 이 믿을 수 없는 상황을 개선하기 위해 캐나다 뇌종양 재단(Brain Tumour Foundation)은 2015년 7월 데이비스가 임상 의사들과 연구자들에게 정확한 정보를 제공할 국가 뇌종양 등록기관을 만들 수 있도록 기금을 모은다고 발표했다.

우리 모두 휴대전화를 아무 문제없이 잘 사용한다는 확신을 주는 연구는 통신산업체로부터 자금 지원을 받아왔다. 하지만 뇌종양에 대한 심각한 과소 보고에도 불구하고, 독자적인 과학자(산업체 지원을 받지 않는)들은 뇌전문 외과의사와 종양학자들에게 그러한 사례가 계속 증가하고 있다는 사실을 확인시켜주고 있다. 또 독자적인 과학자들은 우리 모두 알고 있거나 들어 봤던 사람들이 과거보다 더 많이 뇌종양으로 죽어가고 있다는 증거 자료들로 그들을 각인시키고 있다. 독자적인 과학자 중 가장 유명한 인물은 레나트 하델(Lennart Hardell)이다.

하델은 스웨덴 오레브로 대학병원의 종양학 및 암역학 교수다. 그의 초기 연구 대부분은 다이옥신, PCB, 내연제(화염 방지제), 제초제와 같은 화학물질에 관한 것이었지만, 1999년부터 그는 휴대전화와 무

---

30 Jacob Easaw, Southern Alberta Cancer Research Institute, 개인 교신.

선전화기 노출에 초점을 맞추고 있다. 그는 악성 뇌종양 환자 1,250여 명을 대상으로 한 사례 연구에 근거하여 우리에게 휴대전화와 무선전화기 사용은 뇌종양 발병 위험을 크게 높인다고 말한다. 이런 전화를 사용하는 햇수가 길수록, 사용 누적 시간이 많을수록, 첫 사용 시기가 젊을수록, 종양이 발생할 확률은 더욱 커진다. 하델은 휴대전화를 2천 시간 사용하는 것은 뇌종양 발생 위험을 3배 증가시킨다고 말했다. 무선전화기를 2천 시간 사용하는 것은 위험을 2배 증가시킨다. 20세 이전에 휴대전화를 처음 사용하면 전체적인 뇌종양 위험이 3배 증가하고 악성 뇌종양의 가장 흔한 유형인 성상교세포종(astrocytoma) 위험은 5배 증가한다. 또 전화기와 같은 쪽의 머리(왼손잡이는 왼쪽, 오른손잡이 오른쪽)에 성상교세포종이 발생할 위험은 8배 증가한다. 20세 이전에 무선전화를 처음 사용하면 뇌종양의 위험이 2배 증가하며, 성상교세포종의 위험이 4배 증가하며, 전화기와 같은 쪽의 머리에 성상교세포종의 위험은 8배 증가한다.[31]

휴대전화 중계탑과 라디오 중계탑에 관한 문헌은 서로 의견의 일치가 아직 미흡하다. 최근까지 거의 모든 기존 연구들은 통신업계가 아닌 독립적인 재원의 자금 지원을 받아왔고, 일관된 결과를 낳았다. 중계탑 근처에 사는 것은 암을 유발한다는 것이다.

오리건보건과학대(Oregon Health Sciences University) 윌리엄 모튼(William Morton)은 포틀랜드-밴쿠버 대도시 지역에서 1967년부터

---

31 Hardell and Carlberg 2009; Hardell et al. 2011a.

1982년까지 VHF-TV 방송 안테나 근처에 거주한 것은 백혈병과 유방암의 중대한 위험성이 되었다는 사실을 발견했다.

1986년, 하와이주 보건부는 하나 이상의 중계탑이 있는 조사 대상 지역에 사는 호놀룰루 주민들은 모든 종류의 암 발생 위험이 43% 증가한다는 사실을 발견했다.[32]

1996년 멜버른의 직업병 의사 브루스 호킹(Bruce Hocking)은 3개의 고출력 텔레비전 송신탑과 관련하여 9개 호주 도시의 소아암 발병률을 분석했다. 탑으로부터 4킬로미터 이내에 사는 아이들은 더 먼 도시에 사는 아이들보다 백혈병으로 사망할 확률이 거의 2.5배 정도 높았다.

1997년 헬렌 돌크(Helen Dolk)와 동료들은 영국 버밍햄의 북쪽 끝에 있는 서튼 콜드필드(Sutton Coldfield) 송신탑 부근에서 성인 백혈병, 방광암, 피부 흑색종의 발병률이 높다는 사실을 발견했다. 그녀가 영국 전역에 걸쳐 20개의 고출력 송신탑을 포함하도록 연구 범위를 확장했을 때, 일반적으로 송신탑에 가까이 살수록 백혈병에 걸릴 가능성이 커진다는 것을 발견했다.

2000년 닐 체리(Neil Cherry)는 샌프란시스코의 소아암 발병률을 수트로(Sutro) 송신탑과의 거리 함수로 분석했다. 수트로 송신탑은 높은 언덕 꼭대기에 약 1천피트(304.8m) 높이로 서 있고 샌프란시스코 전역에서 볼 수 있다. 체리가 연구할 당시 송신탑은 거의 백만 와트의

---

32 Anderson and Henderson 1986.

VHF-TV와 FM 라디오 신호와 1천8백만와트 이상의 UHF-TV 전파를 방송하고 있었다. 샌프란시스코 전역의 뇌종양, 림프종, 백혈병, 그리고 모든 암을 합한 비율은 어린이의 거주지로부터 송신탑까지의 거리와 관련이 있었다. 언덕과 산등성이에 살았던 어린이들은 계곡에 살면서 송신탑으로부터 보호받은 어린이들보다 훨씬 더 많이 암에 걸렸다. 송신탑에서 1킬로미터 이내에 살았던 어린이들은 나머지 도시의 어린이들에 비해 백혈병 발생률이 9배, 임파종 발생률이 15배, 뇌종양 발생률이 31배, 전체 암 발생률이 18배에 높았다.

2004년, 로니와 데니 울프(Ronni and Danny Wolf)는 이스라엘 네타냐(Netanya) 남쪽에 있는 한 무선 중계기 타워 주변의 작은 동네 주민들에 관한 연구 결과를 발표했다. 중계기 타워가 세워지기 전 5년 동안, 622명의 주민 중 2명이 암에 걸렸고, 타워가 세워진 후 1년 동안 8명이 더 발병했다. 이것은 도시에서 암 발병률이 가장 낮은 동네를 네타냐의 평균보다 4배 이상 높은 지역으로 만들었다.

같은 해, 독일 네일라(Naila)의 의사 호르스트 에거(Horst Eger)는 그의 고향에서 1천 명의 환자 기록을 검사했다. 그는 휴대전화 중계기 타워에서 400미터 이내에 살았던 사람들은 멀리 사는 대조군보다 암에 걸릴 확률이 3배나 높고 암 발병 나이가 평균 8년 빠르다는 것을 발견했다.

2011년 아딜자 도데(Adilza Dode)는 브라질 남동부에 있는 대도시의 공무원들과 대학의 과학자들로 구성된 연구팀을 이끌면서 모든 기존 연구 결과들을 확인했다. 벨로 호리존테(Belo Horizonte) 거주자들의 암 위험은 휴대전화 중계기 타워로부터 거리가 멀어질수록 꾸준히 일정하게 감소했다.

그리고 2011년 2월 24일, 이탈리아 대법원은 로마를 라디오파로 오염시킨 투치 추기경의 2005년 유죄 판결을 지지했다. 10일간의 집행유예가 그에게 주어진 유일한 형벌이었다. **피해 주민들은 아무도 보상받지 못했다. 검찰은 과실치사 혐의로 기소하지 않았다. 바티칸 라디오 안테나는 폐쇄되지 않았다.**

* 뒷쪽에 있는 <표 14-5>는 <그림 14-4>와 <그림 14-5>의 자료

<14-5> 미국 주별 전기 보급률과 농촌 암 사망률(인구 10만 명당 사망자 수)

주	1931년		1940년	
	보급률(%)	사망률	보급률(%)	사망률
AL	25.7	42.5	34.7	55
AZ	62.5	23.4	56.1	43
AR	22.1	34.5	27.3	51
CA	92.5	93.0	75.6	110
CO	61.5	61.5	56.9	80
CT	94.9	96.6	90.5	137
DE	64.4	95.4	66.1	98
FL	53.8	39.6	50.7	68
GA	28.4	(자료없음)	36.5	47
ID	48.2	39.9	64.5	67
IL	82.5	108.3	79.4	128
IN	70.0	104.3	74.9	121
IA	61.4	89.5	65.5	119
KS	59.4	79.4	60.2	107
KY	38.0	(자료없음)	41.6	67
LA	34.1	39.2	41.5	61
ME	77.5	127.0	70.5	153
MD	72.3	78.9	65.2	112
MA	98.5	197.4	91.9	177
MI	78.4	108.6	81.3	128
MN	64.2	85.0	63.4	117
MS	16.5	46.6	22.7	61
MO	59.1	83.8	58.3	105
MT	48.9	51.5	56.8	95
NE	60.0	76.5	62.1	110
NV	54.8	63.6	58.3	116
NH	86.3	143.1	78.7	181
NJ	97.7	126.8	87.0	123
NM	27.3	27.7	26.5	43
NY	98.1	131.9	83.9	156
NC	32.4	41.1	43.7	52
ND	34.5	51.4	40.5	91
OH	77.0	98.6	82.5	126
OK	39.2	31.4	41.3	66
OR	68.8	78.3	67.7	85
PA	78.5	88.9	80.4	117
RI	98.2	124.5	91.0	163
SC	25.6	36.6	32.1	46
SD	41.0	60.7	43.0	101
TN	34.0	44.8	42.1	64
TX	39.5	48.1	43.5	62
UT	71.8	37.8	75.2	78
VT	71.9	(자료없음)	71.5	146
VA	41.7	59.0	53.1	72
WA	78.7	71.3	73.8	110
WV	41.0	41.8	53.4	64
WI	74.7	101.2	54.2	122
WY	49.5	51.7	50.8	66

제15장

전자파와 장수비결

우리는 사람들에게 건강에 도움이 되는 것과 장수에 도움이 되는 것을 찾아서 구별하라고 충고한다. 어떤 것들은 비록 정신을 자극하고 기력을 강화해주며 질병을 예방할 수도 있지만, 생명에는 여전히 파괴적이며, 어떤 것들은 질병은 없지만 허송세월하는 노년을 가져다준다. 반면에 생명을 연장해주며 쇠락을 막는 또 다른 것들도 있지만, 건강에 대한 위험 없이는 사용되지 못한다.

프란시스 베이컨 경(SIR FRANCIS BACON)

모든 동물들은 일생 동안 일정한 수의 심장박동을 할당받았다. 만약 뾰족뒤쥐나 생쥐처럼 빠르고 맹렬하게 살아간다면, 신진대사가 좀 더 완만한 동물들보다 훨씬 짧은 시간 안에 심장박동 할당량을 다 써버릴 것이다.

도날드 그리핀(DONALD R. GRIFFIN)
『어둠 속의 귀 기울임(Listening in the Dark)』에서

1880년 조지 비어드(George Miller Beard)는 신경쇠약에 관한 고전적 의학서적 『신경쇠약에 관한 실용적 논문(A Practical Treatise on Nervous Exhaustion)』를 저술했다. 그는 흥미로운 관찰을 기록했다: "이러한 어려움이 직접 죽음으로 이어지지 않아서 사망률 표에 나타나지 않는다. 반대로, 그것이 생명을 연장시키고 열병과 염증성 질환으로부터 신체를 보호하는 경향이 있지만, 그것으로 인한 고통의 양은 엄청나다." 그가 일반 대중을 위해 1년 뒤 저술한 『미국 신경과민증: 그 원인과 결과(American Nervousness: Its Causes and Consequences)』에서 "이러한 신경과민증의 증가와 나란히, 부분적으로는 이 병의 결과로 수명이 늘어났다."라는 역설적인 내용을 반복하고 있다. 편두통, 이명, 정신적 자극, 불면증, 피로, 소화 장애, 탈수, 근육과 관절통, 심장 두근거림, 알레르기, 가려움, 음식과 약물 과민증으로 공중 보건이 이렇게 전반적으로 악화되고 있음에도 세계는 인간의 수명이 늘어나는 것을 목격하고 있었다. 가장 고통받는 사람들은 나이에 비해 젊어 보였고 평균보다 오래 사는 경향이 있었다.

『미국 신경과민증(American Nervousness)』라는 책의 마지막 부분에 신경쇠약의 대략적인 지리적 분포를 보여주는 지도가 있다. 그것은 철도와 전신선이 보급된 구간과 일치했다. 바로 전기의 엉킴이 최

고로 밀집된 미국의 북동쪽에 가장 널리 퍼져 있는 그곳이었다. 비어드는 "전신은 신경과민증의 원인으로 그것의 영향력은 이해하기 어렵다."라고 썼다. "30년 만에 세계의 전신은 50만마일(804,672km)로 길게 늘어났고, 전선으로는 100만마일(1,609,344km)이 되었으며, 이는 지구 둘레의 40배가 넘는다." 또 비어드는 당뇨병이라고 불리는 희소병이 일반 사람보다 신경쇠약 환자에서 훨씬 더 흔하다는 것을 발견했다.[1]

당뇨병 진단을 받게 된 토머스 에디슨의 친구이자 본인은 전기 치료사였던 비어드가 정작 몰랐던 것은 전신선이 확장되는 곳이면 어디라도 공기, 물, 토양으로 스며드는 전자기 에너지 증가가 자신이 치료하는 신경쇠약 환자와 당뇨병 환자의 증가에 어떤 중요한 일을 한다는 사실이었다. 하지만 그는 장수와 질병을 연결하고 당시의 수명 연장이 반드시 더 나은 건강과 더 뛰어난 생명을 의미하지 않는다는 것을 이해할 만큼 충분히 영리했다. 병이 심한 사람들에서 수명이 신비하게 늘어난다는 것은 사실 뭔가 몹시 잘못되었다는 경고였다.

단식과 엄격한 식단은 고대로부터 몸의 회춘을 위해 권장되어왔다. 프랜시스 베이컨은 생명의 연장은 건강 유지 및 질병 치료와 함께 의학의 목적 중 하나여야 한다고 말했다. 그는 "건강에 도움을 주는 것이 항상 장수에 도움을 주는 것은 아니다."라고 하며, 때로는 선택을 해야 한다고 덧붙였다. 하지만 그는 한 가지 확실한 규칙을 정하고

---

1 Beard 1980, pp. 2-3; Beard 1881a, pp. viii, ix, 105.

사람들이 지키기를 원했다. 그 규칙은 의사의 세 가지 목표(질병 치료, 건강 유지, 생명 연장)로 발전했다. "가난과 궁핍을 자신들의 규칙으로 여기는 수도원 생활의 엄격한 질서 또는 운둔자의 제도가 처방해주는 소식과 채식이 장수할 수 있게 한다."

300년이 지난 지금도 베이컨이 말한 의술의 세 번째 역할은 여전히 심하게 무시되고 있었다. 1906년 장 피노트(Jean Finot)는 "최고로 오래 살기 위해서는 무엇을 해야 하고 무엇을 하지 말아야 합니까? 결국 생명의 경계는 무엇입니까?"라고 물었다. 이 두 가지 질문들은 함께 모여 특별한 과학인 지로코미(Gerocomy: 젊음의 기운을 흡수한다는 희귀한 치료법)가 된다. 이 과학은 지금 이름으로만 존재한다. 동물의 세계를 관찰하면서 피노트는 성장 기간이 수명의 길이와 관련이 있다고 보았다. 기니피그의 성장 기간은 7개월이었다. 토끼는 1년, 사자는 4년, 낙타는 8년, 사람은 20년이다. "인간의 장수는 처음에 잘못 알려졌다"라고 피노트는 말했다. 건강과 원기를 지원하는 것이 반드시 수명을 연장하는 것은 아니다. 그는 "어린이들에게 주어진 교육과 가르침은 지로코미 법칙에 극명한 모순이다."라고 썼다. 그리고 "우리의 모든 노력은 신체적, 지적 성숙으로의 급속한 발전을 지향하는 경향이 있다."라고 말했다. 수명을 연장하려면 정반대로 해야 할 것이다. 그리고 그는 한 가지 방법으로 음식을 규제하는 것을 제안했다.

동물의 장수비결: 소식과 동면

20세기 초, 흔히 미국 생화학계의 아버지로 불리는 예일대 러셀 치텐돈(Russell Chittendon)은 자신과 예일대의 지원자들을 대상으로 실험을 했다. 두 달 동안 그는 스스로 점차 아침 식사를 걸렀고, 상당한 양의 점심과 가벼운 저녁 식사로 구성된 패턴에 적응했다. 영양사들이 추천한 1일 단백질 3분의 1인 40그램 미만과 2,000칼로리만 섭취하고 있었지만, 그가 앓고 있었던 편두통과 소화불량 발작 병세를 겪지 않게 되었고 무릎의 류머티즘도 사라졌다. 운동으로 하는 보트를 저어도 전보다 훨씬 피로와 근육통이 덜해졌다. 그의 몸무게는 125파운드(56.7kg)로 떨어졌고 그렇게 계속 유지되었다. 1년 동안 이런 식단으로 지낸 후 카네기재단과 국립과학아카데미(National Academy of Sciences) 연구비로 그는 공식적으로 지원자들을 대상으로 실험을 했다. 예일대 교수와 강사 5명, 육군병원부대(Hospital Corps of the Army)의 자원자 13명, 학생 8명 등이었으며 "이들은 모두 훈련된 운동선수들이며 일부는 뛰어난 기록을 갖고 있다." 그들은 하루에 50그램 이하의 단백질과 2,000칼로리를 섭취하도록 제한했다. 예외 없이 그의 모든 실험 대상자들은 6개월이 다 될 무렵의 건강 상태가 전과 같거나 전보다 좋아졌고, 체력, 인내력, 행복감이 향상되었다.

치텐돈은 수명에 대해 아무것도 증명하지 못했지만, 고대부터 전해 내려오던 권장 사항은 지금까지 과학적인 방법에 완전하게 적용되었으며, 단세포 유기체에서 영장류에 이르는 모든 종류의 동물에서

<그림 15-1> 칼로리 제한을 통한 쥐의 노화 억제(두 쥐 모두 생후 964일이다).
자료: C. M. McKay et, "Retarded growth, life span, ultimate body size and age changes in the albino rat after feeding diets restricted in calories.". Journal of Nutrition 18(1): 1-13 (1939).

정확하다는 것이 입증되었다. 만약 동물이 건강을 유지하는 데 필요한 최소한의 영양분을 섭취한다면, 칼로리를 심하게 줄이는 것은 수명을 연장할 것이다. 그리고 수명을 확실히 연장할 수 있는 그 밖에 알려진 다른 방법은 없다.

심한 칼로리 제한은 설치류의 수명을 60% 증가시키기 때문에, 일상적으로 4살과 5살까지 사는 쥐(Rats)과 생쥐(Mice)를 만들어낼 수 있다. 칼로리가 제한된 쥐들은 노쇠하지 않으며 오히려 그와는 정반대다〈그림 15-1〉. 그들은 또래의 다른 동물들보다 더 젊어 보이고 더 활발하다. 만약 암컷이라면 매우 늦게 성적인 성숙에 도달하고 불가능할 정도로 나이가 들었을 때도 새끼들을 낳는다[2].

한해살이 물고기인 열대 송사리(Cynolebias adloffi)는 먹이 제한을

---

2 Weindruch and Walford 1988.

했을 때 3배나 더 오래 살았다.[3] 강에 사는 야생 송어도 수명이 두 배로 늘었고, 어떤 송어는 먹이가 부족했을 때 24년을 살았다.[4]

1주일에 파리를 8마리씩 먹은 거미는 30일을 살았으며, 이에 비해 1주일에 3마리씩 먹은 거미들은 평균적으로 139일을 살았다.[5] 수명이 46일인 물벼룩은 먹이를 적게 먹어 60일을 살았다.[6] 벌레의 일종인 선충(Nematodes)은 자신의 수명 2배 이상을 더 살았다.[7] 연체동물(*Patella vulgata*)은 먹이가 풍부할 때 2년 반, 그렇지 않을 때 최대 16년까지 살았다.[8]

매해 겨울마다 평상시 사료량의 반을 섭취한 소들은 20개월을 더 살았다. 그들의 호흡률도 3분의 1이 더 낮았고, 심장박동수도 분당 10회 더 적었다.[9]

위스콘신 국립영장류연구소의 25년 동안 긴 연구에서, 충분한 식량이 공급된 어른 붉은털원숭이(rhesus monkeys)의 나이로 인한 사망률은 칼로리가 제한된 원숭이 사망률의 3배였다. 2013년에 이 연구가 끝났을 때, 먹이 제한 원숭이들은 충분히 먹은 원숭이보다 2배나 오래 살아있었다.[10]

---

3 Walford 1982.
4 Riemers 1979.
5 Austad 1988.
6 Dunham 1938.
7 Johnson et al. 1984.
8 Fischer-Piette 1989.
9 Hansson et al. 1953.
10 Colman et al. 2013.

칼로리 제한은 그것이 평생 계속되었던, 아니면 생애 일부 동안에만 이루어졌던, 또 그것이 일찍 시작되었는지, 성년기에 시작되었는지, 아니면 비교적 늦게 시작되었는지, 그런 것과는 관계없이 효과를 나타낸다. 제한 기간이 길수록 수명 연장은 늘어난다.

칼로리 제한은 나이와 관련된 질병을 예방한다. 심장병과 신장병을 지연시키거나 예방하고, 암 발생률을 급격히 감소시킨다. 한 연구에서 정상 먹이의 20%만 먹은 쥐는 7%만 종양이 있었다.[11] 붉은털 원숭이에서는 암과 심장병 발생률을 절반으로 줄이고, 당뇨병을 예방하고, 뇌의 위축을 방지하며, 자궁내막증, 섬유증, 아밀로이드증(amyloidosis), 궤양, 백내장, 신부전증 발생 정도를 줄였다.[12] 늙은 먹이 제한 원숭이들은 피부에 주름이 덜 생겼고 노인 반점도 적었으며 머리카락도 덜 희끗희끗했다.

자연스러운 인간 실험도 존재한다. 1977년 일본에는 100세 이상의 고령자가 888명이 살고 있었는데, 그중 가장 많은 고령자가 남서부 해안과 몇 개의 섬에 살고 있었다. 오키나와에서 100세 이상 고령자의 비율이 일본에서 가장 높았고, 북동부 지역의 현에 비해 40배나 높았다. 지치의대(Jichi Medical School) 생화학부 카가와 야스오(Yasuo Kagawa) 교수는 "장수 지역의 사람들은 다른 일본 사람들보다 열량 섭취량이 적고 체격도 작다."라고 설명했다. 오키나와에서 남학생과

---

11 Ross and Bras 1965; 쥐(rats)의 종양 연구에 관해서는 다음 자료 참고: Weindruch and Walford, pp. 76-84.
12 Colman et al. 2009; Mattison et al. 2003.

여학생의 하루 식단은 권장 열량 섭취량의 약 60%였다.

칼로리 제한이 작용하는 이유에 관해서는 논란이 있다. 그래도 가장 간단한 설명은 신진대사를 늦춘다는 것이다. 아직 노화 과정이 충분히 밝혀지지는 않았지만, 세포의 신진대사를 늦추는 것은 무엇이든 분명 노화 과정도 늦춘다.

우리가 각자 정해진 심장박동수를 할당받았다는 것은 고대로부터 계속된 생각이다. 현대에 와서 1908년 베를린대(University of Berlin)의 막스 루브너(Max Rubner)는 이 생각에 변화를 제안했다. 고정된 심장박동수 대신에, 세포들이 일정한 양의 에너지를 할당받는다는 것이다. 동물의 신진대사가 느릴수록 더 오래 살 것이다. 루브너는 대부분의 포유류들은 일생 동안 체중 1그램 당 약 200킬로 칼로리를 사용하는 것으로 계산했다. 인간의 수명을 90년으로 가정하면 이 값은 약 800이다. 각자 에너지 사용을 지연시킬 수 있다면, 수명은 그에 상응해서 더 길어질 것이다. 존스홉킨스대 레이먼드 펄(Raymond Pearl)은 1928년 이런 선상에서 『생존률(The Rate of Living)』이라는 책을 출판했다.

1916~17년 동안 록펠러연구소(Rockefeller Institute)의 자크 롭(Jacques Loeb)과 존 노스럽(John Northrop)은 초파리 실험을 했다. 초파리는 냉혈동물이기 때문에 주변 온도를 낮추기만 해도 신진대사가 느려질 수 있다. 알에서 죽을 때까지 평균 수명은 30°C에서 21일, 25°C에서 39일, 20°C에서 54일, 15°C에서 124일, 10°C에서 178일이었다.

낮은 온도가 생명을 연장한다는 법칙은 모든 냉혈동물에 적용된다.

동물들이 신진대사를 늦추는 또 다른 흔한 방법은 동면이다. 예를 들어, 동면하는 박쥐 종은 그렇지 않은 종보다 평균 6년 더 오래 산다. 그리고 박쥐는 같은 크기의 다른 동물들보다 훨씬 더 오래 산다. 그 이유는 실제로 그들은 매일 동면하기 때문이다. 박쥐들은 매일 밤 몇 시간 동안만 먹이 사냥을 위해 날개를 움직인다. 남은 시간 동안에는 잠을 잔다. 잠자는 박쥐는 온혈이 아니다. 박쥐 전문가 도날드 그리핀(Donald Griffin)은 "박쥐가 실험실에서 잠깐 자는 동안 항문용 온도계를 꽂는 것이 때때로 가능하다. 그렇게 해서 조사했는데, 박쥐가 활동할 때 체온이 40°에서 휴식으로 들어가면서 한 시간만에 그곳의 공기 온도와 정확히 일치하는 1°로 떨어졌다."라고 썼다.[13] 이것은 왜 무게가 겨우 4분의 1온스인 박쥐가 30년 이상 살 수 있는 반면, 실험용 쥐는 5년 이상 산 적이 없는 이유를 설명해준다.

칼로리 제한은 모든 동물들(온혈, 냉혈, 동면, 비동면)에 작용하는 유일한 생명 연장법이고, 이는 분명히 신진대사를 늦추며 얼마나 많은 산소를 소비하는가에 의해 측정된다. 먹이 제한 동물들은 항상 산소를 적게 사용한다. 그런데 이들은 몸무게가 줄어드는 것이지 단위 무게당 산소 소모량이 반드시 줄어드는 것은 아니기 때문에 노인학자들 사이에서 논란도 있다. 하지만 그것을 계산하는 곳에서는 감소한다. 인간의 경우 내부 장기가 체중의 10% 미만을 차지하지만 휴식할 때

---

13 Griffin 1958, p. 35.

에너지의 약 70%를 사용한다. 그리고 우리가 얼마나 오래 살 것인가를 결정하는 것은 지방이나 근육 조직이 아니라 내부 장기다.[14]

새로운 장수비결: 전자전달 체인의 중독

노화 과정 연구자들이 강조해왔듯이, 삶의 엔진은 세포의 미토콘드리아에 있는 전자전달 시스템이다.[15] 그곳에서 우리가 호흡하는 산소와 먹는 음식이 우리의 생명 활동과 수명을 결정하는 속도로 결합한다. 그리고 그 속도는 다시 우리의 체온과 소화하는 음식의 양에 따라 결정된다.

하지만 우리 삶의 속도를 늦추는 세 번째 방법이 있다. 전자전달 체인을 독으로 훼손시키는 것이다. 이렇게 하는 한 가지 방법은 전자기장에 노출시키는 것이다. 1840년대 이후, 점진적이면서 가속화된 속도로 우리는 세상과 모든 생명체를 전자기장이라는 짙은 안개로 적셔가고 있다. 그 전자기장은 우리의 미토콘드리아에 있는 전자에 힘을 가해 속도를 늦춘다. 칼로리 제한과는 달리, 이 방법은 건강을 증진시키지 않는다. 세포에서 칼로리가 아닌 산소를 고갈시킨다. 휴식 대사 속도는 변하지 않지만 최대 대사 속도는 변한다. 뇌세포, 심장세포, 근육세포, 그 어떤 세포도 최대 능력을 발휘할 수 없다. 칼로리 제

---

14 Ramsey et al. 2000; Lynn and Wallwork 1992.
15 Ramsey et al. 2000.

한은 암, 당뇨병, 심장병을 예방하지만, 전자기장은 암, 당뇨병, 심장병을 촉진시킨다. 칼로리 제한이 건강과 행복을 증진하지만, 산소 부족은 두통, 피로, 심장 두근거림, "사고 혼란", 근육통, 통증을 촉진한다. 둘 다 전반적인 신진대사를 늦추고 수명을 연장시킨다.

산업용 전기는 어떤 형태라도 항상 해를 입힌다. 만약 해가 너무 심하지 않으면, 이것 역시 수명을 연장시킨다.

원자력위원회(Atomic Energy Commission)가 지원한 실험에서, 성년기 내내 매일 1시간의 간단한 전기 자극을 받은 생쥐의 평균 수명이 62일이나 연장되었다.[16]

라디오파 역시 수명을 연장한다.

1960년대 말 800MHz 주파수의 라디오파를 사용하려는 로스알라모 국립연구소(Los Alamos National Laboratory)에 양성자 가속기가 설치되었다. 이 방사선이 시설 내 작업자에게 위험한지 확인하는 예방 조치로 48마리의 생쥐를 실험에 참여시켰다. 24마리의 생쥐는 3년 동안, 주 5일 하루 2시간 동안 평방센티미터 당 43밀리와트 방사선에 노출되었다. 이것은 내부 화상을 일으킬 만큼의 강력한 노출이다. 그리고 실제로 네 마리의 쥐가 화상으로 죽었다. 다섯 번째 쥐는 비만이 되어 노출 구역에서 꺼낼 수 없게 되어 그곳에서 죽었다. 그러나 노출 실험으로 인해 죽지 않고 살아남은 쥐는 노출이 없었던 쥐보다 평균

---

16   Ordy et al. 1967.

19일 더 오래 살았다.[17]

1950년대 후반, 캘리포니아 버클리대 찰스 수스킨트(Charles Süsskind)는 생쥐의 마이크로웨이브 방사선 치사량을 결정하고 성장과 장수에 미치는 영향을 조사하기 위해 미 공군으로부터 연구 과제를 받았다. 당시 공군은 평방센티미터 당 100밀리와트가 안전량이라고 생각했다. 수스킨트는 곧 그것이 아니라는 것을 알게 되었다. 마이크로웨이브 방사선은 9분 안에 대부분의 생쥐를 죽였다. 그래서 다음에는 한 번에 4분 30초 동안만 생쥐를 노출시켰다. 그는 평방센티미터 당 109밀리와트 방사선에 생쥐 100마리를 59주 동안, 주 5일 하루 4분 30초 동안 노출시켰다. 이후 생쥐 중 일부는 차례로 사망했고 이들은 백혈구 수가 엄청나게 많아졌고 거대해진 림프 조직과 간 농양(liver abscesses, 간 고름집)이 있었다. 고환 퇴화는 방사된 쥐의 40%에서 발생했고, 35%가 백혈병에 걸렸다. 노출되지 않은 생쥐들은 훨씬 건강했지만 오래 살지 못했다. 15개월이 지나자 대조군(노출되지 않은) 생쥐의 절반이 죽었고, 노출된 생쥐는 36%만 죽었다.

1980년부터 1982년까지 정광 추(Chung-Kwang Chou)와 아서 가이(Arthur William Guy)는 워싱턴대(University of Washington)에서 유명한 실험을 했다. 그들은 당시 캘리포니아주 비일공군기지(Beale Air Force Base)와 매사추세츠주 케이프 코드(Cape Cod)에 설치된 조기경보레이더 관측소의 안전성을 조사하기 위해 미 공군과 계약을 맺었

---

17 Spalding et al. 1971.

다. PAVE PAWS(Precision Acquisition Vehicle Entry Phased Array Warning System, 지상 설치식 초대형 조기경보 레이더망)로 알려진 이 두 곳은 약 30억 와트의 최고 유효 복사 전파를 방출하고 수백만 명의 미국인이 노출되는 세계에서 가장 강력한 레이더 기지였다. 워싱턴대 연구팀은 PAVE PAWS 신호를 "매우 낮은" 수준으로 추정하여 25개월, 주 7일 하루 21.5시간 동안 100마리 쥐를 방사했다. SAR(Specific Absorption Rate, 전자파 흡수율)는 킬로그램당 0.4와트였다. 이는 오늘날 평균 휴대전화의 SAR와 대략 비슷하다. 실험 2년 동안 노출된 동물들에는 대조군 동물보다 4배나 많이 악성 종양이 발생했다. 하지만 노출된 동물들은 평균 25일 더 오래 살았다.

최근 일리노이대(University of Illinois) 노인학자들은 쥐의 섬유아세포(fibroblasts) 배양을 일주일에 두 번, 한 번에 0, 5, 15, 30분 동안 라디오파(50MHz, 0.5와트)에 노출시켰다. 이 노출은 세포의 사멸률을 낮췄다. 피폭 시간이 길어질수록 사멸률이 낮아져 30분 피폭으로 7일이 지난 후에는 세포 사멸이 3분의 1수준으로 낮아졌고, 평균 수명은 118일에서 138일로 늘어났다.[18]

엑스선이나 감마선과 같은 전이성 방사선조차 너무 강렬하지 않다면 수명을 연장한다. 짚신벌레부터 나방, 쥐, 생쥐, 인간 배아 세포에 이르기까지 모든 것이 전이성 방사선에 노출됨으로써 평균 및/또는 최대 수명이 증가했다. 심지어 야생 다람쥐도 포획되고 노출된 후

---

18 Perez et al. 2008.

자연에 방생되었을 때 평균 수명이 연장되었다.[19] 서던메소디스트대 (Southern Methodist University)에서 집파리를 실험했던 라진다르 소할 (Rajindar Sohal)과 로버트 알렌(Robert Allen)은 보통 수준의 피폭량에 서, 파리들이 날 수 없을 정도로 아주 작은 방에 있을 때만 수명이 증 가한다는 것을 발견했다. 그들은 방사선이 항상 두 가지 상반되는 효 과, 즉 수명을 단축시키는 해로운 영향과 수명을 연장시키는 기초 대 사율의 감소를 초래한다고 결론지었다. 만약 방사선 피폭량이 충분 히 낮다면, 순효과는 명백한 신체 손상에도 불구하고 생명이 연장된 다는 것이다.

워싱턴대 의대 로렌 칼슨(Loren Carlson)과 베티 잭슨(Betty Jackson) 은 1년 동안 보통 수준의 감마선에 매일 노출되는 쥐의 수명은 평균 50% 증가했지만, 종양이 상당히 증가했다고 보고했다. 쥐의 산소 소 비량은 3분의 1로 줄었다.

국립암연구소의 에곤 로렌츠(Egon Lorenz)는 생후 한 달에서 시작 하여 죽을 때까지 하루에 8시간씩 감마선 0.1뢴트겐(roentgen)에 생쥐 를 노출시켰다. 노출된 암컷은 노출되지 않은 암컷만큼 살았고 노출 된 수컷은 노출되지 않은 수컷보다 100일이나 더 살았다. 하지만 노 출된 생쥐들에는 더 많은 림프종, 백혈병, 폐암, 유방암, 난소암, 그리 고 다른 암들이 발생했다.

매우 적은 양의 방사선조차 손상을 입히고 수명을 연장한다. 연간

19　Tryon and Snyder 1971.

7센티그레이(centigrays) 감마선 방사선에 노출된 생쥐(배경 방사선보다 단지 20배 높음)는 수명이 평균 125일 연장됐다.[20] 우주에서 비행사가 노출되거나 어떤 건강 검진 동안 노출되는 감마선과 같은 수준에 인간 섬유아세포를 단 6시간 동안 세포 배양을 통하여 한 번 노출시켰을 경우 그 세포는 노출되지 않은 세포에 비해 수명이 더 길었다.[21] 하루 10시간 동안 매우 낮은 수준의 엑스선에 노출된 인간 배아 세포의 경우 대부분 세포는 염색체에 여러 가지 손상을 입었지만, 수명은 14~35% 증가했다.[22]

현대 의학은 인간 평균 수명이 지금처럼 증가한 것에 대해 일부 공로를 인정받을 수 있지만 모든 공로는 안 된다. 수명 증가는 항생제가 발견되기 1세기 전에 시작되었는데, 당시 의사들은 환자들을 여전히 피를 많이 흘리게 하고 납, 수은, 비소가 함유된 약을 처방했던 시기였다. 하지만 의학은 인간의 최대 수명을 지금처럼 길게 연장한 것에 대해서는 어떤 공로도 인정받을 수 없다. 의학은 여전히 노화 과정을 이해하는 척도 하지 않기 때문에, 극소수의 의사들만이 노화 과정을 거꾸로 돌리기 위해 무언가를 시도하기 시작했다. 하지만 전 세계적으로 최장수 나이는 꾸준히 증가하고 있다.

스웨덴은 세계 어느 나라보다 최고령자에 대한 가장 정확하고 연속적인 기록을 가지고 있으며 그 기록은 역사적으로 멀리 1861년에

20 Caratero et al. 1998.
21 Okada et al. 2007.
22 Suzuki et al. 1998.

이른다. 기록에 따르면 최고 연령은 1861년에 100.5세였으며, 점차 증가했지만 큰 변화 없이 1969년까지 105.5세로 증가했으며, 이후 두 배 이상 빠르게 증가하여 21세기가 될 무렵에는 109세에 이르렀다. 1969년에 스웨덴에서 장수와 암의 추세가 함께 가속화되었다. 이때 가 컬러 TV와 UHF-TV가 도입된 해였다(13장 참조).

1994년, 전 유엔 인구 및 사회 통계학 자문관이었던 베인외 칸니스토(Väinö Kannisto)는 자료가 잘 관리되는 28개국에서 100살 넘는 고령자 수가 눈부시게 증가하는 것을 보여주었다. 스웨덴의 100살 넘는 고령자 수는 1950년 46명에서 1990년 579명으로 증가했다. 같은 기간 덴마크에서는 17명에서 325명으로, 핀란드에서는 4명에서 141명으로, 영국(잉글랜드와 웨일스)에서는 265명에서 4,042명으로, 프랑

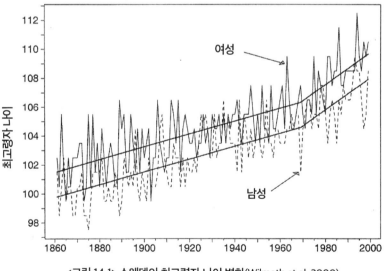

<그림 14-1> 스웨덴의 최고령자 나이 변화(Wilmoth et al. 2000)

스에서는 198명에서 3,853명으로, 서독에서는 53명에서 2,528명으로, 이탈리아에서는 104명에서 2,047명으로, 일본에서는 126명에서 3,126명으로, 뉴질랜드에서는 14명에서 196명으로 증가했다. 이 모든 국가의 100세 넘는 고령자의 수는 10년마다 대략 두 배씩 증가했고 이는 인구 증가를 훨씬 앞질렀다.

오래전부터 장수로 소문난 오키나와에서도 1960년 말까지만 해도 100살 넘는 고령자는 단 한 명밖에 없었다. 1978년 카가와(Kagawa)는 일본 전체에서 100살 넘는 남성 고령자 수가 불과 25년 만에 4배로 늘어난 반면 여성 고령자 수는 6배 증가했다고 보고하고 있다. 하지만 그는 일본 중년층에서 유방암과 대장암 발생률이 거의 2배, 폐암은 3배, 심장질환은 40% 그리고 당뇨병은 80% 증가했음을 관찰했다: "수명은 길어졌지만 질병은 증가했다."

두 현상을 설명할 수 있는 것은 전기다. 전기는 전선뿐만 아니라 토양으로도 이동한다. 그리고 공기와 뼈로도 전파된다. 우리 모두, 지난 160년 동안 그 정도가 계속 강해지는 전기로 인해, 생명 활동이 가벼운 가사상태에 있다. **우리는 지금 조상보다 더 오래 살지만 생기가 떨어진 상태다.**

제16장

급증하는 이명과 전자파 귀로 듣기

1962년, 캘리포니아대 산타바바라 분교(University of California, Santa Barbara)에 부근에 사는 한 여성이 불가사의한 소음을 추적해 달라고 도움을 요청했다. 그녀는 조용한 동네에 새로 지은 집으로 이사한 이후 계속되는 소음에 시달렸다. 그 소음은 어디서 나는지 찾을 수가 없었고, 그녀가 어디로 가든 원치 않는 유령처럼 따라다녔다. 그녀의 건강을 해치고 잠을 잘 수 없게 했다. 그녀는 자포자기 상태로 그 집을 떠나 오랜 시간 휴식을 취하고 싶었다. 그러다 한 기술자가 도움을 청하는 그녀의 애원 때문에 전자 장비를 잔뜩 들고 그녀의 집을 방문했다.

그녀가 도움을 요청하는 전화를 했을 때, 클라렌스 위스케

(Clarence Wieske)라는 애리조나주 투손에 있는 감각시스템 연구소 (Laboratory for the Study of Sensory Systems) 소속의 기술자가 우연히 그곳에 있었다. 그는 인간과 기계의 인터페이스에 관한 일을 진행하는 군대 관련 계약자로 그 대학의 프로젝트에 참여하고 있었다. 그는 어떤 금속 물체가 진동을 일으켜 그녀를 괴롭히는 소음을 만들어낸다고 생각했다. 그래서 그의 첫 번째 시도는 그녀의 집에서 금속 물체를 진동시키는 전기장을 찾는 것이었다. 마침내 그는 자신이 찾아낸 것에 깜짝 놀랐다.

예상대로 그의 탐지기기는 비정상적으로 강한 고조파 주파수를 포착했다. 그것들은 그녀 집의 전깃줄뿐만 아니라 전화선, 가스관, 수도관, 그리고 심지어 난방 시스템의 금속에서도 분출되고 있었다. 하지만 그의 청진기는 이것들 중 어느 것에서도 발생하는 소음을 감지할 수 없었다. 그래서 그는 남들이 터무니없는 실험이라고 생각할 수 있는 것을 시도했다. 그는 탐지기기에 녹음기를 부착하여 전기 주파수 패턴을 녹음하여 소리로 변환한 다음, 그녀가 듣도록 녹음을 재생했다. 그녀가 헤드폰을 끼고 테이프를 들었을 때, 그녀는 그 소리가 자신을 괴롭히는 소음과 같은 것임을 알아챘다. 다음으로 위스케는 그 실험을 바꿔 한 단계 더 나아갔다. 그는 헤드폰을 떼고 테이프를 다시 탐지기기에 직접 넣어 재생시켰다. 소리로 변환하는 과정이 없었음에도 불구하고 그 여자는 즉시 말했다, "당신은 이 소리를 들을 수 없다는 말씀입니까?" 그녀는 그것이 전자기장만 내뿜고 아무런 소리도 나지 않음에도 불구하고 탐지기기로부터 똑같은 소리를 직접 듣고 있었다.

추가 실험에서 위스케는 그녀에게 알리지 않고, 집에서 약 100피트(30.5m) 떨어진 수도관에 저출력 주파수 발전기를 연결했다. 그녀는 "개 짖는 소리 같은" 이상한 소음이 났다고 말했다. 위스케가 그녀의 집에서 저출력 주파수 포착 장비를 켜고 녹음해서 헤드폰으로 들었을 때, 그는 그녀가 옳았다는 것을 알았다. 그는 개가 짖는 것 같은 소리를 들었다.

그녀의 집과 대학에서 행해진 이를 비롯한 여러 가지 실험들은 그녀는 전기를 듣고 있고, 그녀가 들었던 소음은 그녀의 이빨 충전재에서 나오는 것이 아니라는 사실을 확실히 했다. 위스케는 그 후 그녀의 문제를 해결하려고 노력했다. 그녀의 냉장고, 냉동고, 초인종, 기타 가전제품들을 땅에 전기 접지해서 소음을 조금 줄였지만 완전히 제거하지는 못했다. 어느 날, 정전된 동안 그녀는 너무 기분이 좋아서 위스케에게 전화를 걸었다. 소음이 멈췄었다! 그러나 전기가 다시 들어오자마자 소음이 다시 들렸다. 그래서 위스케는 모든 유틸리티(전기, 수도, 가스) 회사에 연락을 취했다. 그들의 협조로 그는 집의 전화선, 전기선의 절연 변압기, 수도관으로 가는 비전도 파이프의 일부, 그리고 가스관에 필터를 설치했다. 이러한 조치들은 비용과 시간이 많이 들었다. 이웃집 다른 곳에서 발생하여 이러한 경로를 통해 들어오는 원치 않는 전기 주파수도 이 조치로 차단했다. 마침내 소음은 그나마 참을 수 있는 수준으로 줄어들었고, 그녀는 자신의 집에서 살수 있었다.

위스케는 비슷한 사례들을 여러 건 조사한 후, 앞으로 계속 전기 사용이 늘어나게 되면 언젠가는 그녀와 같은 불평이 일상화될 것이라고 예측했다. 1963년 "생의학 과학기기(Biomedical Sciences Instrumentation)" 학술지에 게재된 그의 경험에 관한 논문은 전자기장이 귀 내부에서 전류를 흐를 수 있게 하는 모든 곳을 포함하는 인간의 청력에 관한 기술적인 설명으로 끝을 맺었다. 그는 일부 사람들은 들을 수 있지만 다른 사람들은 그렇지 못하는 이유에 대해 다음과 같이 추측했다. "만약 일부 사람들은 어떤 이유로 신경이 정상적인 사람처럼 이러한 전류로부터 잘 절연되어 있지 않았거나, 또 달팽이관이 이러한 전류로부터 잘 절연되어 있지 않았다면, 아마 이런 요인들이 그들을 이러한 전자기장에 민감하게 만들 수 있을 것이다."

위스케의 예측은 현실이 되어 나타났다. 오늘날, 전자기장을 느끼고 들을 수 있는 사람들에게 서비스를 제공하는 회사들은 미국 전역에서 중요한 소규모 산업을 형성하고 있다. 국제빌딩생물생태연구소(International Institute for Building Biology and Ecology)라는 곳은 미국과 캐나다에 흩어져 있는 60명의 컨설턴트를 대상으로 주택에서 전자파 오염을 탐지하고 완화하는 방법을 교육했다.

오늘날 약 8천만 명의 미국인들이 어느 정도 "귀가 울린다." 일부는 그 소리를 간헐적으로 듣는다. 일부는 다른 모든 것이 조용할 때만 듣는다. 그러나 점점 더 많은 사람들에게 그 소리가 항상 너무 크게 들려 잠들거나 일을 할 수 없다. 이 사람들의 대부분은 이명 증상이 없다. 이명은 내부에서 나는 소리로, 때로는 한쪽 귀에서 나기도 하고 보통 어느 정도 청력 손실을 동반하게 된다. "귀 울림" 증상이 있는 오늘날 대부분의 사람들은 양쪽 귀에서 동등하게 그것을 듣고, 완벽한 청력을 가지고 있으며, 그들의 청력 범위에서 가장 높은 최고조를 잘 듣고 있다. **그들은 주변 전기의 소리를 듣고 있으며 그 소리는 항상 점점 더 커지고 있다. 지금 일어나고 있는 현상에 대한 단서는 이미 2백년 전에 나와 있었다.**

2백년 전의 전기 듣기

1755년 프랑스의 전기치료사 장 르로이(Jean Baptiste Le Roy)는 아마 정전기에 대한 청각적 반응을 밝힌 최초의 인물일 것이다. 그는 백내장으로 눈이 먼 남자를 그의 머리둘레에 철사를 감고 라이든 병으로 12번의 충격을 주어 치료하고 있었다. 그 남자는 "12발의 대포"가 폭발하는 소리를 들었다고 했다.

1800년 알레산드로 볼타(Alessandro Volta)가 전기 배터리를 발명하면서 실험은 본격적으로 시작되었다. 그가 처음에 사용한 금속은 은과 아연, 그리고 전해질로는 소금물을 사용하여 쌍당 약 1볼트의 전압을 발생시켰다. 이는 원래의 금속판을 "더미"로 쌓아 올렸을 때보다 적게 발생했다. 한 쌍의 금속을 자신의 혀에 대면 전류의 방향에 따라 신맛이 나거나 짜릿한 맛이 났다. 은 조각을 눈에 대고, 물기가 있는 손으로 아연 조각을 쥐고 은을 만지면 번뜩이는 빛을 냈다. 그는 두 번째 금속 조각(아연), 또는 두 조각 모두를 입안에 넣으면 그 빛은 "훨씬 더 아름다웠다"라고 말했다.

청각을 자극하는 것은 더욱 어려운 것으로 판명됐다. 볼타는 한 쌍의 금속으로 소리를 내려고 했으나 허사였다. 하지만 대략 20볼트 배터리와 맞먹는 30쌍으로 그는 성공했다. 그는 다음과 같이 썼다. "나는 조심스럽게 양쪽 귀로 두 개의 탐침(끝이 뾰족한 침) 또는 끝이 둥근 금속 막대를 가져갔고, 두 개의 탐침은 기구의 양쪽 끝과 즉시 통신하도록 했다. 이렇게 하나의 원이 완성되는 순간 나는 머리에 충격을 받았고, 얼마 후 (통신은 중단 없이 계속됨) 귀에 소리, 아니 오히려 소음 같은 것이 들리기 시작했는데, 그것은 내가 뭐라 설명할 수 없는, 즉 어떤 자극 때문에 풀이나 끈끈한 물질이 끓어오르는 것처럼 찌지직거리는 것 같은 소리였다. 볼타는 자신의 뇌에 영구적인 상해를 입을까 두려워 그 시도를 되풀이하지 않았다.

하지만 그 밖의 수백 명의 사람은 볼타의 실험을 했다. 당시 세계에서 가장 유명한 사람 중 한 사람이 이러한 결과를 발표하자, 모든 사람들이 전기의 소리를 들을 수 있는지 확인하고 싶었다. 의사인 칼 그라펜지세르(Carl Johann Grapengiesser)는 환자들에게 약한 전류만 사용하는데도 주의를 기울였으며 볼타보다도 훨씬 더 신중한 관찰자였다. 그의 실험 대상자들의 민감성과 그들이 듣는 소리는 매우 다양했다. 그는 "소음은 음질과 강도에 있어 매우 다양하다"라고 적었다. "환자들은 끓어오르는 찻주전자의 쉿쉿하는 소리를 가장 흔하게 들었다. 또 다른 사람은 울림과 벨 소리를 듣고, 세 번째 사람은 창밖에서 비바람 치는 소리 같았고, 네 번째는 휘파람새(nightingale)가 양쪽 귀에서 가장 활기차게 노래하는 것 같았다."[1] 몇몇 환자들은 귀밑에 생긴 물집에 붙인 밴드에 한 쌍의 금속을 갖다 대자 전기가 만들어내는 소리를 들었다.

물리학자 요한 리터(Johann Ritter)는 볼타에 의해 위험을 감수했던 사람들보다 훨씬 더 강력한 전류도 두려워하지 않았다. 100쌍, 200쌍, 그 이상의 금속 쌍이 들어간 배터리를 사용했을 때, 그는 대략 중간 C(도)위에 있는 대략 G(솔)정도의 순수 음색을 들을 수 있었다. 그리고 그 음색은 전류가 그의 귀로 흐르고 있는 한 지속되었다. (참고: A=라 B=시 C=도 D=레 E=미 F=파 G=솔)

볼타가 세상에 처음으로 안정적이고 믿을 수 있는 전기 공급원을 선물을 하자, 많은 의사들과 과학자들은 열풍이 일어난 듯 몇 년 동안 크고 작은 양의 전류로 음향 신경을 자극했다. 다음 목록은 1868년 루돌프 브레너(Rudolf Brenner)가 자신들의 연구를 발표한 독일 과학자에 한해서 명단을 작성한 것이다:

---

1   Grapengiesser 1801, p.133. Quoted in Brenner 1868, p.38.

칼 그라펜지세르(Carl Johann Christian Grapengiesser): *Attempts to Use Galvanism in the Healing of Some Diseases*, 1801

요한 리터(Johann Wilhelm Ritter): *Contributions to the Recent Knowledge of Galvanism and the Results of Research*, 1802

프리드리히 아우구스틴(Friedrich Ludwig Augustin): *Attempt at a Complete Systematic History of Galvanic Electricity and its Medical Use*, 1801; *On Galvanism and its Medical Use*, 1801

요한 메르즈도르프(Johann Friedrich Alexander Merzdorff): *Treatment of Tinnitus with the Galvanic Current*, 1801

칼 플라이(Carl Eduard Flies): *Experiments of Dr. Flies*, 1801

크리스토프 헬와그(Christoph Friedrich Hellwag): *Experiments on the Healing Powers of Galvanism, and Observations on its Chemical and Physiological Effects*, 1802

크리스티안 스트루브(Christian August Struve): *System of Medical Electricity with Attention to Galvanism*, 1802

크리스티안 올케(Christian Heinrich Wolke): *Report on Deaf and Dumb Blessed by the Galvani-Voltaic Hearing-Giving Art at Jever and on Sprenger's Method of Treating Them with Voltaic Electricity*, 1802

요한 스프렌저(Johann Justus Anton Sprenger): *Method of Using Galvani-Voltaic Metal-Electricity as a Remedy for Deafness and Hearing Loss*, 1802

프란츠 마르텐스(Franz Heinrich Martens): *Complete Instructions on the Therapeutic Use of Galvanism; Together with a History of This Remedy*, 1803

아이러니하게도 그러한 연구의 기초를 닦은 사람인 알렉산드로 볼타는 기계론적 세계관을 가진 사람이었고, 그 또한 당시 200년이 넘게 계속된 과학적 사고에 깊이 몰입하여 이 실험의 결과를 이해할 수 없었다. 그 실험 결과가 어떻게 기억에 남아있다 하더라도 단지 사교장의 속임수에 지나지 않는다고 여겨져 왔다. 우리는 볼타의 경우 전기와 생명은 구별되고 인체에는 전류가 흐르지 않는다고 선언했던 것을 기억한다. 그 결과 오늘날까지 귀의 생물학을 포함한 모든 생물학에서 화학은 왕이며 전기는 빠져버렸다.

브레너 시대에 이르러서는 이러한 초기 과학자들의 연구는 이미 잊어버린 상태였다. 귀 질환을 전문으로 하는 의사는 이런 상태를 오늘날에도 쉽게 적용할 수 있는 말로 설명했다: "과학 발전사에서 옛날에 있었던 직류전기의 청각 신경 자극 실험보다 더 유익한 것은 있을 수 없다. 그러한 청각 자극의 가능성을 부정한 연구자 중에는 당대 최고의 명성을 지닌 사람들도 있다. 그래서 다음과 같이 질문해야 한다: 청각 자극 가능성을 부정하는 사람들은 정말로 볼타, 리터, 기타 옛날 직류전기 연구자들이 언급한 음색과 소음을 듣지 않고 상상만 했었다고 믿는지?" 브레너의 목표는 최종적으로 전기를 소리로 들을 수 있는 것뿐 아니라 정확히 어떻게, 왜, 어느 정도까지 일어나는 지를 한 번에 모두 정리하는 것이었다. "만약 한 번에 정리되지 않는다면, 음향 신경이 전류의 영향에 어떻게 반응하는지 모르는 것이다."라고 썼다.[2] 그의 실험 결과는 264쪽 분량의 책이 되었다. 그의 과학 기구에는 20개의 아연 구리 다니엘(Daniell) 전지가 있었는데, 각 전지는 최대 1볼트 전압을 생성하여 120개 위치로 맞출 수 있는 가감 저항기에 연결되어 있었다. 다이얼을 돌릴 때 원하는 전지 숫자를 회로에 삽입할 수 있다. 그는 많은 사람들에게 47가지 다른 종류의 실험을 수행했다.

보통 사람은 외이도를 통해 7볼트의 직류가 흐르게 되면 저녁 식사를 알리는 작은 종소리와 유사한 맑은 금속 소리를 들었다. 그러나 정상적인 사람의 감각 범위는 엄청났다. 어떤 이들은 20개의 다니엘 전지가 한 회로에 있음에도 전혀 듣지 못했다. "청각 신경 과민증(hyperaesthesia)"이 있는 환자들은, 단 하나의 전지에서 발생하는 소리도 강렬했다. 어떤 이들은 외이도에 전기 전도가 쉽게 일어나게 하는 소금물이 가득 차 있지 않으면 아무 소리도 듣지 못했다. 또 다른 사람들은, 외이도에 물기가 없어도, 손잡이 모양의 전극을 단순히 귀 앞의 볼에 놓았을 때, 또는 귀 뒤쪽의 뼈 돌출부(유양돌기) 위에 놓았을 때, 울리는 종소리를 들었다.

전류의 방향이 결정적이었다. 어떤 사람은 "감각 과민증

---

2 Brenner 1868, pp. 41, 45.

(hyperaesthesia)"이 없는 한, 음극(양극이 아닌)이 귀에 있을 때만 소리가 들렸다. 최소 전류로는 "파리가 윙윙거리는 소리"와 전형적으로 유사한 소리가 났다. 이 소리는 전류가 점차 증가함에 따라 "멀리서 마차 굴러가는 소리"에서 "대포 굴러가는 소리", "금속판 때리는 소리", 마지막으로 "저녁 식사 종소리"로 변해갔다. 전류가 클수록 음색이 순수하고, 종소리와 더 유사했다. 브레너가 실험 대상자들에게 들은 음색으로 노래를 불러 달라고 했을 때, 몇몇은 리터의 1802년 보고서에 동의하면서 중간 C(도) 위쪽의 G(솔)를 들었다고 했다. 어떤 이들은 동의하지 않았다. 그러나 청각의 역치는 매우 다양하고, 사람마다 음질과 최고 음은 달랐지만, 개개인 모두는 항상 같은 소리를 들었다. 그들은 검사할 때마다 항상 동일한 소리와 최고 음을 들었고, 심지어 몇 년 간격으로 검사해도 같은 역치를 보였다.

두개골, 목, 몸통, 팔, 다리에 귀에는 없는 두 번째 전극을 다른 위치에 두는 실험한 후 브레너는 내이가 전류의 경로에 있을 때만 소리가 들리는 것이고, 음향 신경의 직접적인 자극이 소리 느낌의 원인이 된다고 확신하게 되었다.

옛날 학파의 마지막 전기치료사 중 한 명인 미국 의사 싱클레어 투시(Sinclair Tousey)는 1921년에 출판된 "의료용 전기(Medical Electricity)"에 관한 그의 교과서 제3판에 전기와 귀에 관해 썼다. 오늘날 완전히 잊혀진 직류에 대한 브레너의 결과는 그 당시 여전히 모든 전기 전문가가 가르치고, 받아들이고, 검증한 것이었다. 소리는 일반적으로 청각 신경의 음극을 자극하여 발생한다. 민감도의 범위는 특별했다. 투시는 "대다수의 사람들은 어떤 반응도 하지 않는다."라며 브레너의 주장에 가까운 반응을 보이며 글을 썼다. 하지만 다른 사람들에게는 소리가 너무 커서 그들은 "뚜렷한 청각신경 과민증"이 있는 것으로 간주되었다.[3]

전기치료사의 기술이 사라짐과 함께 일반 의사가 전기에 대한 청각 반응에 관해 알 수 있는 기회가 줄어들면서, 옛날 지식은 다시 거의 다 잊혀졌다.

그 후 1925년경 아마추어 무선 애호가들은 청각 신경을 직접 자극하여 확성기 없이 라디오를 듣는 방법을 찾았다고 생각했다. 구스타프 아이크혼(Gustav Eichhorn)은 "그래서 고막은 제대로 작동하지 않지만, 신경 중심이 손상되지 않은 청각장애인들도 라디오를 들을 수 있다."라고 썼다. 그러나 그가 특허를 낸 장치는 귀에 고정된 일종의 평평한 전극인데 이것은 "콘덴서 수신기"에 지나지 않는다고 곧 버려졌다. 외관상으로는 확성기를 대신하여 피부와 전극의 표면이 진동하면서 뼈로 전도되어 내이까지 전달되는 소리를 냈다.[4]

그럼에도 불구하고, 무선 기술자들의 실험은 교류 전기로 내이를 자극하려는 생물학자들의 진실된 노력을 엄청나게 불러일으켰다. 이것은 전형적으로 브레너의 방식에 따라 처음에는 소금물로 채워진 외

---

3 Tousey 1921, p. 469.
4 Meyer 1931.

이도에 하나의 전극을 삽입하고, 팔이나 손의 등에 두 번째 전극을 접해서 회로를 완성함으로써 이루어졌다. 실험 대상자들은 대부분 적용한 전류의 주파수에서 최고 높이에 상응하는 음색을 들었다. 전과 마찬가지로 실험 대상자의 민감도는 매우 다양했다. 레닌그라드에서 이루어진 실험에서, 초당 1,000사이클의 전류로 시험했을 때, 가장 민감한 사람은 전압이 5분의 1볼트를 초과하자마자 소리를 들었다; 가장 민감하지 않은 실험 대상자는 6볼트를 필요로 했으며, 이는 감도에 있어 30배 차이를 보였다. 이들의 청각에는 어떤 문제도 없었다. 전기를 들을 수 있는 능력의 차이는 실험 대상자의 일반적 청력과는 아무런 관계가 없었다.[5]

1936년 하버드대 실험 심리학자인 스탠리 스티븐스(Stanley Smith Stevens)는 듣기 현상에 대해 "전기소리 듣기(electrophonic hearing)"라는 새로운 이름을 부여했다. 4년 후, 스티븐스는 새로 만든 음향심리학 연구소(PsychoAcoustics Laboratory)에서 전기 자극에 의한 각기 다른 세 가지 청각 메커니즘을 제시했다. 정상적인 청력을 가진 대부분의 사람들은 귀에 전극으로 인한 자극을 받았을 때 가해진 전류의 주파수보다 정확히 한 옥타브 높은 음조를 들었다. 그러나 음의 직류 전압을 동시에 가한 경우에는 기본 주파수를 들었다. 스티븐스는 그의 물리학에 대한 지식으로 귀가 콘덴서 수신기처럼 반응하고 있다는 결론을 내리게 되었는데, 고막과 중이의 반대쪽 벽은 그 콘덴서의 진동

---

5 Gersuni and Volokhov 1936.

"판"이었다.

하지만 고막이 없는 사람들도 기본적인 주파수 또는 "윙윙거리는" 소리를 듣거나 둘 다 듣기도 했다. 더 높은 옥타브를 듣는 사람은 없었다. 그리고 브레너도 보고했듯이 고막이 없는 귀는 보통 귀보다 전기에 훨씬 민감했다. 스티븐스의 실험 대상자 중 한 명은 20분의 1 볼트로 자극을 받았을 때 순수한 음색을 들었다. 스티븐슨은 기본적인 주파수를 듣는 것은 내이의 유모세포(hair cell)를 직접 자극한 데서 비롯되었다고 제안했다. 그는 윙윙거리는 소리를 듣는 사람들은 청각 신경이 직접 자극되었을 것이라고 했다.

그렇게 해서 1940년 무렵에는 전기를 소리로 전환할 수 있는 귀의 세 가지 다른 부분으로 중이, 내이의 유모세포, 청각 신경이 제안되었다. 세 가지 메커니즘 모두 인간의 정상적인 청각 범위 전체에서 작동하는 것으로 나타났다.

스티븐스는 한 가지 추가적인 실험을 시도했지만, 그 중요성을 알아내는 것은 실패했으며, 그 후로 20년 동안 아무도 그 실험을 재현하지 않았다: 그는 400Hz로 변조된 100kHz 라디오파 낮은 주파수에 실험 대상자를 노출시켰다. 어찌 된 일인지 귀는 이 신호를 변조했고 그 사람은 중간 C(도) 위의 G(솔)에 가까운 400사이클의 순수한 음을 들었다.[6]

---

6 Stevens and Hunt 1937, unpublished, described in Stevens and Davis 1938, pp. 354-55.

1960년, 생물학자 앨런 프레이(Allan Frey)가 이번에는 몸에 전극을 두지 않고 전자기 에너지(소리)를 들을 수 있는 또 다른 방법을 도입했다. 뉴욕주 시러큐스(Syracuse)의 레이더 기술자는 프레이에게 레이더(소리)를 "들을" 수 있다고 주장했다. 그의 말을 믿고 프레이는 그와 함께 시러큐스 기지로 가서 그가 레이더 소리를 들을 수 있다는 것을 알게 되었다. 프레이는 곧 그 효과에 관한 논문을 발표하면서, 동물들과 전도 청각장애(신경 청각장애가 아닌)가 있는 사람들은 극히 낮은 수준의 일반적인 전력 상태에서 마이크로웨이브 방사선의 짧은 파동을 들을 수 있다는 것을 증명했다. "마이크로웨이브 청력"으로 알려진 이 현상은 꽤 많은 사람들의 관심을 끌었지만, 아마도 오늘날 많은 사람들을 괴롭히는 대부분의 소리와는 관련이 없을 것이다.

하지만, 1960년대는 여전히 더 많은 놀라움을 가져왔다. 전기소리 듣기에 관하여 다시 새롭게 시작되는 연구는 민간과 군사적 목표, 모두를 가지고 있었다. 의료계는 청각장애인이 소리를 들을 수 있는지 알고 싶어 했다. 군에서는 군인이나 우주비행사를 위한 새로운 의사소통 방법이 고안될 수 있는지 알고 싶었다.

1963년, 코펜하겐의 게르하르트 살로몬(Gerhard Salomon)과 아놀드 스타(Arnold Starr)는 내이가 그 이전의 사람들이 생각했던 것보다 훨씬 전기 에너지에 민감하다는 것을 증명했다. 그들은 수술로 중이를 재건한 두 환자의 달팽이관에 직접 전극을 삽입했다. 한 환자는 직류 3마이크로암페어에 자극을 받았을 때 "찰칵" 또는 "탁탁"치는 소리를 들었다. 두 번째 환자가 그와 같은 소리를 듣기 위해서는 35마이크로암페어가 필요했다. 전류가 점진적으로 증가함에 따라 딸각하는 소리가 "마른 눈 위를 걷는 소리' 또는 "공기를 내 뿜는 소리"로 바뀌었다. 교류는 최고조가 적용 주파수와 일치하는 순수한 음조를 유도했지만, 이는 약 1,000배 이상의 전류가 필요했다.

그 후 오하이오주 라이트 패터슨(Wright-Patterson) 공군기지의 전자기 전쟁 및 통신 연구소(Electromagnetic Warfare and Communication Laboratory)는 전기 소리와 마이크로웨이브 소리에 관한 보고서를 출간했다. 이 보고서는 스페이스랩사의 알란 브레돈(Alan Bredon)이 두 소리의 우주에서 사용 가능성을 위해 작성했다. 목표는 "우주 환경에서 압력 복으로 장기간 임무 수행 시 전혀 불편함 없이 착용할 수 있는 효율적인 이중 목적 변환기"를 개발하는 것이었다. 브렌돈은 전기 소리 장비에서 발생되는 소리가 너무 약해서 항공기나 우주선의 시끄러운 공간에서 유용하지 않기 때문에 부적합하다는 것을 발견했다. 또 마이크로웨이브 소리도 에너지의 짧은 파동에 의존하는 것으로 나타나 지속적인 소리를 내지 않기 때문에 쓸모없는 것으로 판단되었다. 하지만 라이프지에 발표된 패트릭 플래너건(Patrick Flanagan)의 뉴로폰(Neurophone)은 브렌돈의 관심을 끌었다.[7] 플래나건이 15세 때 발명했다고 주장한 이 장치는 1927년 아이키혼(Eichhorn)이 특허를 냈던 것과 거의 똑같은 라디오파 장치로 피부의 진동으로 작동하는 것

---

7 Moeser, W. "Whiz Kid, Hands Down," Life, September 14, 1962.

처럼 보였다. 그러나 한 가지 결정적인 것은 플래나건이 20~200kHz로 명시된 초음파 범위에서 반송 주파수를 사용했다는 점이 달랐다. 그는 스티븐스가 1937년에 간단히 설명했던 현상을 재발견했지만 연구를 끝까지 계속하지는 못했다.

플래나건의 발명을 둘러싼 홍보 효과로, 의사 헨리 푸하리히(Henry Puharich)와 치과의사 조셉 로렌스(Joseph Lawrence)는 공군과 계약을 맺고 이른바 "경피 전기 자극"을 조사했다. 그들은 귀 옆에 붙인 전극을 통해 초음파 주파수로 전자기 에너지를 전달했다. 초음파 반송파에 첨가된 오디오 신호는 몸에 의해 다소 변조되어 다른 소리처럼 들렸다. 언뜻 보기에는 플래나건의 기기처럼 피부 진동으로 작동하는 것 같았다. 하지만 몇 가지 놀라운 결과가 보고되었다.

첫째, 대부분 사람의 청각 범위는 상당히 확장되었다. 인간 청력의 상한은 보통 초당 13,000 또는 14,000사이클이라고 하자. 이 기기를 사용함으로써, 보통 초당 18,000사이클이나 되는 높은 음조의 소리를 들었다. 어떤 사람들은 심지어 초당 25,000사이클의 정확한 음을 들었다. 이는 대부분의 사람들이 들을 수 있는 것보다 5,000사이클이나 더 높다.

둘째, 초음파 전달체의 사용은 왜곡을 없앴다. 반송파 없이 오디오 신호가 직접 전극에 입력되었을 때, 말을 이해할 수 없었고 음악을 인식할 수 없었다. 그러나 AM 라디오 방송이 말과 음악을 전달하는 것과 같은 방식으로 말과 음악이 고주파 반송파에 변조로만 전달

되었을 때, 몸은 라디오 수신기처럼 어떻게든 신호를 해독했고 그 사람은 아무런 왜곡 없이 말이나 음악을 완벽하게 들었다. 가장 순수한 소리를 전달하는 최적의 반송파 주파수는 300~40kHz인 것으로 밝혀졌다.

셋째, 그리고 가장 놀라운 것은, 청각장애인 9명 중 9명 모두 이 경피 자극 방식으로 소리를 들을 수 있었다(심지어 태어날 때부터 심각한 감각신경성 청각장애인까지). 그러나 전극을 피부에 더 세게 눌러야 했고, 청각장애인은 정확한 청각 자극 위치를 찾을 때까지 귀밑이나 앞으로 전극을 움직여야 했다(머리 내부 표적에 신호가 집중되더라도). 잔청이 있는 4명의 실험 대상자는 그 감각을 '진동'이 아닌 '소리'라고 표현했다. 선천성 청각장애인 두 사람은 그 소리를 "새롭고 강렬한 것"이라고 표현했다. 완전한 후천적 난청인 세 사람은 그들이 기억하는 대로 들리는 그 소리를 설명했다.

절연 전극을 사용했을 때, 정상적인 청력을 가진 사람들은 낮게는 100마이크로와트 정도의 전력에도 반응했다. 하지만 절연되지 않은 금속을 피부에 직접 대고 눌렀을 때 더욱 많은 전류가 소요됐지만 이 방법으로 청각장애인은 정상적인 사람들처럼 들을 수 있을 뿐 아니라 오히려 더 잘 들을 수도 있었다. 일단 적정한 피부 압력과 위치를 발견하면, 전자기 자극의 임계치는 청각장애인과 정상인 모두에게 1에서 10밀리와트 사이이다. 반면, 청각장애인 중 한 명이 설명한 것처럼, 전력을 아주 조금만 올려도 소리가 "편안한 수준에서 강력한 자극 중 하나"가 된다고 했다.

더욱 놀라운 것은, 전에 한 번도 말소리를 듣지 못한 극심한 청각 장애인이 아주 짧은 훈련을 받은 후 이러한 방식으로 전달받았을 때 10명 중 10명 모두 말을 이해할 수 있었다는 것이다. 또한, 자각적 청신경 손실이 적고 공기로 전달되는 단어의 40~50% 정도만 식별할 수 있는 환자는 훈련 없이도 경피 자극을 통해 90% 이상 가능했다.

50년 만에 처음으로 피부에 라디오파를 전달하는 전극이 단순히 피부를 진동시키는 것 이상의 작용을 하고 있다는 증거가 나왔다. 이 연구자들은 달팽이관 음전기 반응(microphonics, 내이에 의해 생성되는 전기 신호)의 측정에 기초하여, 경피 자극은 피부를 진동시키고 내이의 유모세포를 직접 자극함으로써 음향과 전기 효과가 합쳐져서 소리를 만들어 낸다고 추측했다. 그러나 그들은 "이 두 가지 효과는 달팽이관의 기능이 상실된 환자들의 언어 인식 반응에는 만족스러운 설명을 제공하지 못한다."라고 적고 있다.

동물의 실험 결과도 놀라웠다. 두 마리 개를 귀머거리로 만들었다. 한 마리는 달팽이관 유모세포를 파괴하는 스트렙토마이신 주사를 맞고, 다른 한 마리는 외과 수술로 고막, 중이 뼈, 달팽이관을 제거했다. 두 마리의 개 모두 장애가 되기 전에 상자 속의 칸막이 위를 뛰어넘음으로써 경피 자극에 반응하도록 훈련되어 있었고, 둘 다 시험 횟수의 90% 이상 정확하게 반응하는 법을 배웠다. 놀랍게도, 두 마리 개 모두 오디오 신호가 변조된 고주파 자극에 대해 90% 정확하게 계속 응답했지만, 단 1%만이 변조되지 않은 고주파 신호에 반응했다.

이 연구는 매우 깊은 의미가 있다. 달팽이관 기능이 없거나 아예 달팽이관이 없는 사람이나 동물들도 이런 종류의 자극을 분명히 들을 수 있다. 이는 뇌가 직접 자극되고 있거나(소리 발생원은 항상 사람들에게 소리 내는 전극 방향에서 오는 것처럼 느껴지기 때문에 이것은 가능성이 희박하다), 달팽이관 외에 내이 다른 부분이 초음파 또는 초음파 주파수의 전자기파에 반응하는 것일 수 있다. 대부분의 실험 대상자들은 정상적인 방법으로 들을 수 있는 것보다 훨씬 높은 주파수를 들을 수 있었기 때문에, 이것이 가장 유력한 설명이다. 그리고 우리는 전기로 인한 "이명"으로 괴로워하는 대부분의 사람들이 전기에서 발생하는 초음파를 듣고 있다고 믿을 만한 충분한 이유가 있다는 것을 알게 될 것이다.

푸하리치(Puharich)와 로렌스(Lawrence)는 자신들이 발명한 장치에 대한 특허를 받았으며, 육군은 베트남에서 사용되는 치누크 헬리콥터와 수상비행기에서 시험하기 위해 시제품 두 대를 구했다. 전자디자인(Electronic Design) 잡지의 뉴스 편집자는 이 장치 하나를 시험해 본 후, "이 신호들은 거의 공중에서 나는 소리와 거의 비슷했지만 완전히 같지는 않다."라고 보고했다.[8]

1968년, 갈랜드 스키너(Garland Frederick Skinner)는 해군대학원(Naval Postgraduate School) 석사 논문으로 100kHz의 반송파 주파수를

8   Einhorn 1967.

사용하여 푸하리치와 로렌스가 했던 몇몇 실험을 더 높은 전력에서 다시 실험했다. 그는 자신의 "경피 폰(Trans-Derma-Phone)"을 그 어떤 청각장애인을 대상으로 실험하지 않았지만 푸하리치나 로렌스와 같이 "귀, 신경, 또는 뇌에 AM 감지 메커니즘이 존재한다."라고 결론지었다.

1970년에, 마이클 호시코(Michael S. Hoshiko)는 국립보건원의 박사 후 지원금을 받아 존스홉킨스대 의대 신경통신학 연구소에서 푸하리치와 로렌스의 장비를 시험했다. 대상자들은 30Hz부터 20,000Hz라는 놀라운 주파수에 이르기까지 순수한 음색을 저음 영역에서도 똑같이 잘 들었을 뿐만 아니라, 언어 구별에서도 94%를 기록했다. 참여한 29명의 대학생들은 그 말이 보통 소리처럼 공기중으로 전해졌거나, 아니면 초음파 범위에서 라디오파로 변조되어 전자적으로 이루어졌거나 전달 방법에 상관없이 동일하게 잘 수행했다.

사람들이 변조된 라디오파를 들을 수 있도록 하는 또 다른 두 가지 노력은 군에 의해 이루어졌다. 하지만 그들은 아마 초음파 주파수를 사용하지 않았기 때문에 피부 진동 외에는 청각의 원인을 밝혀낼 수 없었다. 이 보고서 중 하나인 윌리엄 하비(William Harvey)와 제임스 해밀턴(James Hamilton) 중위가 라이트 패터슨 공군기지의 공군기술연구소에 제출한 석사 논문에서는 반송파 주파수를 3.5MHz 로 명시했다. 다른 프로젝트는 펜실베이니아주 존스빌 해군항공개발센터 지휘 통제 부서에 근무하는 살만존(M. Salmansohn)에 의해 수행되었다. 그 역시 초음파 반송파를 사용하지 않았다. 사실 그는 후에 모든 반송파를 다 없애고 직접 오디오 주파수를 사용했다.

마침내 1971년 패트릭 존슨(Patrick Woodruff Johnson)은 해군대학원 석사 논문으로 "일반적인" 전기소리 청력에 관해 재검토하기로 했다. 그는 사람들이 소리를 듣도록 하는데 얼마나 적은 전기가 필요한지 알고 싶었다. 이전의 대부분 연구자는 실험 대상자의 머리를 최대 1와트 전력에 노출시켜, 결과적으로 교류 전류의 높은 위험 가능성을 초래했다. 존슨은 염화은으로 도금된 은색 디스크를 하나의 전극으로 사용하고 양의 직류를 동시에 적용하여 단지 2마이크로와트 전력만 전달되는 2마이크로암페어의 교류로도 들을 수 있다는 것을 발견했다. 존슨은 이 시스템을 사용하여 "초저비용 보청기"를 개발할 수 있다고 제안했다.

1971년 6월 매사추세츠 공대(MIT)에서 에드윈 목슨(Edwin Charles Moxon)은 박사학위 논문을 위해 전 분야를 검토했고, 고양이를 대상으로 한 자신의 실험 결과를 추가했다. 달팽이관이 전기적으로 자극을 받는 동안 고양이의 청각 신경 활동을 기록함으로써, 그는 두 가지 뚜렷한 현상이 동시에 일어나고 있다는 것을 확실히 증명했다. 전기 신호가 어떻게 일반 소리로 변환되고 있었는데, 그것은 정상적인 방법으로 달팽이관에 의해 처리되고 있었다. 게다가 전류 자체가 청신경을 직접 자극하여 신경 방전 패턴의 두 번째 비정상 성분을 만들어냈다.

이즈음 모든 연구비가 청각장애인을 위한 달팽이관 임플란트 개발에 전용되었기 때문에, 전기가 정상적인 귀에 어떤 영향을 미치는지 이해하려는 노력은 끝났다. 이는 컴퓨터 개발에 따른 자연스러운 결과였고, 이는 곧 전 세계적인 변화의 시작이었다. 뇌는 완벽할 정도로 정교한 디지털 컴퓨터의 모델이 되고 있었다. 청각 연구자들은 만약 소리를 각기 다른 주파수로 분리할 수 있다면, 뇌에서 바로 처리할 수 있도록 분리된 요소들을 디지털 펄스 전자 형태로 적합한 청신경 섬유에 보낼 수 있다고 생각했다. 그리고 고작 8개에서 20개 이하의 전극만으로 3만 개의 신경섬유를 자극하고 있다는 점을 고려하면, 그들은 놀랄 만큼 성공적이었다. 2017년에 이르러 전 세계의 달팽이관 이식 건수는 50만 건을 넘어섰다. 하지만 그 결과는 로봇과 같은 방식이었고 정상적인 소리로 재현하지 못했다. 대부분의 환자들은 조용한 방에서는 전화기를 사용하기에 충분한 정도로 주의 깊고 명확하게 표현된 말을 이해할 수 있게 된다. 그러나 평상시와 같이 소란스러운 환경에서는 목소리를 구별하거나, 음악을 인식하거나, 대화를 나눌 수 없다.

한편, 전기소리 듣기를 이해하는 분야의 발전은 완전히 중단되었다. 마이크로웨이브 듣기에 관한 몇몇 연구는 10년 정도 더 계속되었고, 그 후에는 중단되었다. 마이크로웨이브 듣기에 필요한 것으로 보이는 최고 전력 수준은 오늘날 대부분의 사람들을 괴롭히는 소리의 근원이 될 것 같지 않다. 푸하리치와 로렌스가 발견한 현상이 훨씬 더 유력한 후보다. 이유를 이해하려면 신체의 가장 복잡하고 가장 이해되지 않은 부분 중 하나에 대한 해부학으로의 여행이 필요하다.

귀의 전자모델

정상적인 귀에서 고막은 소리를 받아 중이에 있는 3개의 작은 뼈에 진동을 보낸다. 그것들은 닮은 도구의 이름을 따서 추골, 침골, 등골(망치, 모루, 등자)이다. 마지막 뼈 등골은, 비록 쌀알의 절반 크기에 불과하지만, 진동 소리를 뼈로 된 달팽이관에 퍼뜨린다. 달팽이관은 달팽이 모양의 뼈로 소형화의 경이로움 그 자체다. 헤이즐넛만한 크기의 달팽이관은 사자의 포효와 휘파람새의 노래, 쥐의 끽끽거리는 소리를 들을 수 있으며, 뇌에 전달되는 전기 신호의 형태로 이 모든 소리를 충실하고 완벽하게 재현할 수 있다. 오늘날까지 아무도 이것이 어떻게 이루어졌는지 정확히 알지 못한다. 그리고 조금 알려진 사실들도 아마 잘못되었을 것이다.

사우스다코타 대학(University of South Dakota) 의대 학장이자 해부학 교수였던 아우구스투스 폴만(Augustus Pohlman)은 "틀린 것으로 판명된 해석을 문헌에서 삭제할 수 있는 기계가 없다는 것은 불행한 일이다"라고 적었다. 폴만은 1933년, 액체로 찬 달팽이관의 작동에 관한 근본적 결함이 있는 가설로 평가한 것을 제거하지 못한 70년간의 연구를 되돌아보았다. 또 80년이 지나도 그것을 제거하지 못했다.

이 작은 달팽이관 나선은 그 길이를 따라 기저막이라고 불리는 칸막이에 의해 상부와 하부 공간으로 나뉜다. 기저막 위에는 신경 섬유가 부착된 수천 개의 유모세포가 들어있는 코르티 기관이 자리 잡고 있다. 1863년 독일의 위대한 물리학자 헤르만 헬름홀츠(Hermann Helmholtz)는 달팽이관을 일종의 수중 피아노라고 불렀으며, 귀의 울림 "줄(strings)"은 기저막에 있는 길이가 다른 섬유들이라고 했다. 기저막이 달팽이관을 감을수록 폭은 두꺼워진다. 그는 꼭대기에 있는 가장 긴 섬유는 피아노의 긴 베이스 줄처럼 깊은 음으로 울려 퍼지는 반면, 베이스의 가장 짧은 줄(섬유)는 가장 높은 음에 의해 진동하도록 설정되었다고 생각했다.

헬름홀츠는 소리의 전달이 기계와 지렛대의 단순한 문제라고 생각했고, 이후 1세기 반 동안 후속 연구는 놀랍게도 거의 변화가 없이 단지 그의 독창적인 이론에 기초하여 이루어졌다. 이 모델에 따르면, 작은 피스톤과 같은 등골의 움직임은 달팽이관의 두 구획에서 유체를 앞뒤로 퍼내서 분리막이 위아래로 구부러지게 하고 그 위에 유모세포를 자극하여 신경 충동을 뇌로 보낸다. 들어오는 소리에 맞춰져 있는 막 부분만 부드러워지고, 그 부분에 놓여있는 유모세포만이 뇌에 신호를 보낸다.

그러나 이 모델은 전기를 듣는 현상을 설명하지 못한다. 또한 내이의 가장 분명한 특징들 중 일부도 설명하지 못한다. 예를 들어, 왜 달팽이관은 달팽이 껍질처럼 생겼을까? 왜 수천 개의 유모세포들이

파이프 오르간의 키보드처럼 하나 뒤에 하나씩 공간적으로 완벽한 네 줄로 늘어서 있는 것일까? 왜 달팽이관은 인체의 가장 단단한 뼈인 미로골낭(otic capsule)에 안치되어 있을까? 왜 달팽이관은 임신 6개월 때 자궁에서 완전히 형성되어 그 이상 크게 자라지 않고 정확한 사이즈로 유지되는 것일까? 왜 고래의 달팽이관은 생쥐의 것보다 고작 약간만 더 클까? 어떻게 가장 큰 파이프 오르간보다 더 큰 음역에서 진동하는 완전한 발성기를 새끼손가락 끝보다도 크지 않은 작은 공간에 넣을 수 있을까?

폴만은 귀의 표준 모델이 현대 물리학에 모순된다고 생각했고, 그를 따르는 수많은 용기 있는 과학자들은 이에 동의했다. 청감 모델에 전기를 포함시킴으로써, 그들은 귀의 기본적인 특징을 설명하는 데 진전을 이루었다. 그러나 그들의 생각은 전기가 생물학에 근본적인 역할을 하는 것을 여전히 허용하지 않는 문화적 장벽과는 대립하고 있었다.

귀는 기계와 지렛대 시스템에 의해 작동하기에는 너무 민감하다. 폴만은 이 명백한 사실을 가장 먼저 지적한 사람이다. 귀에 있는 진짜 발성기인 "피아노 줄"은 수천 개의 유모세포로 구성되어야 하고, 줄지어 늘어서서 달팽이관 맨 밑에서부터 꼭대기까지 크기로 등급이 매겨졌으며, 그것들이 놓여있는 기저막의 섬유가 아니었다. 또 유모세포는 움직임 감지기가 아니라 압력 감지기여야 했다. 귀의 극도로 예민함이 이를 분명히 했다. 이것은 또한 왜 달팽이관이 인체의 가장 밀도가 높은 뼈에 박혀 있는지를 설명해 주었다. 이것은 방음실이며, 귀의 기능은 기계적 움직임이 아닌 소리를 유모세포까지 전달하는 것이다.

이 수수께끼 해결에 동참한 다음 과학자는 영국의 의사이자 생화학자인 리오넬 나프탈린(Lionel Naftalin)으로, 그는 이 문제를 반세기 동안 연구하다 2011년 3월 96세의 나이로 세상을 떠났다. 그는 귀가 너무 민감해서 기존에 인정된 방식으로 작동하지 않는다는 것을 결정적으로 입증하는 정확한 계산을 하기 시작했다. 사람이 들을 수 있는 가장 조용한 소리는 평방센티미터당 10^{-16}와트 미만의 에너지를 가지고 있다는 것은 알려진 사실이다. 나프탈린이 계산한 바에 따르면, 이 에너지는 무작위로 움직이는 공기 분자보다 약간 큰 압력만 고막에 가한다. 나프탈린은 기존에 인정된 청각 이론은 불가능하다고 딱 잘라 말했다. 그렇게 아주 작은 에너지는 기저막을 움직일 수 없었다. 그 에너지는 기존의 지렛대 작동 원리로는 중이 뼈조차 움직일 수 없었다.

기존 이론의 불합리성은 명백했다. 청각 임계치에서, 고막은 수소 원자 직경의 10분의 1에 불과한 거리(0.1옹스트롬 ångstrom)를 통해 진동이 일어난다고 한다. 그리고 기저막의 움직임은 센티미터의 10조 분의 1에 불과한 아주 작은 값으로 계산된다. 이 값은 원자핵의 직경보다 약간 더 크고, 막을 구성하는 분자의 무작위 운동보다 훨씬 작다. 아원자(subatomic) 차원의 이러한 "움직임"은 유모세포의 털을

"구부러지게" 하여 유모세포의 전기적 탈분극 및 부착된 신경 섬유의 작동을 촉발하는 것으로 추측하고 있다.

이 개념이 어리석다고 생각한 최근 일부 과학자들은 기저막이 움직이는 거리를 증가시킨다는 다양한 즉흥적 임시 가정을 도입해 오고 있다. 즉, 기저막이 아원자에서 단지 원자 차원으로만 이동해야 한다는 것이다. 하지만 이것은 여전히 근본적인 문제를 극복하지 못한다. 나프탈린은 달팽이관의 내용물은 고체 금속 물체가 아니라 액체나 젤이고, 유연한 막으로 되어있어, 이런 극초단거리는 물리적 실체에서는 근거가 될 수 없다고 지적했다. 그런 다음, 그는 기저막의 울림 부분을 단 1옹스트롬(유모세포 반응 촉발에 필요하다고 지금까지 주장하는 거리[9]) 움직이는 것은 고막을 때리는 임계 음에 들어있는 것보다 1만 배 이상의 에너지가 필요할 것이라고 계산했다.

나프탈린은 청각에 관한 연구를 50년 동안 하면서 지배적인 기계적 이론을 완전히 무너뜨리고 전기 자극이 중심이 되는 모델을 만들었다. 그는 유모세포가 놓여있는 기저막에 초점을 맞추는 대신 훨씬 특이한 막, 즉 유모세포의 윗부분을 덮고 있는 막에 관심을 기울였다. 그것은 인체 어디에서도 나타나지 않는 젤리 같은 밀도와 구성을 가지고 있다. 또 그것은 특이한 전기적 특성을 가졌으며, 전체적으로 항상 큰 전압을 띠고 있다. 신체의 다른 곳에서는, 이 정도 크기의 전압(약 100~120 밀리볼트)은 보통 세포막에서만 나타난다.

---

9 Russell et al. 1986.

1965년, 나프탈린은 고체 물리학의 관점에서 덮개막이라 불리는 이 막이 압전 반도체라고 추정했다. 압전 물질이란 기계적 압력을 전기적 전압으로 바꾸고 반대 방향도 가능하다. 석영 결정이 가장 잘 알려진 예다. 라디오 수신기에 자주 사용되며 전기 진동을 소리 진동으로 변환한다. 나프탈린은 구조와 화학 성분을 근거로, 덮개막이 이러한 성질을 가져야 한다고 판단했다. 그는 덮개막은 음파를 전기 신호로 변환하는 압전 액정이며, 그 신호는 다시 덮개막 안에 내장된 유모세포 공명기로 가는 이론을 제안했다. 또 그는 막을 가로지르는 높은 전압은 이러한 신호들을 크게 증폭시킨다고 주장했다.

그 후 나프탈린은 달팽이관과 덮개막을 중심으로 공간 축척 모델을 구축했고, 귀의 몇 가지 아주 미스터리한 현상에 대한 해답을 찾기 시작했다. 그는 달팽이 모양이 정밀한 악기로의 기능에 중요하다는 점을 발견했다. 그는 또한 덮개막의 구성이 악기의 작은 크기와 관련이 있다는 것을 발견했다. 공기 중의 음속은 초속 330미터이지만 물속에서는 초속 1,500미터이고, 10%의 젤라틴에서는 초속 5미터에 불과하며, 덮개막에서는 상당히 적을 가능성이 크다. 소리의 속도를 늦춤으로써, 막의 젤리 같은 물질은 소리의 파장을 미터에서 밀리미터로 수축시킨다. 이렇게 해서 달팽이관 같은 밀리미터 크기의 작은 악기가 세상의 소리를 수신하고 우리의 뇌를 위해 연주한다.

조지 오퍼트(George Offutt)는 해양생물학자로서 이 문제에 접근했으며, 진화적인 관점에서 비슷한 결론을 내렸다. 로드아일랜드대

(University of Rhode Island) 해양학과에서 그의 박사학위 논문은 대구의 청각을 다루었다. 1970년에 처음 출판된 그의 인간 청각 이론은 후에 "청각 시스템의 전자모델(The Electromodel of the Auditory System)"이라는 책으로 발전했다. 그가 죽기 직전인 2013년 초에 나는 그를 인터뷰했다.

나프탈린과 마찬가지로, 오퍼트는 덮개막은 압전 현상이 있는 압력 센서라고 결론지었다. 그리고 그는 진화와 기능으로 보면 인간의 유모세포도 전기 수용체라고 주장했다. 이러한 주장은 그의 학문적 배경 때문이다.

포유류의 달팽이관은 결국 "호리병 주머니(lagena)"라 불리는 물고기 기관에서 진화했는데, 이것 또한 인체의 유모세포와 비슷한 유모세포가 들어있고 젤라틴 막으로 덮여 있다. 그러나 물고기의 막은 다시 이석("귀속 돌맹이")이라 불리는 구조물로 덮여 있는데, 이것은 탄산칼슘의 결정체로 되어있으며 석영보다 약 100배나 더 높은 압전성을 보이는 것으로 알려져 있다. 오프트는 이것이 우연이 아니라고 말했다. 그는 물고기 귀의 유모세포는 이석이 음압에 반응하여 생성되는 전압에 민감하다고 말했다.[10] 그는 이것이 상어가 들을 수 있는 이유를 설명해 준다고 말했다. 주로 물로 구성된 물고기는 공기가 함유된 부레가 없는 한, 물에서 나는 소리에 투명하게(소리가 그냥 통과) 되어있다. 그러므로 표준 이론에 따르면 부레가 없는 상어는 귀머거

---

10 See also Degens et al. 1969.

리가 되어야 하지만 그렇지 않다. 1974년 오퍼트는 물고기가 어떻게 소리를 듣는지 그의 모델에 전기를 도입함으로써 이 모순을 명쾌하게 해결했다. 그는 덧붙여 인간의 청각이 여전히 동일한 기본적인 방식으로 작동하지 않을 이유가 없다고 그는 말했다. 만약 달팽이관이 물고기의 호리병 주머니에서 진화했다면, 덮개막은 이석의 막으로부터 진화했고, 여전히 압전 현상을 보여야 한다. 그리고 유모세포도 사실상 같은 이유로, 여전히 전기 수용체 역할을 해야 한다.

사실, 물고기는 전기 수용체로 알려진 다른, 관련 유모세포를 가지고 있다. 예를 들어, 물 흐름을 감지하기 위해 모든 물고기의 몸의 옆구리를 따라 선으로 배열된 측선 장기(lateral line organ)라는 기관이 있다. 이 기관은 실제로 저주파 소리와 전류에도 반응한다.[11] 이 기관의 유모세포 역시 큐풀라(cupula)라고 불리는 젤리 같은 물질에 의해 덮여 있고, 청각 신경의 줄기에 의해 공급된다. 실제로, 측선과 내이는 기능적, 진화적, 그리고 발생적으로 매우 밀접하게 연관되어 있어서 모든 종류의 동물에서 그러한 기관들을 음향-측방 시스템(acoustico-lateralis system)이라고 부른다.

일부 물고기는 이 시스템에서 진화된 다른 장기가 있는데 아주 정교하고 근본적으로 전류에 민감하다. 상어는 이러한 기관으로 다른 물고기나 동물의 전기장을 탐지할 수 있고, 어둡고 탁한 물속, 심지어 바닥의 모래나 진흙 속에 숨겨져 있을 때도 이들의 위치를 파악할 수

11　Lissman, p. 184; Offutt 1984, pp. 19-20.

있다. 이러한 전기 기관의 유모세포는 몸 표면 아래에 로렌찌니 병기(ampullae of Lorenzini)라고 불리는 주머니 형태로 있으며 이 역시 젤라틴성 물질로 덮여 있다.

그러한 모든 물고기 기관들은 그들의 전문성과 무관하게 압력과 전기에 민감하다는 것이 입증되었다. 물의 흐름을 주로 감지하는 측면 기관도 전기 자극에 반응하고, 전류를 주로 감지하는 로렌찌니 병기도 기계적 압력에 반응한다. 그러므로 해양생물학자들은 측면과 귀에서 모두 압전이 작용하고 있다는 의견에 동의했다.[12] 한때 전기 어류의 세계 최고 권위자로 여겨졌던 한스 리스먼(Hans Lissman)도 그렇게 생각했다. 이후 미항공우주국(NASA: National Aeronautics and Space Administration)의 지원을 받아 무중력이 귀에 미치는 영향을 연구한 해부학자 무리엘 로스(Muriel Ross)는 물고기의 이석과 그와 같은 종류의 인간의 귀에 있는 중력 센서 평형 모래가 압전으로 알려져 있다고 강조했다. 기계 에너지와 전기 에너지는 서로 바꿀 수 있으며, 유모세포와 압전막 간의 피드백은 한 형태의 에너지를 다른 형태로 변화시킬 것이라고 그녀는 말했다.

1970년 관련 연구에서 데니스 오리어리(Dennis O'Leary)는 개구리의 반원형 관인 젤라틴성 큐풀라(cupula, 내이 균형 기관)을 적외선 방사선에 노출시켰다. 관에 있는 유모세포 반응은 그러한 기관의 기계적인 것이 아닌 전기적인 모델과 일치했다.

---

12   de Vries 1948a, 1948b.

달팽이관의 외부 유모세포는 그 자체가 압전으로 판명되었다. 그것은 압력에 반응하여 전압을 얻고, 전류에 반응하여 길어지거나 짧아진다. 유모세포는 극도로 민감하다: 1피코 암페어의 전류로 유모세포에 측정 가능한 변화를 일으키기에 충분하다.[13] 복잡한 경로를 따라 이동하는 전류도 덮개막을 가로지르며 코르티 기관(Corti, 포유동물의 달팽이 기관 일부)을 통해 흐르는 것으로 밝혀졌다.[14] 그리고 유모세포의 상부와 덮개막의 바닥 사이의 얇은 공간에서 박동하는 파동이 발견되었고, 이는 외부 유모세포, 덮개막, 그리고 내부 유모세포 사이에서 반향을 일으킨다.[15] 호주의 생물학자 앤드류 벨(Andrew Bell)은 인간의 달팽이관에서 이러한 유체 파의 파장이 대략 15~150마이크론이어야 한다고 주장했다. 벨은 이러한 파를 표면 탄성파에 그리고 코르티 기관을 표면 탄성파 공진기에 비유했다. 표면 탄성파 공진기는 다양한 산업에서 석영 결정을 대체해온 일반적인 전자 장치다.

이러한 과학자들이 발전시켜온 청력 전기모델에는 전기가 귀에 직접 작용할 수 있는 곳이 여러 군데 있다. 내부 유모세포는 전기 수용체다. 외부 유모세포는 압전기다. 덮개막도 압전기다. 그리고 직류와 교류 모두 이러한 구조에 작용할 수 있기 때문에, 전기소리 듣기에 관한 초기 보고 중 많은 부분이 재평가되어야 하며, 재평가에는 "피부 진동"으로 인해 묵살된 보고도 포함되어야 한다고 오퍼트는

---

13 Honrubia 1976; Mountain 1986; Ashmore 1987.
14 Zwislocki 1992; Gordon, Smith and Chamberlain 1982, cited in Zwislocki.
15 Nowotny and Gummer 2006.

말했다.

　전기에 대한 코르티 기관의 정교한 민감도는 직류 청각에 대한 19세기 보고서와 교류 청각에 대한 20세기 보고서를 설명하고 있다. 그리고 그것은 클라렌스 위스케(Clarence Wieske)가 산타바바라에서 의뢰인이 반세기 전에 겪었던 고통을 이해하는 근거가 된다. 오늘날에는 수백만이 넘는 사람들이 그 고통을 겪고 있다. 하지만 청각에 관한 한 부분은 여전히 수수께끼로 남아있다.

　외이도에 가해지는 직류 또는 교류는 청각을 자극하기 위해 약 1밀리암페어가 필요하다.[16] 전극이 달팽이관 유체에 직접 배치되면 약 1마이크로암페어로 충분하다.[17] 전류가 유모세포에 직접 가해지면 1피코암페어만으로도 기계적인 반응을 일으킨다.[18] 분명히, 외이에 전극을 붙이는 것은 유모세포를 자극하는 비효율적인 방법이다. 그리고 가해진 전류의 극히 적은 양이 그 세포에 도달한다. 그러나 지금 세상에는 전기 에너지는 라디오파 형태로 직접 유모세포에 도달하고 있다. 귀속에 있는 뼈와 막은 라디오파가 통과한다. 유모세포 또한 전력선과 그것에 꽂혀 있는 모든 전자제품에서 비롯되는 전기장과 자기장에 흠뻑 젖어있다. 이러한 전자기장과 라디오파가 내이에 침투하여 달팽이관 내부에 전류가 흐르도록 유도한다. 그렇다면 의문이 생긴다. 왜 우리는 모두 다 모든 대화와 음악을 방해하는 일정한 소음의

16　Brenner 1868.
17　Mountain 1986.
18　Mountain et al. 1986; Ashmore 1987; Honrubia and Sitko 1976.

불협화음을 듣지 못하는가? 왜 대부분의 전기 소음이 매우 낮거나 매우 높은 주파수로 제한되는가? 그 대답은 일반적으로 청각과는 전혀 관련이 없는 귀의 일부와 상당히 관련되어 있을 것 같다.

초음파 청각

인간의 초음파 청각은 1940년대 이후 12번 이상 재발견되었는데, 가장 최근에는 버지니아코먼웰스대(Virginia Commonwealth University)의 마틴 렌하르트(Martin Lenhardt) 교수에 의해 이루어졌다. 그는 "인간이 박쥐, 이빨 고래와 같은 특정 포유류의 청력 범위를 가질 수 있다는 발상은 너무 기이한 것이다"라며 "초음파 청각은 과학적인 연구 대상으로 고려되기 보다는 보통 교묘한 수법 정도로 여겨졌다."라고 썼다.[19] 지금 시점에서는 초음파 청각은 렌하르트와 일본의 소규모 연구자 그룹에 의해서만 집중적으로 조사되고 있다.

하지만 대부분의 사람은 물론 심지어 많은 청각장애인들도 뼈의 전도를 통해 초음파를 들을 수 있고, 이 능력은 박쥐와 고래들의 전체 청각 범위를 포함하는 것이 사실이다. 그것은 100kHz를 훨씬 넘는다. 로저 마스(Roger Maass) 박사는 1945년 영국 정보국에 젊은이들이 최대 150kHz까지 들을 수 있다고 보고했고,[20] 1976년 러시아의 한 연

---

19 Lenhardt 2003.
20 Combridge and Ackroyd 1945, Item No. 7, p. 49.

구팀은 초음파 청력의 상한치가 225kHz라고 보고했다.[21]

브루스 디더라지(Bruce Deatherage)는 1952년 여름 국방부 과제로 배 위에서 연구를 수행하던 중, 50kHz의 수중 음파 탐지 방송에 헤엄쳐 들어갔을 때 우연히 초음파를 들을 수 있는 능력을 재발견했다. 자원봉사자들과의 실험을 반복하면서, 그는 각 실험 대상자들은 사람들이 보통 들을 수 있는 가장 높은 음조와 같은 매우 높은 음조의 소리를 들었다고 보고했다. 최근 코네티컷주 뉴런던에 있는 해군잠수함 기지의 과학자들은 수중 초음파의 청력을 200kHz까지 검증했다.[22]

오늘날 알려진 것은 다음과 같다:

사실상 정상적인 청력을 가진 사람들은 모두 초음파를 들을 수 있다. 높은 주파수 청력을 잃은 노인들도 여전히 초음파를 들을 수 있다. 달팽이관의 기능이 거의 또는 전혀 없는 많은 청각장애인들도 초음파를 들을 수 있다. 감지된 음의 높이는 사람에 따라 다르지만 보통 8~17kHz다. 음의 높이 식별은 일어나지만, 정상적인 청각 범위보다 초음파 범위에서 주파수의 더 큰 변화를 요구한다. 그리고 가장 놀라운 것은 말소리가 초음파 범위로 옮겨져 그 범위에 걸쳐 퍼지면, 그것을 듣고 이해할 수 있다. 여하튼 뇌는 신호를 재응결시키고, 높은 음조의 "이명" 대신에, 그 사람은 마치 정상적인 소리인 것처럼 그 말을 듣는다. 말도 초음파 전달체로 변조될 수 있으며, 뇌에 의해 변성

---

21 Gavrilov et al. 1980.
22 Qin et al. 2011.

되어 정상적인 음성으로 들을 수 있다. 이러한 원리에 기초하여 뼈로 전도되는 초음파 보청기를 제작하고 특허를 낸 렌하트는 정상적인 청력자인 경우 심지어 시끄러운 환경에서도 단어 이해력이 약 80%이고, 심한 청각장애인도 50%라고 보고했다.

많은 청각장애인들조차 초음파를 들을 수 있기 때문에, 렌하르트와 일본 그룹을 포함한 여러 연구자들은 초음파 수용체가 달팽이관에 있는 것이 아니라 귀의 구형낭(saccule)이라 부르는 퇴화된 부위에 있다고 수년 동안 제안해왔다. 귀의 퇴화된 부위라고 하는 것은 물고기, 양서류, 파충류에서 주 청각 기관으로 역할을 했던 것으로 진화를 거쳤지만, 인간의 귀에도 여전히 남아있기 때문이다. 여기에는 압전 현상이 있는 탄산칼슘 결정으로 둘러싼 젤라틴 막으로 덮인 유모세포가 있다.

인간의 구형낭은 비록 달팽이관에 인접해 있고, 신경섬유가 뇌의 전정(평형감각) 및 청각 피질에 모두 연결되어 있지만, 이것은 전정기관(또는 균형기관) 역할만 독점적으로 하고 청력에는 아무런 역할을 하지 못하는 것으로 보통 생각되어져 왔다. 하지만 이 도그마는 지난 80년 동안 주기적으로 도전에 직면해 왔다. 1932년 캐나다 의사 존 타이트(John Tait)는 뉴저지주 애틀랜틱시티에서 열린 제65회 미국 이과학회(귀의학, Otological Society)연례 회의에서 "모든 청력은 달팽이관으로만?"라는 자극적인 논문을 발표했다. 그는 자신과 다른 연구자들이 물고기, 개구리, 토끼에서 구형낭과 자세 평형의 연관성을 발견하지 못했으며 인간도 구형낭은 청각장치의 일부라고 제안했다. 그는 구형낭의 구조는 말할 때 발생하는 진동뿐만 아니라 머리의 진동을 감지하도록 설계되었다고 말했다. 그는 공기 호흡을 하는 동물에서 구형낭은 "음성의 방출과 조절에 관여하는 자기 수용체(proprioceptor)"라고 제안했다. 이는 우리가 자신의 목소리는 두 가지 수용체의 작용으로 듣고, 외부인의 목소리는 단지 한 가지 수용체로 듣는다는 의미이다. 달리 말하면, 타이트는 달팽이관은 공기 호흡을 하는 동물이 공기로 들어오는 소리를 들을 수 있도록 해주는 혁신적인 기술인 동시에, 구형낭은 뼈로 전도되는 소리의 감각 수용체로서 진화 이전의 옛날 기능을 유지한다고 제안했다.

그 이후로 구형낭의 청력은 기니피그, 비둘기, 고양이, 다람쥐원숭이 등 다양한 포유류와 조류에서 존재한다는 것이 증명되었다. 코끼리는 뼈를 통한 전달로 땅으로부터 수신되는 저주파 진동을 듣기 위해 구형낭을 사용할 수 있다. 청각학자들은 인간도 구형낭의 기능을 평가하기 위하여 소리에 대한 목 근육의 전기적 반응(VEMP: vestibular evoked myogenic potentials)과 같은 청력 검사 방법을 개발해오고 있다. 이 검사는 심한 감각청각(sensorineural hearing) 손실이 있는 사람들에게서 흔히 정상으로 나타난다.

렌하르트는 초음파 청각은 정상적인 사람들에서는 달팽이관과 구형낭 두 가지 모두 가능할 수 있지만, 청각장애인에서는 반드시 구형낭으로만 이루어진다고 믿는다.

오늘날 전 세계 사람들을 괴롭히는 이명은 초음파(약 20~225kHz) 전자기 에너지가 달팽이관 및/또는 구형낭에서 소리로 변환된 것이라는 많은 증거들이 있다.

1. 사람들은 자신들이 들을 수 있는 가장 높은 음조(nigthest)에서 "큰 이명"을 호소한다.

2. 공기로 전해지는 초음파는 들을 수 없지만, 푸하리치와 로렌스는 초음파 주파수의 전자기 에너지는 정상인과 청각장애인 모두에게 들리는 것을 입증했다.

3. 구형낭에 있는 평형사(탄산칼슘 결정체)와 달팽이관에 있는 외부 유모세포는 압전 현상을 보이는 것으로 알려져 있다. 즉 여기서 전류가 소리로 변환된다는 것을 의미한다.

4. 전기장과 자기장은 주파수에 비례하는 강도의 체내 전류를 유도한다. 주파수가 높을수록 유도 전류가 커진다. 이러한 물리학의 원리는 같은 전자기장 강도는 주파수에 따라 보통 청감 범위의 50Hz 보다 초음파 범위의 50,000Hz에서 1,000배 더 많은 전류를 발생시킨다는 것을 의미한다.

5. 초음파 영역에서 들을 수 있는 것으로 측정된 임계치는 보통 청각 범위의 50 또는 60Hz 만큼 낮거나 이보다 더 낮다. 초음파는 뼈를 통한 전도로만 들을 수 있고, 초저주파도 공기 전도로 더 잘 들리기 때문에 정확한 비교를 할 수 없다. 그러나 일반적인 공기, 뼈 및 초음파 청력 임계 곡선을 겹치면 〈그림 16-1〉과 같은 전체 청력 곡선

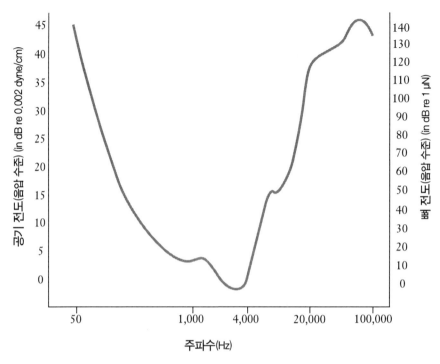

<그림 16-1> 주파수에 따른 공기 및 뼈 전도 청력 곡선

이 된다:[23]

　내이는 50Hz보다 50kHz에서 소리에 약 5~10배 더 민감한 것 같다. 따라서 귀는 전력선 주파수보다 초음파 주파수에서 전기장과 자기장에 5,000에서 10,000배 더 민감할 수 있다. 귀가 중간 청각 범위에서 민감도가 아주 높은 것은 전기 자극으로 변환되기 전에 외이, 중

23　Stevens 1938, p. 50, fig. 17; Corso 1963; Moller and Pederson 2004, figs. 1-3; Stanley and Walker 2005.

이, 내이의 울림 현상에 크게 기인한다.[24] 이것은 귀는 중간 또는 낮은 주파수의 전류보다 초음파 주파수의 전류에 훨씬 민감하다는 것을 의미한다. 귀가 50 또는 60Hz의 전자기장에 무감각한 것은 우리가 보통 사용하는 가정용 전기에서 윙윙거리는 소리를 듣지 못하는 이유를 설명해준다. 이것은 정말 고마운 일이다.

세계보건기구(WHO: World Health Organization)가 발표한 차트[25]를 참고하면 우리가 전자기장을 듣기 시작할 것으로 예상되는 대략적인 최소 주파수를 추정할 수 있다. 1피코암페어 전류는 하나의 유모세포를 자극하기에 충분하고, 5피코암페어는 50개의 유모세포를 자극하기에 충분하다. 이렇게 청력 자극에 필요한 전류량을 WHO 차트에서 볼 수 있다. 약 1마이크로가우스 자기장 또는 미터 당 약 10밀리볼트 전기장에 의해 귀에는 제곱센티미터 당 20kHz 전류가 유도되는 것으로 밝혀졌다. 이것은 현대 우리 환경을 오염시키는 일부 초음파 전기장과 자기장의 세기에 관한 것이다.[26] 1제곱센티미터는 사람의 달팽이관 바닥 면적에 가깝다.

달리 표현하면, 달팽이관의 크기를 고려할 때 우리는 오늘날 환경에서 전자기장을 대략 20kHz부터 초음파 청각 상한선인 225kHz까지 들을 수 있을 것으로 예상할 수 있다.

만약 구형낭이 달팽이관보다 초음파에 더 민감하다면, 이 추정치

---

24 Stevens 1937.
25 Environmental Health Criteria 137, 1993, pp. 160 and 161, figs. 23 and 24.
26 Duane Dahlberg, Ph.D., 개인 교신.

는 너무 보수적일 수 있다. 나는 몇 년 전 캐나다의 음향 물리학자 마레크 롤랑미에즈코프스키(Marek Roland-Mieszkowski)로부터 귀는 제곱센티미터 당 10~16와트 미만의 소리 에너지에 민감하다는 말을 들었다. 그의 말대로 전기 에너지를 소리 에너지로 변환하는 효율은 1%라고 가정하면, 귀는 100분의 1마이크로가우스 자기장이나 미터 당 100마이크로볼트의 전기장에 민감할 수 있다. 일부 사람들이 비단이 사락사락 스치는 소리와[27] 흡사한 북극광 소리를 들을 수 있는 능력을 가진 것은 대략 그 정도의 감지력이 있음을 나타낸다.[28]

전기소리의 발생원

1) 가전제품

2000년 4월 2일, 과거 공군 전자기술자 경력을 가진 데이브 스테처(Dave Stetzer)는 미시간 공공서비스위원회에서 "비선형 부하"에 관해 증언했다. 비선형 부하란 "컴퓨터, 팩스, 복사기, 기타 많은 전자제품, 그리고 축전기, 모니터링 장치, 스위치, 변압기를 포함하는 다양한 장비"를 의미한다고 그가 설명했다. 이 모든 장비들, 다시 말해 사실상 모든 현대 전자 장비들이 엄청난 양의 높은 주파수를 송전망

---

27 Petrie 1963, pp. 89-92.
28 Maggs 1976.

에 투입하고 있으며, 60Hz만을 전송하도록 설계된 송전망은 더 이상 원래의 주파수만을 유지할 수 없게 되었다. 그는 전선의 전자들이 일단 전산 장치(computerized device)를 통과하면 60Hz 주파수뿐만 아니라 초음파 범위 전체에서 라디오파 주파수 스펙트럼까지 확장된다고 설명했다. 전선에 흐르는 전체 전력의 70%가 주어진 시간에 한 개 이상의 전산 장치를 통과했기 때문에, 전체 송전망은 엄청나게 오염되고 있었다.

스테처는 처음으로 이것이 야기하는 기술적 문제 중 일부를 설명했다. 높은 주파수는 전선의 온도를 높이고, 전선 수명을 단축하고, 성능을 저하시키며, 상당한 양의 전류를 귀선이 아닌 땅을 통해 발전소로 돌아가도록 했다. 그리고 모든 사람의 전자 장비에서 나오는 높은 주파수와 "과도 전류(높은 전류의 스파이크)"는 다른 모든 사람의 전자 장비에 간섭과 손상을 일으키고 있었다. 이러한 현상은 주택 소유주, 사업체, 유틸리티(수도, 전기, 가스) 회사에 점점 더 많은 비용을 요구하게 되었다.

더욱 심각한 것은 지구에 흐르는 모든 높은 주파수 전류와 공기를 통해 진동하는 높은 주파수 전자기장들이 수백만 명의 사람들을 아프게 하고 있었다는 사실이다. 사회는 그것에 대해 부정하고 있으며, 그것은 미시간 공공서비스위원회에게 큰 관심사가 아니었다. 하지만 이러한 전자기장과 전류는 미시간주 전역에 걸쳐 젖소를 병들게 해서 주 경제를 위협했다. 그래서 위원들은 스테처가 말하는 동안 주의 깊게 귀를 기울였다.

그는 "나는 여러 농장을 방문하면서 6천여 마리의 젖소와 일부 말을 관찰했다. 나는 관절이 붓고, 상처가 나고, 다른 질병이 있는 소들과 기형적이거나 발육부진 송아지들을 관찰했다. 나는 심지어 발육부진 쌍둥이를 관찰했는데, 하나는 완전 발육을 했지만 나머지 하나는 심한 기형이었다. 아이러니하게도 매우 심각한 기형이 있었던 소는 바로 뒷다리 사이로 전류가 관통하고 있었다."

스테처는 놀란 위원들에게 "게다가, 스트레스를 받은 소들, 헛간과 착유장을 비롯한 특정 공간에 들어가기를 꺼리는 소들을 목격했고, 그리고 심지어 물을 마시는 것을 꺼리는 소들도 보았는데 평소처럼 물을 빨지 않고 핥고 있었다. 나는 뚜렷한 이유도 없이 수많은 소들이 죽은 채 쓰러져 있는 것을 지금까지 봐왔다. 나는 모든 측면과 근육이 걷잡을 수 없이 경련을 일으키는 소들을 보았다. 위스콘신 라크로스 트리뷴지(La Crosse Tribune)의 기사들은 내가 위스콘신주, 미네소타주, 미시간주의 농장에서 개인적으로 관찰한 몇 가지 상황들을 정확히 강조해서 기술하고 있다. 이런 증상과 영향은 위스콘신주에만 국한된 것이 아니라 내가 유해 전력을 발견한 모든 곳에서 나타난다."

현대 전자제품의 건강문제에 관한 나의 첫 경험은 우리 가정이 오래된 진공관 TV를 버리고 트랜지스터 모델을 구입했던 1960년대 중반에 일어났다. 플러그를 꽂자마자 나는 벽과 문을 사이에 두고 집 건너편 끝에 있음에도 불구하고 끔찍한 고음을 들었다. 그때 다른 사람들은 아무도 들을 수 없었던 것 같았다. 그것이 전자시대로 가는 나의 시작이었다. 나는 나 자신을 돌보기 위해 텔레비전을 보지 않았다. 이것이 그날 이후 나는 혼자 지내는 곳으로 이사해서 지금까지 텔레비전을 소유하지 않은 이유 중 하나다.

그런 종류의 청각적 불쾌감은 널리 알려진 문제가 아니었다. 적어도 1990년대까지는 나에게 있어서는 아니었다. 내가 텔레비전과 컴퓨터를 피하기만 하면, 내가 살기로 선택한 세상에서는 대부분 자연의 소리를 담고 있었고, 완전한 조용함은 찾기 쉬웠다.

그러나 그 변화가 너무 점진적으로 일어나서 1990년대 어느 시점인지 콕 짚을 수 없지만 더 이상 조용함을 찾을 수 없다는 것을 알게 되었다. 그러한 변화는 내가 캐나다 온타리오 북쪽에 조용한 오두막을 빌렸던 1992년 이후부터 내가 생존을 위해 내 고향 뉴욕시의 새로운 휴대전화 중계기 타워를 피해서 떠났던 1996년 이전 사이에 일어났다. 나는 15살 때 처음 들었던 끔찍한 고음의 소리로부터 탈출할 곳을 적어도 1996년 이후에는 북미 어느 곳에서도 찾지 못했다. 1997년에 나는 뉴욕주 클락스빌(Clarksville)의 지하 동굴에서 조용한 장소를 찾았지만 성공하지 못했다. 그 소리는 지하에서 크게 줄어들었지만 사라지지는 않았다. 1998년 나는 지구상에서 유일하게 라디오파로부터 합법적으로 보호받고 있는 웨스트버지니아주 그린뱅크(Green Bank)에서 조용한 곳을 찾으려 했으나 못했다. 소리는 줄어들기조차

하지 않았다. 전자제품을 꽂으면 소리는 더 커지고, 플러그를 뽑으면 다시 부드러워질 수 있었지만, 집 안의 전원을 끈 경우에도 없어지게 할 수는 없었다. 이웃집 가전제품이 켜져 있는 소리도 들을 수 있다. 경고나 설명도 없이 소리는 때때로 우리 동네에서 갑자기 훨씬 더 커진다. 정전이 발생하면 조용해진다. 그러나 그것은 결코 사라지지 않는다. 그것은 내가 들을 수 있는 가장 높은 고조인 17,000Hz와 일치한다.

2) 낮은 주파수 소리

낮은 주파수의 웅웅거리는 소리는 인구의 2~11%가 듣는다.[29] 이 수치는 높은 주파수 소리를 듣는 사람 수보다 적지만, 웅웅거리는 소리의 영향은 훨씬 더 거슬릴 수 있다. 가장 좋게 들릴 때는, 저 멀리 어딘가에서 공회전하는 디젤 엔진처럼 들린다. 최악의 경우에는 온몸을 진동시키고, 극심한 현기증, 구역질, 구토를 일으키고, 수면을 방해하며, 완전히 무력하게 하고, 사람들을 자살로 몰아넣기도 한다.

웅웅거리는 소리를 일으킬 수 있는 발생원은 잠수함과 통신하기 위해 초저주파수로 변조된 강력한 초음파 라디오 방송이다. 대양을 침투하려면 엄청난 전력과 긴 파장의 무선 신호가 필요하며 초음파 범위에 반응하는 초저주파수(VLF: very low frequency)와 저주파수(LF:

---

29 다음 보고 자료: the Low Frequency Noise Sufferer's Association of England, Jean Skinner, 개인 교신; Sara Allen of Taos, New Mexico, 개인 교신; Mullins and Kelley 1995.

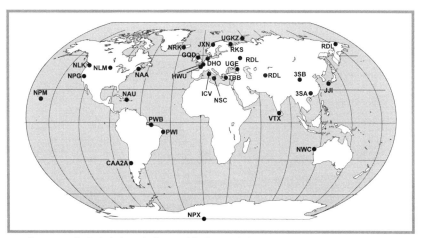

<그림 16-2> 고출력 장파장 무선 신호를 방출하는 군사시설 위치도

low frequency)라고 불리는 주파수가 적합하다. 현재 이러한 목적으로 사용되고 있는 미국의 군사 시스템에는 메인, 워싱턴, 하와이, 캘리포니아, 노스다코타, 푸에르토리코, 아이슬란드, 호주, 일본, 이탈리아에 위치한 거대한 안테나와 시간과 장소가 비밀인 16개의 이동 안테나가 들어있다. 이런 형태의 육상 기지는 러시아, 중국, 인도, 영국(England), 프랑스, 스웨덴, 일본, 터키, 그리스, 브라질, 칠레, 그리고 노르웨이, 이탈리아, 프랑스, 영국(UK), 독일에 있는 나토(NATO)에서도 운영되고 있다 〈그림 16-2〉.

모든 VLF 안테나는 파장이 너무 길기 때문에 규모가 엄청나다. 1961년부터 운영되고 있는 메인주 커틀러(Cutler)에 있는 안테나 배열은 최대 1,000피트(304.8m) 높이의 26개의 탑에 의해 지탱되는 두 개의 거대한 육각형 별 모양으로 되어있으며 거의 5제곱마일(12.95km²)

에 달하는 지역을 커버하고 있다. 이 안테나는 최대 180만 와트의 전력으로 방송한다. 1953년에 세워진 워싱턴주 짐크릭(Jim Creek)에 있는 시설은 120만 와트의 송신기를 가지고 있다. 방송 안테나는 두 개의 산꼭대기 사이에 걸려 있다.

대양을 관통하기 위해 요구되는 저주파는 메시지 전송 속도를 제한한다. 미국 송신국은 대부분의 사람들이 오늘날 듣는 웅웅거리는 소리의 주파수와 일치하는 초당 50회 진동으로 이진 코드를 보낸다. 해군이 최근 채택한 고도화된 시스템은 더 많은 데이터를 전송하기 위해 여러 채널을 사용하지만, 각 채널은 여전히 50Hz에서 전파를 낸다. 또한 이진법 코드 자체는 50Hz의 간격을 두고 두 개의 초음파 주파수에 의해 생성된다. 그러므로 이러한 신호는 전 세계 사람들을 괴롭히는 주파수에서 대략 이중으로 변조된다.

그가 들은 웅웅거리는 소리를 조사하게 되었던 오클라호마대(University of Oklahoma)의 데이비드 데밍(David Deming) 지구과학 교수는 이동하는 TACAMO("Take Charge and Move Out")에 관심을 집중했다. 뒤쪽에 긴 안테나를 달고 있는 TACAMO 비행기는 1963년부터 오클라호마시의 팅커공군기지(Tinker Air Force Base)에서 이착륙을 하고 있으며, 각 대공 송신기의 최대 전력은 20만 와트다. 그들은 7.9~29.6kHz의 다양한 주파수를 사용하는데, 이 주파수는 잠수함과 통신하는 다른 모든 VLF 송신국처럼 50Hz에서 이중으로 변조된다. 오클라호마에서 웅웅거리는 소리가 있을 때마다 해군 TACAMO 비행기는 항상 하늘에 있었다. 이 항공기는 오클라호마에서 캘리포니아 주 트래비스공군기지(Travis Air Force Base), 메릴랜드주의 해군항공기 지인 파투센트강(Patuxent River)으로 향한다. 거기서부터 비행기는 대서양과 태평양 상공을 날아올라 미리 정해진 궤도로 6시간에서 10시간 동안 임무를 수행한다.

여기서 언급할 가치가 있는 또 다른 초음파 통신 네트워크는 북미에서 2010년에 송신을 중단했지만, 여전히 세계 일부 지역에서 작동하고 있으며 지금 다시 완전히 부활할 수도 있는 LORAN-C 시스템이다. LOng RAnge Navigation의 약자인 LORAN은 매우 강력한 위치 기반 무선송신 내비게이션으로 오래된 네트워크지만 현재 글로벌 위치 결정 위성(GPS: Global Positioning Satellites)에 의해 기능이 이중으로 되었다. LORAN은 1992년에 시작된 정부 조사 대상이었던 뉴멕시코주 타오스(Taos)의 유명한 웅웅(Hum) 소음뿐만 아니라 영국의 웅웅 소음에 대한 초기 보고에도 책임이 있었을 수 있다.

LORAN-C는 100kHz에서 작동하며, 위치에 따라 10~17Hz의 배수로 전파를 보낸다. 해안경비대의 통제로 운영되며 최초의 LORAN-C 기지국은 1957년에 미국 동해안을 따라 매사추세츠주 마사바인야드(Martha's Vineyard), 플로리다주 주피터(Jupiter), 노스캐롤라이나주 케이프 피어(Cape Fear)에 건설되었다. 1950년대 후반에는 지중해와 노르웨이 해안을 중심으로 LORAN-C 기지국 체인(여러 개의 고리 형태)이 건설되었고, 1961년까지 하와이를 중심으로 한 태평양과 베링해에도 추가되었다. 이것이 최초의 장거리 항법 시스템은 아니었으며 그 전신인 LORAN-A는 초음파가 아닌 1850~1950kHz의 주파수를 사용했다.

1983년 나는 캘리포니아주 멘도시노(Mendocino)에 위치한 외딴 안식처로 이사를 갔는데 그때 처음 웅웅 소음을 접하게 되었다. 이 소음만 없었다면 삼나무 숲속 조용한 곳이었다. 내가 다녔던 코넬 대학교가 1978년부터 운영되기 시작한 80만 와트의 세네카(Seneca) LORAN 구역과 무척 가깝지만, 나는 1971년에 대학을 졸업해서 웅웅거리는 소리는 들어본 적이 없다. 그러나 멘도시노에서는 소음 때문에 잠을 이루지 못했다. 다른 많은 사람들처럼, 나는 처음에 이 소음이 멀리 있는 모터나 발전기로부터 온다고 생각했다. 그러다 먼 북부 캘리포니아 지역으로 캠핑 여행을 갔는데 이 소음이 심지어 길도 없는 곳까지 나를 따라오는 것을 느끼면서 모터나 발전기가 아니라는 것을 알게 되었다. 소음의 최고조는 낮은 E-플랫, 약 80Hz 정도였다. 나는 내 머리 속에는 피아노가 없어도 E-플랫 키에서 피아노를 연주하여 웅웅거리는 소음을 낼 수 있음을 알게 되었다. 마치 E-플랫 피아노 선율이 진동하고 공명이 함께하는 것처럼 들렸다.

몇 년 후, 한 해양경비대 직원이 미들타운(Middletown)에 LORAN 안테나가 있다고 내게 말했을 때, 나는 그 짜증나는 의문의 웅웅거리는 소음과 관련이 있는지 알고 싶었다. 그 직원은 그 신호가 너무 강력해서 시설에서 일하는 사람들이 들을 수 있다고 무심코 언급했었다. 그래서 나는 어느 날 아침 차를 타고 세 시간 동안 운전해서 63층 타워에 0.5마일(0.8km) 이내까지 다가가자 귀가 아프기 시작했다. 그리고 나는 익숙해진 80Hz의 웅웅거리는 소음뿐만 아니라 한 옥타브 낮은 순음(purer tone)까지 듣기 시작했다. 나는 해안경비대로부터 LORAN-C 사용자 안내서 사본을 입수하여, 서해안 LORAN-C 전송 반복률이 거의 정확히 10Hz라는 것을 알게 되었다. 분명히 나는 네 번째와 여덟 번째 고조파를 듣고 있었다. 안내서를 다시 참고하여 다음 사항을 알았다. 서해안에는 4개의 기지국이 있는데 미들타운과 워싱턴주 조지(George)에 각각 하나씩, 네바다주에 2개가 있었다. 여기서 10분의 1초마다 한 번씩 정확한 시간 순서대로 전송되었다.

팰런...조지...미들타운...서치라이트..........팰런... 조지...미들타운...서치라이트.......... 80Hz 반복률에 반응하고 기본 주파수의 8번째 고조파를 강화하여 4개의 기지국에서 신호를 순서대로 전송하는데 정확히 20분의 1초가 걸렸다. 팰런 조지(Fallon-George)와 미들타운 서치라이트(Middletown-Searchlight)에서 나오는 두 개의 신호를 한번에 수신하면서 40Hz의 반복률을 발생시켜 4번째 고조파를 강화한다. 만약 미들타운 타워에 충분히 가까이 있으면 미들타운 신호가 우점하게 되어 네 번째 고조파가 분명하게 들리도록 되어있다.

이때쯤 타오스의 웅웅거리는 소음은 잘 알려졌고, 나는 이것 역시 LORAN 때문이라는 생각이 들었다. 사실 이것을 로스알라모스와 산디아 국립연구소, 공군 필립스연구소, 뉴멕시코대의 과학자팀이 조사한 적이 있었다. 하지만 그들은 예상대로 아무것도 찾지 못했다. 그러나 그들의 보고서에는 세 가지 항목이 눈에 띄었다. 먼저, 그들의 조사에 응답한 1440명의 타오스 지역 주민 중 161명이 웅웅거리는 소음을 들었다. 둘째, 이 팀은 타오스 지역 주민뿐만 아니라 조사 소식을 듣고 팀에 연락하여 같은 소리에 시달리고 있다는 보고를 한 북반구 전역의 사람들로부터 응답을 들었다. 셋째로, 들은 사람들이 말한 주파수는 32Hz에서 80Hz 사이였으며, 몇몇 훈련된 음악가들은 41Hz에 가까운 음으로 식별했다. 사우스 센트럴 LORAN 체인(South Central LORAN Chain)의 반복률은 10.4Hz였고, 네 번째 고조파는 41.6Hz였다. 세 번째 고조파는 31.2Hz였다. 분명히 많은 사람들이 8번째 고조파도 듣고 있었다.

LORAN-C가 타오스의 웅웅거리는 소음을 일으켰다는 증거는 풍부하다. 사우스 센트럴 체인은 6개의 무선송신 기지국을 가진 유일한 LORAN 체인으로, 타오스는 6개 중 지리적 중심지에 가까이 있었다. 사우스 센트럴 체인은 1989년부터 1991년까지 건설되어 1991년 4월에 완전히 권한이 부여되었는데, 정확히 이때부터 타오스 주민들이 불평하기 시작했다. 6개의 기지국에서 방출되어 합해진 타오스의 전기장 강도는 미터 당 30밀리볼트 정도였으며 청력 감각을 유발하기에는 충분했다.[30]

---

30 계산 근거: Jansky and Bailey 1962, fig. 35, Ground Wave Field Intensity; and Garufi 1989, fig. 6, U.S. Coast Guard Conductivity Map.

전 세계 다른 몇몇 웅웅거리는 소음들도 LORAN-C에 의해 야기된 것 같다. 노르웨이의 얀마옌 섬(Jan Mayen Island)과 아이슬란드의 파에로섬(Faeroe Islands)에 기지국을 가진 노르웨이 바다 LORAN-C 체인은 1959년부터 영국을 커버하고 있었다. 아주 오랫동안 보도된 영국의 웅웅거리는 소음의 크기가 1994년경에 갑자기 줄어들었다. 그해 아이슬란드가 그 체인에서 가장 강력한 LORAN 기지국을 중단했다. 그러다 1996년 노르웨이 남부의 베를란데(Værlandet)에 있는 새로운 기지국이 영국 제도에 더 나은 무선송신을 제공하기 위해 가동되기 시작하면서 그 소음은 다시 커졌다. 이 새로운 기지국은 스웨덴의 바네른(Vanern) 호수 주변에 무선 송신을 제공했고, 이곳에서 1996년 처음으로 웅웅거리는 소음이 보고되었다.

나는 여기서 내 경험 하나를 추가할 수 있다. 나는 지금 타오스에서 그리 멀지 않은 뉴멕시코주 산타페(Santa Fe)에 살고 있다. 그래서 나는 웅웅거리는 소음을 가끔 듣는다. 대부분은 나에게 들리지 않고, 더 이상 낮은 E-플랫도 아니다. 지금은 해군이 잠수함과의 교신에 사용하는 주파수에 해당하는 A나 A-플랫에 가깝다.

이 글을 쓰고 있는 지금, 한층 고도화된 LORAN-C, 즉 eLORAN은 GPS 위성이 고장나거나 송신이 방해될 경우를 대비하여 백업 내비게이션과 타이밍 시스템 작동을 보장하기 위해 세계 여러 지역에 네트워크를 구축하고 있다. eLORAN은 이전과 같이 매우 강력한 장파 무선 전송에 의존하지만, 데이터 채널 추가는 훨씬 더 뛰어난 위치 정확도를 제공한다. 10미터 이내의 위치 정확도를 달성하기 위해, 미분-LORAN(differential-LORAN), 또는 DLORAN이라고 불리는 수신 기지국 네트워크도 구축되고 있다. 여기서는 강력한 eLORAN 신호를 모니터링하고 데이터 채널 또는 무선 셀 타워 네트워크를 통해 지역 사용자들에게 보정 계수를 송신한다. 한국은 현재 3개의 eLORAN 기지국을 운영하고 있으며, 2020년에 전국을 완전한 유효범위에 두는 것을 달성할 계획이다. 이란은 eLORAN 시스템을 설치했으며 인도, 러시아, 중국, 사우디아라비아는 기존의 LORAN-C 기지국을 eLORAN으로 고도화하고 있다. 프랑스, 노르웨이, 덴마크, 독일은 2015년 말 LORAN-C 송신을 중단하고 타워를 해체해오고 있다. 미국의 상황은 다소 불확실하다. 뉴저지주 와일드우드의 625피트(190.5km)의 LORAN-C 타워가 국토안보부의 보호 아래 2015년에 일시적으로 다시 송신을 재개했다. 그리고 2018년 12월 트럼프 대통령은 미국 전역의 지하와 건물 내부로 침투할 수 있는 글로벌 위치 결정 위성(GPS)을 위한 지상 백업시스템 설치를 의무화하는 국가 타이밍 복원 및 안보법(the National Timing Resilience and Security Act)에 서명했다. 이 법은 이러한 목적을 위한 예비 LORAN 설비 취득에 대한 권한을 부여하는 것이다.

대부분의 유럽 LORAN-C 기지국의 폐쇄가 그 지역의 웅웅거리는 소음에 어떤 영향을 미치는지 알아보기 위해, 나는 브리티시컬럼비아대 글렌 맥퍼슨(Glen MacPherson)이 보관하고 있는 전 세계 웅웅 소음 보고서 데이터베이스를 참고했다. LORAN-C 폐쇄를 계획했던 다음 날인 2016년 1월 1일에 스코틀랜드와 북아일랜드에서 그날 아침 2시에서 3시 사이에 웅웅 소음이 갑자기 멈췄다는 보도가 접수되었다.

기타 초음파 방사선 발생원

1) 시간 알림 방송

시간을 알리는 미국 국립표준기술원(National Institute of Standards and Technology)은 북미 전역에 "원자" 시계와 시계를 동기화하는 시간 신호를 방송한다. 콜로라도주 포트 콜린스(Fort Collins)에서 전송되는 WWVB 방송국의 60kHz 신호는 밤에도 남미와 아프리카 일부 지역에서 사용할 수 있다. 영국 안톤(Anthorn), 일본 하간산(Mount Hagane)과 오오타카도야산(Mount Ootakadoya), 독일 메인플링겐(Mainflingen), 중국 린퉁(Lintong)에서도 초음파 주파수를 사용하여 시간을 알리는 방송을 한다.

2) 에너지 효율 전구

형광등이 환경에 좋다는 근거 없는 믿음 때문에 세계 각국이 도미노처럼 떨어지고 있었다. 마치 광기가 전염되는 것 같았다. 쿠바는 2007년에 처음으로 일반용 백열전구의 모든 판매를 금지시켰다. 백열전구는 135년 동안 우리의 어두운 밤을 부드러운 빛으로 밝혔다. 호주는 2008년 11월 백열전구 수입을 금지했고 1년 뒤 판매를 금지했다. 유럽연합은 2012년 9월 1일에 3년간에 걸친 단계적 폐지를 완료했고, 한 달 후에는 중국이 100와트 백열전구를 금지했고 2016년에 전면 금지를 예고했다. 브라질 사람들은 2015년 7월 1일을 기준으로 더 이상 60와트 이상의 백열전구를 구입할 수 없게 되었다. 2012년에 100와트 백열전구를 금지할 계획이었던 미국과 캐나다는 강력한 대중의 반대에 부딪혀 잠정적으로 철회했다.

강력한 대중의 반대는 옳다. 형광등은 지나치게 밝아 온화하지 않은 빛을 발산하며, 고전압 에너지를 받을 때 자외선을 방출하는 수은 증기가 들어있다. 유리 내부는 자외선에 부딪히면 가시광선을 방출하는 화학물질로 코팅돼 있다. 모든 형광등은 예외 없이 이런 식으로 작용한다. 형광등을 장기간 사용하는 모든 가정과 사업체는 언젠가 형광등이 깨어져 그로 인해 수은 먼지와 증기로 오염될 것이다. 그리고 전 세계의 쓰레기 매립지는 부서지고 다 써버린 수십억 개의 형광등을 처분하여 수은으로 심하게 오염되고 있다. 열대지방 외에는 그 어디에 살더라도 에너지는 거의 절약되고 있지 않다는 불편한 사실은 말할 것도 없다. 여름에는 전구가 내뿜는 열이 그대로 방출되어 에어컨 수요가 증가한다. 그러나 겨울에는 전구에서 나오는 열이 집을 따뜻하게 해주기 때문에 그 비용을 다시 벌 수 있다. 여분의 열원을 잃었을 때, 더 많은 기름과 가스를 태움으로써 그 차이를 보충해야 한다. 미국에서는 아마 환경적으로 얻지도 잃지도 않았을 것이다. 하지만 예를 들어 캐나다의 경우 수력발전에서 거의 모든 전기를 얻기 때문에 백열전구를 금지하는 것은 무모한 실수였다. 그것은 더 많은 이산화탄소를 대기에 공급하고, 지구 온난화를 악화시키면서 화석 연료의 소비를 증가시켰을 뿐 다른 아무런 효과도 없었다.

　그리고 실수는 더해졌다. 정부 규제기관의 압력을 받는 모든 형광등 제조업체들은 각 형광등에 소형 라디오파 송신기를 달아 상황을 더욱 악화시키고 있다. 이렇게 하면 형광등이 훨씬 더 에너지 효율적으로 된다는 이론 때문이다. 라디오파는 수은 증기를 고전압에 노출시키지 않고도 에너지를 공급한다. 오늘날 모든 소형 형광등과 긴 형광등의 대부분은 "전자 안정기"라고 불리는 라디오파 송신기로 에너지가 공급된다. 20~60kHz 사이의 주파수는 초음파 청각 범위에 있다. 이러한 유형의 조명만 일방적으로 사용되고 일반 백열전구를 구하기 어려워지는(백열전구 사용이 합법적인 곳에서도) 현실은 가정과 직장, 그리고 전 세계 송전선에서 초음파 방사선의 큰 발생원을 차지하게 되는 것을 의미한다. 사실상 송전망과 지면으로 흐르는 모든 전기는 소비자에서 다음 소비자로 다시 전력회사 발전소로 돌아가는 과정에서 수백 또는 수천 개의 무선 송신기를 통과하기 때문에 20~60kHz 주파수로 어느 정도 오염된다. 그리고 전자 안정기가 너무 많은 전기적 왜곡을 일으켰기 때문에 오늘날의 형광등은 마이크로웨이브 범위까지 측정 가능한 에너지를 방출한다. 연방통신위원회(FCC)의 규정은 전구로부터 100피트(30.48m) 거리에서 측정했을 때 각각의 모든 에너지 효율 전구는 미터당 최대 20마이크로볼트의 전기장 강도에서 최대 1,000MHz 주파수의 마이크로웨이브 방사선을 방출할 수 있도록 허용한다. LED등이 백열전구의 또 다른 대체재로 제공되고 있지만 나은 점이 없다. 이것 역시 너무 밝고 온화하지 않는 빛을 내놓고 여러 가지 유해 금속들을 포함하며 가정에서 교류를 저전압 직류로 전환하는데 특별한 전자기기가 필요하다. 이러한 기기들은 대부분 초음파 주파수에서 가동되는 스위치 모드 전원공급 장치로 컴퓨터와 관련해서 다음에 설명한다.

안타깝게도, 북미의 백열전구 금지 유예는 단지 일시적일 뿐이었다. 캐나다는 2015년 1월 1일을 기점으로 대부분의 백열전구를 공식적으로 추방했고, 사용 폐기를 지연시키기 위한 미국의 노력도 그때 끝났다. 에디슨의 끈질긴 발명의 마지막 작품은 몇 달 후 동네 조명기구 가게의 진열대에서 사라졌다. 온화한 백열전구는 세계 여러 곳에서 사라졌다. 단지 특수 전구와 할로겐등만 남았고, 많은 나라에서 이것들을 금지하고 있다. 그러나 백열전구는 여전히 대부분의 아프리카, 대부분의 중동, 많은 동남아시아, 그리고 태평양의 모든 섬나라에서는 완전히 합법적이다.[31]

---

31 아프리카에서는 이집트, 튀니지, 가나, 세네갈, 에티오피아, 짐바브웨, 남아공에서만 금지되었거나 현재 금지 과정이 진행 중이다. 중동에서는 이스라엘, 레바논, 쿠웨이트, 바레인, 카타르, 아랍에미레이트에서만 현재 금지되었다. 현재 금지되었거나 금지가 되지 않은 다른 나라들은 다음과 같다: 아이티, 자메이카,

3) 휴대전화와 중계기 타워

비록 휴대전화와 중계기 타워가 마이크로웨이브 방사선 방출 기기로 가장 잘 알려졌지만, 그 방사선은 인체가 수신기로서 인식하는 아주 낮은 주파수의 혼란스러운 배열로 변조된다. 예를 들어, GSM(Global System for Mobile)은 미국의 AT&T와 T-Mobile에 의해 오랫동안 사용되었으며, 전 세계 대부분의 통신사들이 사용하는 시스템이다. GSM 휴대전화와 중계기 타워에서 나오는 방사선은 0.16, 4.25, 8, 217, 1733, 33,850, 270,833Hz의 요소를 가지고 있다. 또 마이크로웨이브 반송파는 124개 서브 반송파(subcarrier)로 나뉘고 각각은 200kHz 폭을 가진다. 이 모든 것들은 어떤 특정 지역에서 최대 1,000명의 휴대전화 사용자를 한 번에 수용할 수 있도록 동시에 송신될 수 있다. 이것은 20만 Hz의 많은 고조파(harmonics)를 발생한다.

GSM은 "2G" 기술이지만 사라지지는 않았다. 그 기술 위에 3G와 최근 멋지게 사용되고 있는 스마트폰의 4G 네트워크가 있다. UMTS(Universal Mobile Telecommunications System)이라고 불리는 3G 시스템은 100, 1500, 15,000, 3,840,000Hz의 변조 성분을 포함하는 것으로 완전히 다르다. LTE(Long-Term Evolution)이라고 불리는 4G 시

세인트키츠네비스, 그라나다, 앤티가, 바부다, 세인트빈센트 그레나딘, 세인트루시아, 트리니다드토바고, 도미니카, 베네주엘라, 볼리비아, 파라과이, 우루과이, 수리남, 알바니아, 몰도바, 벨라루스, 우즈베키스탄, 키르기스스탄, 투르크메니스탄, 몽골, 터키, 아프가니스탄, 파키스탄, 네팔, 부탄, 인디아, 방글라데시, 미얀마, 싱가폴, 캄보디아, 라오스, 인도네시아, 동티모르, 파푸아뉴기니아, 뉴질랜드, 보스니아 헤르체코비나, 코소보, 북마케도니아.

스템은 100, 200, 1,000, 2,000, 15,000Hz를 포함하는 것으로 여전히 또 다른 저주파에서 변조된다. 4G에서는 반송파 주파수를 수백 개의 15kHz 폭을 가진 서브 반송파(subcarrier)로 나누어, 여전히 또 하나의 고조파 세트를 추가한다. 그리고 현재 서로 다른 수요가 있는 스마트폰과 폴더폰이 공존하고 있기 때문에, 모든 중계기 타워는 구형과 신형 등 다양한 변조 주파수를 모두 방출해야 한다. 그렇지 않으면 구형 전화기가 작동을 계속하지 않을 것이다. 예를 들어 AT&T 타워는 현재 0.16, 4.25, 8.33, 100, 200, 217, 1,000, 1,500, 1,733, 2,000, 15,000, 33,850, 270,833, 3,840,000Hz 변조 주파수를 방출한다. 게다가 이러한 주파수들의 고조파와 15,000Hz와 200,000Hz 주파수의 고조파가 있으며, 700MHz, 850MHz, 1,700 MHz, 1,900MHz, 2,100MHz의 마이크로웨이브 반송파 주파수는 말할 것도 없다. 격언에 나오는 삶은 개구리처럼, 우리는 모두 거대한 방사선 항아리에 빠져 있는데, 그 강도는 점점 높아지고 있고, 그 영향은 눈에 띄지 않지만, 그래도 이것은 확실하다.[32]

휴대전화는 중계기 타워보다 저주파수 성분에 더 많은 에너지를 소비한다. 이것은 정상 청력이었던 사람들이 휴대전화를 사용하면

---

32 GSM 신호 체계: superframe (6.12 sec), control multiframe (235.4 msec), traffic multiframe (120 msec), frame (4.615 msec), time slot (0.577 msec), symbol (270,833 per second per channel, 33,850 per second per user). UMTS 신호 체계: frame (10 msec), time slot (0.667 msec), symbol (66.7 μsec), chip (0.26 μsec). LTE 신호 체계: frame (10 msec), half-frame (5 msec), subframe (1 msec), slot (0.5 msec), symbol (0.667 msec).

"이명"이 많아지는지 설명해 줄 수 있다.[33] 오늘날처럼 휴대전화 사용이 보편화되지 않았던 2003년에는 사용자와 비사용자를 비교하는 역학 조사를 수행할 수 있었다. 비엔나의과대학(Medical University of Vienna)의 마이클 쿤디(Michael Kundi)가 이끄는 연구팀은 이비인후과 병원에서 이명이 있는 자와 없는 자를 비교한 결과, 휴대전화 사용자들이 비사용자들보다 이명 현상이 더 많이 나타나고(때때로 양쪽 귀), 휴대전화 사용 강도가 높아지면 이명 현상이 뚜렷해진다는 것을 발견했다.[34] 사용 시간이 길수록, 이명은 더 많아졌다.

4) 리모컨 장치

대부분의 리모컨 장치들(차고와 자동차 문을 열고 텔레비전 세트를 작동하는 장치들)은 적외선 방사선을 이용하여 통신한다. 그러나 적외선 신호는 초음파 범위 중간에서 초당 3만 번에서 6만 번 진동한다. 제조업체가 가장 많이 선택한 주파수는 36kHz이다.

5) 컴퓨터의 문제

1977년 애플은 새롭고 혁신적인 기기를 세계에 내놓았다. 알려진 대로, 개인용 컴퓨터는 스위치 모드 전원공급이라 불리는 새로운 유형의 기기에 의해 전원이 공급된다. 랩톱을 가지고 있다면, 벽에 꽂는

---

33 Mild and Wilén 2009.
34 Hutter et al. 2010.

것은 작은 변압 충전기다. 애플사에서 나온 이것은 저전압 직류전원을 전기제품에 공급하는 기존 방식보다 무게가 훨씬 가볍고 효율적이며 기능이 다양했다. 그것은 단 하나의 두드러진 결점이 있었는데, 그것은 순수한 직류만을 전달하는 대신에, 광범위한 주파수로 송전망, 지구, 대기, 심지어 우주 공간까지 오염시켰다. 그러나 그것은 높은 유용성 때문에 급속도로 성장하는 전자산업에서 빠질 수가 없게 되었다. 오늘날 컴퓨터, 텔레비전, 팩스, 휴대전화 충전기, 그리고 가정과 산업에서 사용되는 대부분의 전자 장비들은 그것에 의존한다.

그것의 작동 방법을 보면 왜 그렇게 많은 양의 전기 오염이 발생하는지 명백하게 알 수 있다. 스위치 모드 전원공급은 가변저항기로하는 전통적인 방식의 전압 조절 대신 초당 수만에서 수십만 회 전류 흐름을 방해한다. 전류를 약간 더 많은 또는 더 적은 조각으로 잘라냄으로써, 이 작은 장치들은 전압을 매우 정밀하게 조절할 수 있다. 하지만 그들은 50 또는 60사이클 전류를 매우 다른 것으로 바꾼다. 일반적인 스위치 모드 전원공급은 30~60kHz의 주파수에서 작동한다.

컴퓨터와 디지털 회로가 포함된 다른 모든 전자장비도 다른 부품(스위치 모드 전원공급이 아닌 부품)에서 초음파 방사선을 방출한다. 일반(디지털이 아닌) AM 라디오를 사용하여 누구나 확인할 수 있다. 라디오를 다이얼 시작 부분(약 530kHz)에 맞추고, 컴퓨터, 휴대전화, 텔레비전, 팩스, 휴대용 계산기 근처에 가져오기만 하면, 라디오로부터 시끄럽고 다양한 소음을 들을 수 있을 것이다.

그 소음은 "무선주파수 간섭"이라고 불리며, 그중 많은 것은 초음파 범위에서 방출되는 고조파로 이루어졌다. 랩톱은 배터리가 다 되어도 이런 소음을 낸다. 플러그를 꽂으면 스위치 모드 전원공급은 소음을 증폭시킬 뿐만 아니라 주택의 배선과도 통신한다. 한 주택의 배선에서 이웃으로, 다른 모든 집으로, 그리고 주택의 전기 계량기에 부착된 선을 타고 땅속으로 내려간다. 또 송전망과 지구 자체는 수십억 대의 컴퓨터에서 나오는 초음파 주파수로 오염되어 대기권과 그 위까지 초음파 에너지를 방출하는 안테나가 된다.

6) 조광 스위치

50 또는 60사이클 전류를 잘게 쪼개는 또 다른 장치는 아주 흔한 조광기 스위치(dimmer switch)다. 여기에서도 기존의 가변저항기와는 다른 것으로 대체되었다. 대체에 사용된 전략은 컴퓨터의 변압기와는 다르다. 지금의 조광기 스위치는 각 사이클에서 전류를 두 번만 차단한다. 그러나 결과는 비슷하다. 50 또는 60사이클 전기의 원활한 흐름 대신, 아주 높은 고조파가 요란하게 혼합되어 전구로 흐르고, 주택 배선을 오염시키며, 신경계를 자극하게 된다. 이렇게 원치 않는 주파수의 대부분은 초음파 범위에 있다.

7) 송전선

이미 1970년대에 도쿄의 니혼대학(Nihon University)의 히로시 기쿠치(Hiroshi Kikuchi) 교수는, 변압기, 모터, 발전기, 전자 장비로 인해 송전망에 상당한 양의 높은 주파수 전류가 발생하고 있다고 보고했다. 그리고 그중 일부는 우주로 방출되고 있었다. 지상에서는 50Hz에서 최대 100MHz까지 연속 스펙트럼의 방사선이 낮은 송전선과 높은 송전선으로부터 1킬로미터까지 떨어진 거리에서 측정되고 있었다. 송전선에서 발생하는 약 10kHz에 이르는 주파수가 위성으로부터 측정되었다.

1997년, 로마 국립직업건강예방연구소(National Institute for Occupational Health and Prevention)의 마우리치오 비그나티(Maurizio Vignati)와 리비오 줄리아니(Livio Giuliani)는 송전선으로부터 50미터까지 무선주파수 방출이 감지되고 있다고 보고했다. 112~370kHz 범위의 주파수가 진폭 변조되었고 데이터를 운반하는 것으로 보인다고 했다. 그들은 이 주파수가 이탈리아 전력회사들에 의해 의도적으로 송전망에 넣었다는 것을 발견했다. 같은 기술이 전 세계적으로 사용되고 있었다. 송전선 통신이라고 부르는 이 기술은 새로운 것은 아니지만, 그 사용은 폭발적으로 증가했다.

전기회사들은 변전소와 배전선의 감시와 제어를 위해 약 1922년부터 15~500kHz의 주파수를 사용하여 송전선을 통해 무선 신호를 송신해 왔다. 이 신호는 1천와트 이상으로 강력하며 수백 킬로미터를 이동한다.

1978년, 120kHz로 전송되는 소형기기가 라디오 색(Radio Shack,

미국 전자제품 판매 체인) 매장에 등장했다. 소비자들은 플러그를 꽂고, 벽에 있는 배선을 사용하여 명령 제어판에서 원격으로 램프와 다른 가전제품을 제어할 수 있는 신호를 전달할 수 있다. 나중에 홈플러그 얼라이언스(HomePlug Alliance, 전자제품 제조업)는 가정용 배선을 사용하여 컴퓨터를 연결하는 장치를 개발했다. 홈플러그 장치는 2~86MHz에서 작동하지만, 24.4kHz와 27.9kHz의 초음파 범위에서 변조되는 특성을 가지고 있다.

8) 스마트 미터

광대역 송전망이라 부르는 가정과 기업에 인터넷을 제공하기 위한 송전망 사용은 상업적으로 성공하지 못했다. 그러나 현재 가정, 기업, 발전소 간에 데이터를 전송하기 위해 송전망 사용은 전 세계적으로 건설 중인 스마트 그리드(Smart Grid, 전기 생산과 소비 정보를 양방향, 실시간으로 주고받음으로써 에너지 효율을 높이는 차세대 송전망)라 불리는 것을 위해 추진되고 있다. 스마트 그리드가 완전히 구축되면, 필요한 곳에 전기가 자동으로 보내질 것이다. 수요를 즉시 충족시키기 위해 한 지역에서 다른 지역으로 재전송될 수도 있다. 전력회사는 가정과 사업체에서 모든 주요 가전제품을 지속적으로 감시할 것이며, 자동으로 온도조절기를 통제하고 에어컨을 켜고, 전기 수요가 많거나 적을 때 세탁기를 켜고 끄는 기능을 갖게 될 것이다. 이를 위해, 모든 전기 계량기 및 가전제품에 무선 송신기가 설치되어 서로 통신할 뿐만 아니라, 전력회사는 무선, 광케이블, 또는 전선으로 보내지는 신호로 통신한다. 연방통신위원회는 두 번째 목적을 위해 10~490kHz의 주파수를 할당했지만, 전력회사 대부분은 송전선 장거리 통신을 위해 초음파 범위에서 90kHz 이하의 주파수를 사용한다.

무선형 스마트 미터의 여러 가지 형태 중 특별히 "메시 네트워크(mesh network)"라고 불리는 것은 지난 몇 년 동안 기술 분야의 산불처럼 전 세계로 퍼져나갔다. 이렇게 해서 급속도로 현대 생활에서 가장 방해가 되는 유일한 전자 소음의 원인이 되었다. 메시 네트워크의 계량기는 유틸리티회사(전기, 수도, 가스)와 통신할 뿐만 아니라 사용자 서로서로 통신하고 있으며, 각 계량기는 하루에 24만 번이나 이웃들에게 큰 소리로 재잘거린다. 그리고 그 재잘거리는 소리는 조용하지 않다. 이러한 스마트 미터를 설치한 후 유틸리티 고객들은 날카로운 소리, 높은 고음 울림, 쉿쉿 딸깍거리는 등 다양한 소리를 계속 일관되게 보고해서 더 이상 그 원인과 결과를 부인할 수 없다. 많은 스마트 미터 시스템을 위해 50kHz라는 상징적 전송 주파수와 현대 주택의 다른 방사선 발생원을 훨씬 능가하는 신호용에만 사용되는 전력이 그것의 원인일 것 같다. 그리고 마치 딱따구리가 밤낮을 가리지 않고 끊임없이 두드리듯 하는 스마트 미터 신호의 지속적인 진동 성질도 원인이 될 가능성이 있다.

현대 사회의 이명 현상

이명을 가진 비율이 적어도 지난 30년 동안 상승해 왔고, 특히 지난 20년 동안은 극적인 상승폭을 보였다.

1982년부터 1996년까지 미국 공중보건청이 실시한 국민건강인 터뷰 조사는 청각장애와 이명 두 가지 모두 질문에 포함했다. 이 기간 동안 청력손실의 유병률은 감소했지만, 이명률은 3분의 1이나 올랐다.[35] 이후 질병관리본부(CDC)가 실시한 전국건강영양검진조사 (NHANES: National Health and Nutrition Examination Surveys)에 따르면 이명률은 계속 증가했다. 1982년에는 성인 인구의 약 17%가, 1996년에는 약 22%가, 1999~2004년에는 약 25%가 이명을 호소했다. NHANES 조사 참여자들은 2004년까지 성인 5천만 명이 이명으로 고통받았다고 추정했다.[36]

2011년, 워싱턴 D.C. 청력연구소(Better Hearing Institute)의 세르게이 코친(Sergei Kochkin) 소장은 2010년 전국 조사에서 얻은 매우 놀라운 결과를 보고했다. 놀라운 것은 귀에 울림 현상을 호소하는 미국인의 44%가 정상적인 청력을 가지고 있다고 대답했다는 것이다. 코흐킨은 단순히 그것을 믿지 않았다. "이명 증상을 보이는 사람들의 대부분은 항상 청력을 잃는다는 것은 널리 인정되고 있다."라고 그는 말했다. 그래서 그는 귀에서 울리는 소리를 호소하는 수백만 명의

---

35   National Center for Health Statistics 1982-1996.
36   Shargorodsky et al. 2010.

미국인들이 틀림없이 청력을 잃어야 한다고 추정한다. 하지만 그들은 청력손실에 대해 알지도 못하고 그의 추정 또한 더 이상 유효하지 않다.

진짜 이명 증상을 연구하려는 자들은 조심해야 한다. 보통 사람을 방음실에 몇 분 동안 넣어두면, 그는 거기에 없는 소리를 듣기 시작할 것이다. 1953년 재향군인관리 의사 모리스 헬러(Morris Heller)와 모 버그먼(Moe Bergman)이 이를 증명했고, 이탈리아 밀라노대의 한 연구팀은 50년 후 그 실험을 반복해서 같은 결과를 얻었다. 실험 대상자의 90% 이상이 소리를 들었다.[37] 따라서 이명 조사 결과는 데이터가 수집되는 방식뿐만 아니라 질문 내용이 문장으로 표현되는 방식, 그리고 심지어 "이명"의 정의에 따라 달라질 수 있다. 이명 증상이 증가하는지를 진짜 알기 위해서, 같은 모집단을 같은 장소에서 같은 연구자들에 의해 수년에 걸쳐 진행되는 거의 동일한 연구가 필요하다. 그런 일련의 연구가 여기 있다.

1993년부터 1995년까지 위스콘신주 비버댐(Beaver Dam) 거주자 48세부터 92세까지 3,753명이 위스콘신 매디슨대의 청각 연구에 등록됐다. 이 실험 대상자에 대한 후속 조사가 5년, 10년, 15년 간격으로 실시됐다. 또, 이들의 아이들도 2005~2008년에 있었던 비슷한 연구에 등록됐다. 그 결과, 1993년부터 2010년까지 이 집단의 이명 유병률에 관한 연속적인 데이터가 이용 가능하다.

---

37 Del Bo et al. 2008.

이 기간 동안 노인들의 청각장애가 줄어들었기 때문에 연구자들은 이에 상응하는 이명 현상이 줄어들 것으로 예상했다. 그들은 정반대의 결과를 발견했다: 1990년대와 2000년대에 모든 연령대에서 이명이 꾸준히 증가했다. 예를 들어 55~59세 인구 중 이명률은 7.6%(연구 시작 당시)에서 11.1%, 13.6%를 거쳐 17.5%(연구 종료 시점)로 높아졌다. 전반적으로, 이 집단의 이명률은 약 50% 증가했다.[38]

또한 오랜 기간 이명 증상이 거의 없는 것으로 추정되는 어린이들에 대해 수행한 같은 기간의 일련의 연구 자료도 있다.

가즈사미아 홀저스(Kajsa-Mia Holgers)는 스웨덴 존코핑대학교(University of Jonkoping) 청각학 교수다. 그녀는 1997년에 괴테보리(Göteborg)에 사는 소녀 470명과 소년 494명으로 구성된 7살짜리 어린이 964명을 대상으로 첫 연구를 실시했다. 이 어린이들은 일상적인 청각 검사를 받았다. 어린이들의 12%는 귀 울림 경험이 있다고 말했으며, 청력은 대다수가 완벽했다. 9년 후 홀저스는 동일한 연구 설계와 같은 이명 질문을 사용하여, 청력 검사를 받고 있는 괴테보리의 7살짜리 어린이들의 또 다른 큰 집단을 대상으로 동일한 연구를 수행했다. 이번에는 놀랍게도 42%의 어린이들이 귀가 울린다고 보고했다. 이 사실에 놀란 홀저스는 "우리는 불과 몇 년 사이에 이 문제가 몇 배나 증가한 것을 직면했다"라고 전국 일간지 다겐스 니히터(Dagens Nyheter)에 말했다.

---

38   Nondahl et al. 2012.

홀저스는 이 문제를 좀 더 연구하기 위해 2003~2004년 동안 13~16세의 중고등학생들에게 상세한 설문지를 제공했다. 초등학생보다 나이가 더 많은 이들은 절반 이상이 어떤 형태로든 이명 증상을 보였다. 일부는 "소음 유발 이명(큰 소음에 노출된 후 나타나는 이명)"만을 경험했지만, 거의 3분의 1의 학생들이 비교적 자주 "자발성 이명"을 경험했다고 말했다.

그리고 2004년에 홀저스는 9살에서 16살 사이의 또 다른 학교 어린이 그룹을 조사했는데, 그들 중 거의 절반이 자발적인 이명 증상을 가지고 있었다. 더욱 걱정스러운 것은 23%가 자신의 이명 증상이 짜증스럽다고 보고했고, 14%가 매일 그것을 들었다고 했으며, 수백 명의 아이들이 자신의 이명 증상에 도움을 청하기 위해 홀저스의 청각 클리닉을 방문했다는 사실이었다.

미국 위스콘신주와 스웨덴에서 일어나고 있는 일이 세계 다른 곳에서도 일어나는 것이 분명하다. 이러한 사실에 대해서는 달리 생각할 이유도 없다. 만약 그렇다면 적어도 20년 안에 컴퓨터, 휴대전화, 형광등, 그리고 최고 속도로 달리고 있는 디지털과 무선 통신 신호는 우리 환경의 모든 휴식 시공간에 침투할 것이다. **그래서 우리를 괴롭히는 전자 소음은 이제 피할 수 없는 존재가 되었다.** 하지만 적어도 성인 4분의 1과 어린이 절반이 이것을 애써 무시하면서, 자신들이 살고, 배우고, 활동해야 하는 새로운 세계로 진입하고 있다.

제17장

무지의 세상에 버려진 인권과 환경

만약 먼 우주에 있는 다른 행성에서 태양이 어두웠다면, 어떻게 되었을까? 신은 결코 "그곳에 빛이 있어라"고 말하지 않았고, 그곳에는 빛이 없었다. 하지만 사람들은 어떻게 빛을 발명했고, 그 빛으로 세상을 비추었는데, 너무 밝게 비추어 빛이 닿는 모든 것을 태워버렸다. 만약 당신이 그것을 볼 수 있는 유일한 사람이었다면 어떻게 되었을까? 만약 그곳에 천 명, 백만 명, 천만 명의 다른 사람들이 볼 수 있었다면 어떻게 되었을까? 그 불태우는 파괴를 멈추도록 하려면 얼마나 많은 사람들이 그것을 알아야 하나?

"난 전기적으로 민감해"라고 말하는 대신에 "당신 휴대전화가 날 죽이고 있어"라고 말하는 것이 너무 외롭지 않게 느끼려면 얼마나 많은 사람이 필요할까?

엄청난 수의 사람들이 휴대전화로 두통을 겪고 있다. 현재 휴대전화를 적절하게 사용하는 것(하루 한 시간 이상)으로 여기는 노르웨이 사람들의 약 4분의 1이 1996년에 이 질문을 한 과학자들에게 두통을 겪는다고 인정했다.[1] 과도하게 휴대전화를 사용했던(하루 3시간 이상) 우크라이나 대학생의 약 3분의 2는 2010년 이 질문을 한 과학자들에게 이것을 인정했다.[2] 아마 정말로 두통을 느끼지 않는 사람도 있겠지만, 이 질문을 던지는 사람은 거의 없고 진실한 대답을 공개적으로 밝히는 것은 사회적으로 용납되지 않는다.

그로 할렘 브룬틀란은 휴대전화로 인해 두통을 앓는다. 하지만 그

그로 할렘 브룬틀란
(Gro Harlem Brundtland, M.D., M.P.H)

녀는 세계보건기구(WHO) 사무총장과 노르웨이의 전 총리였기 때문에, 누구도 휴대전화를 지닌 채로 제네바에 있는 자신의 사무실에 들어오지 말라고 명령했지만 이에 대해 사과할 필요성을 느끼지 않았다. 그녀는 2002년에 노르웨이 국영 신문사와 이에 관해 인터뷰까지 했다.[3] 이듬해 그녀는 더 이상 세계보건기구의 사무총장이 아니었다. 다른 공직자들은 그녀의 실수를 되

1 Mild et al. 1998.
2 Yakymenko et al. 2011.
3 Dalsegg 2002.

풀이하지 않았다.

실제로 두통을 느끼지 않는 사람들에게도, 휴대전화는 그들의 수면과 기억력에 영향을 미친다. 포크송 가수 피트 시거(Pete Seeger)는 20년 전에 나에게 편지를 썼다. "81세 때 기억을 잃기 시작하는 것은 정상이다. 하지만 내가 이 말을 하면 모든 사람들이 '나도 기억을 잃어가는 것 같아'라고 말한다."

우리들 중에서 상처가 너무 심하고 파괴적이어서 더 이상 이를 무시할 수 없고 그나마 운이 좋아서 자신에게 무슨 일이 일어났고 이유가 뭔지 아는 사람들이 여기저기서 소외된 작은 모임을 만들었다. 그리고 우리는 보다 적합한 용어가 부족하여 우리가 입은 상처를 "전기 민감성" 또는 좀 더 심한 "전자파 과민증(EHS)"이라 부른다. 병명을 졸렬하게 모방하면 전 세계적으로, 또 그 병명과 관련되는 모든 사람들에게 영향을 준다. "청산가리 민감증"과 같은 터무니없는 병명을 어떤 바보 같은 이가 청산가리로 독살된 자에게 사용하는 경우가 그렇다. 문제는 우리 모두 전기에 크게 또는 적게 영향을 받고 있지만 사회가 2백 년 넘게 그것을 부정해 왔기 때문에, **우리는 일어나고 있는 일을 인정하고 일상용어로 말하는 대신에 진실을 숨기는 용어를 찾고 있다는 것이다.**

휴대전화 시작과 북미 인플루엔자 대유행

1996년 11월 14일, 마이크로웨이브 방사선이 처음으로 내 고향 뉴욕에 들어왔다. 그것도 한 번에 도시 전역을 덮쳤다. 나는 그것 때문에 많은 사람이 죽었다는 확신이 들었기 때문에 역학자(Epidemiologist) 존 골드스미스(John Goldsmith)에게 전화를 걸어 이를 증명하는 방법에 관해 조언을 구했다. 과거 캘리포니아주 보건부에서 근무한 경력이 있는 골드스미스는 그 때 이스라엘 네게프 벤구리온 대학(Ben Gurion University of the Negev)에 있었다. 그는 나에게 질병관리본부가 온라인으로 발행하는 122개 도시 주간 사망률 통계를 알려주었다. 또 디지털 휴대전화 서비스가 도시별로 언제 시작되었는지 정확히 알아내야 한다고 조언했다. 여기에 디지털 서비스가 각각 다른 시기에 시작된 전국 9개 대도시의 결과가 있다 〈그림 17-1〉.

나는 내가 사는 도시에 갑자기 방출된 방사선 때문에 거의 죽을 뻔했고 그로 인해 죽은 사람들을 알고 있었기 때문에 확신하고 있었다.

11월 14일, 나는 버몬트주 킬링턴으로 가서 버몬트 법학대학원(Vermont Law School)이 개최한 학회 "플러그를 뽑다: 무선 혁명이 주는 보건 및 정책적 함의"에 참여했다. 11월 16일 집에 돌아왔을 때 현기증이 났다. 나는 이웃 중 한 명이 뭔가 독성이 있는 것을 뿌렸을 것이고, 그 살생제가 건물에 있을 것이라고 추측했다. 나는 이 또한 지나갈 거라고 생각했다. 하지만 며칠 안에 구역질이 나고, 걷잡을 수 없는 떨림을 느꼈다. 나는 평생 처음으로 천식 발작을 일으켰다. 눈알

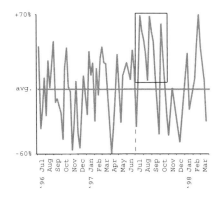

(A)로스앤젤레스(Pacific Bell) : 1997년 7월 3일

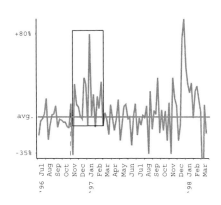

(B)샌디에이고(Pacific Bell): 1996년 11월 1일

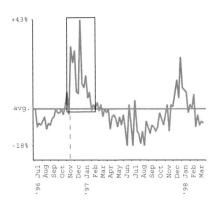

(C)뉴욕(Omnipoint): 1996년 11월 14일

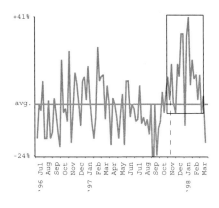

(D)보스턴(Sprint): 1997년 11월 12일

<그림 17-1>

휴대전화 서비스 시작에 따른
주요 도시 주간 사망률

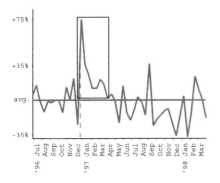

(E)포틀랜드(Sprint): 1996년 12월 22일

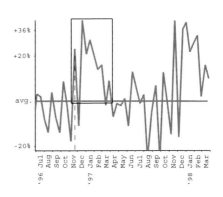

(F)툴사(Western Wireless): 1996년 11월 21일

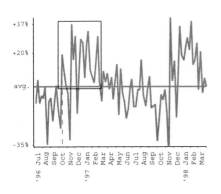

(G)잭슨빌(Powertel): 1996년 10월 15일

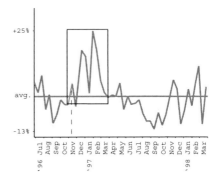

(H)시카고(Primeco): 1996년 11월 12일

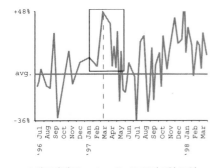

(I)새크라멘토(Pacific Bell) : 1997년 3월 12일

<그림 17-1>

휴대전화 서비스 시작에 따른
주요 도시 주간 사망률

이 튀어나온 것 같았고, 목구멍이 부풀고, 입술이 건조하고 퉁퉁 부은 것 같았고, 가슴에 압박감이 느껴졌고, 발바닥이 아팠다. 나는 너무 허약해서 책을 들 수가 없었다. 피부가 너무 민감해져서 접촉하는 것을 견딜 수가 없었다. 머리가 화물열차처럼 으르렁거리고 있었다. 11월 20일 이후 나는 잠을 잘 수도, 먹을 수도 없었다. 11월 22일 밤에는 후두가 경련을 일으켜 숨을 쉴 수가 없었다. 아침에 나는 침낭을 움켜 쥐고 롱아일랜드 열차를 타고 마을을 떠났다.

내 상태는 놀라울 정도로 호전되었다.

내가 버몬트에 있는 동안 11월 14일, 뉴욕 최초의 디지털 휴대전화 회사인 옴니포인트(Omnipoint) 통신사가 대중에게 서비스를 시작했다는 것을 알게 되었다. 600여 곳에 있는 수천 개의 옥상 안테나가 작동하고 있었다. 뉴욕 사람들은 지금 컴퓨터 안에서 살고 있다.

나는 몇몇 친구들과 기록한 증상을 비교했다. 우리는 함께 증상 목록을 정리하고 지역 신문에 다음과 같은 안내 광고를 실었다: "눈 통증, 불면증, 입술 건조, 목구멍이 붓는 증상, 가슴 압박감 또는 통증, 두통, 현기증, 메스꺼움, 떨림, 기타 쑤시고 아픈 증상, 또는 사라지지 않는 감기 증상 중 하나의 증상을 1996년 11월 15일부터 보였다면, 당신은 도시를 뒤덮은 새로운 마이크로웨이브 시스템의 피해자일지도 모른다. 우리는 당신의 연락이 필요하다."

그리고 우리는 수백 명의 남녀, 백인, 흑인, 히스패닉, 동양인, 회사원, 컴퓨터 운영자, 증권 중개인, 교사, 의사, 간호사, 변호사들로부터 연락을 받았다. 그들 모두가 11월 중순부터 추수감사절 사이에 어느 날 갑자기 깨어났고, 심장이 뛰고, 머리가 지끈지끈 아프다는 이야기를 들었다. 그들은 이제 혼자가 아니라는 것을 알고 안심했다. 광고에 가장 먼저 응답한 사람은 브롱스(Bronx)에 사는 41세 항공사 직원이었다. 11월 15일경에 조 산체스(Joe Sanchez)는 머리가 갑자기 아프기 시작했는데, 심한 뇌졸중을 앓고 있는 것이 아닌가 하는 생각이 들었다. 그로부터 5개월 반 뒤인 1997년 5월 8일 출혈성 뇌졸중으로 사망했다.

그 후 2년 동안 계속 맨해튼과 롱아일랜드의 가정의학과 병원에서 일했던 간호사 자넷 오스트로우스키(Janet Ostrowski)는 끊임없이 밀려드는 "바이러스성 증후군" 환자를 보았다. 그들은 고통스러운 두통, 귀 통증, 목 깊숙한 곳의 부어오른 임파선, 제거할 수 없는 코 막힘, 안면근육통, 목 아픔, 피로, 때때로 심한 탈수증을 호소했다. 오스트로우스키는 "독감은 일 년 내내 지속하지 않습니다."라고 우리에게 말했다. 그녀는 또한 대부분의 환자가 갑자기 약물치료에 반응하지 않는다는 것을 알았다. 그녀는 "25년간 간호하는 동안 3개 주(Tri-State, 뉴욕, 뉴저지, 코네티컷) 지역의 여러 응급실에서 환자 분류를 했다"라고 말했다. "고혈압이든 당뇨병이든 간에 일상적인 약물치료를 하면 안정되던 병들이 지금은 쉽게 안정되지 않고 요즘 약에는 반응하지 않는 것처럼 보인다." 그녀는 또 스트레스와 불안을 호소하는 사람들의 수가 엄청나게 증가했으며, 그들 중 많은 이들이 30~40대이고 정상적인 심전도를 보임에도 심장 변화를 일으키는 것을 보았다.

공식적으로, 이 북미 "인플루엔자" 유행은 1996년 10월에 시작되어 1997년 5월까지 지속되었다.

1996년에 내가 시작한 휴대전화 대책반(Cellular Phone Task Force)이라는 단체는 점점 늘어나는 피해자들을 돕기 위해 애쓰고 있다. 그리고 내가 5년 동안 발행한 잡지 제목 『숨을 곳이 없다(No Place To Hide)』가 현실이 되었다. 스웨덴의 전기 민감성의 대가이며 세계 최고의 전기로 인한 질병과 상해 권위자 중 한 명인 올레 요한슨(Olle Johansson)은 『건강한 사람조차 죽을 때는 전원을 향해 고별인사를 해라(Say To Countryside Goodbye, When Even Healthy People Die)』[4]를 저술했다. 옛말에 "만약 당신이 문명을 벗어나고자 한다면 충분히 멀리 가면 벗어날 수 있다."라고 했다. 이제 더 이상 이것은 사실이 아니다. 왜냐하면 간접 전자파 방사선이 이제 더 이상 휴대전화, 와이파이, 기타 개인용 기기에서만 나오는 것이 아니기 때문이다. 휴대전화 중계기 타워, 레이더 설비, 쌍방향 위성 접시 안테나와 같은 형태로 나타난 문명의 촉수들은 보이지 않는 전자파 방사선이 어디에나 존재하게 만들었다. 당신이 아무리 멀리 가고, 아무리 넓은 땅을 사더라도 탈출할 수 없게 되었다. 그리고 비록 당신이 마지막 숨겨진 안식처 하나를 발견하더라도, 그곳은 순식간에, 보이지 않게, 경고도 없이 파괴될 수 있다. 보호는 없다. 오히려 그 반대로, 시민들이 자신들을 보

---

4 Johansson 2004.

호하는 것을 못하게 하거나 선출된 공무원들이 전자파 방사선에 관한 일을 못하게 하는 법이 통과되어 왔다. **하지만 우리 인간은 어느 누구도 전자파 방사선에 대한 면역력은 없다.**

다프나 타코버(Dafna Tachover)는 지난 2013년 "최근에 나는 41번째 생일을 기념했다. 그런데 기념이라는 단어가 적절한지 잘 모르겠다."라고 말했다. 타코버는 MBA(경영학 석사)도 가졌고 뉴욕과 이스라엘에서 변호사 자격증을 받은 매력적인 젊은 여성으로, 불과 몇 년 전만 해도 맨해튼의 한 투자 회사에서 회장 자문역으로 일하고 있었다. 그녀는 프린스턴대학교의 연구 과학자인 박사와 결혼해서 살아왔다. 그들은 아기를 갖기로 했고, 그녀는 개인 법률 사무소를 개업하기로 했다. 겉으로 보기에는 모든 삶이 원하면 무엇이든 할 수 있는 그녀의 것이었다.

내가 2013년 그녀를 인터뷰했을 때, 그녀는 이혼했고, 직장도 없고, 아이도 없었으며, 뉴욕 북부의 외딴 농가에서 살아남기 위해 고군분투하고 있었다. 그녀는 다음과 같이 말했다. "내 삶은 거의 불가능하다. 나는 내 집에 갇혀있는 포로가 되어, 아무 데도 갈 수 없고, 길을 걷지도 못하고, 시내로 운전도 할 수 없다. 나는 일을 할 수도 없고 다른 사람들 앞에 있을 수도 없다. 나는 비행기를 탈 수도, 여행을 떠날 수도, 레스토랑에도 갈 수 없다. 호텔에서 잠을 잘 수도 없다. 나는 의사나 병원에 접근조차 할 수 없고, 심지어 망가진 내 권리를 찾기 위해 법정에도 갈 수 없다. 이사를 해야 할 때 나는 혼자서 집을 보러

갈 수가 없었다. 안테나가 포화상태인 도로에서 무선시스템이 있는 자동차를 운전하는 것이 불가능해졌기 때문이다. 아버지는 나를 돕기 위해 이스라엘에서 오셔야 했고, 두 달 동안 5백 채의 집을 보고 나는 내가 견딜 수 있는 단 한 채만의 집을 찾아냈다. 가장 가까운 이웃은 300야드(약 274m) 떨어진 곳에 있고(이 정도 거리는 이웃의 와이파이, 무선 전화기, 기타 기기의 영향을 받지 않기 위해 필요함), 아주 약한 휴대전화 수신만 있고, 라디오 방송국 한 곳에서만 전자파 방사선이 온다. 나는 숲속의 외딴 오두막에 살고 있고 나의 유일한 문명으로의 '외출'은 한 달에 한 번 식료품을 사러 가는 것이다. 나는 그것조차 자주 할 만큼 건강하지 못하며, 나는 나에게 먹거리를 사주는 친구들에게 의존한다. 일을 할 수 없고 돈도 거의 바닥났기 때문에 어떻게 경제적으로 살아남을지 모르겠고, '스마트 미터' 확산으로 내가 살 수 있는 집은 조만간 한 채도 없을 것이다. 이 전자파 방사선이 없으면 나는 정상적이고 부족함이 없는 삶을 살 수 있다고 생각하면 정말 미칠 지경이다. 하지만 전자파 때문에 나는 어처구니없는 존재가 강제로 되어버렸다."

타코버는 유선전화는 아예 없었던 확실한 휴대전화 사용자였다. 그래서 휴대전화와 무선컴퓨터 앞에서 몇 시간을 보냈다. "나의 랩톱은 나의 가장 친한 친구"라고 그녀는 말했다. "나는 어디를 가든 인터넷에 접속하기 위해 내 랩톱에 무선 인터넷 연결을 최초로 구매한 사람 중 하나였다." 결국 그녀는 다른 많은 사람들처럼 랩톱 컴퓨터에 의해 상해를 입었다. 그 컴퓨터는 그녀가 시작한 법률 사무를 위해 새로 구입한 것이었다. "컴퓨터를 사용할 때마다 나는 가슴의 압박감, 빠른 심장 두근거림, 호흡곤란, 현기증, 머리의 압박감을 느끼고, 얼굴이 벌겋게 달아오르고 속이 메스꺼웠다. 나는 이상한 인지 장애를 가지게 되었다. 단어를 찾을 수 없었고 남편이 나에게 말을 걸었을 때, 5분 후 나는 그가 말한 것을 기억하지 못했다. 갑자기 휴대전화를 만질 수가 없었고, 휴대전화를 머리 근처에 두면 누가 나의 뇌에 구멍을 뚫는 것 같은 느낌이 들었다."

그녀가 취한 첫 번째 조치는 건강을 회복하기 위해 이스라엘로 돌아가는 것이었다. "그것은 불행한 선택이었다."라고 그녀는 말했다. "그곳에 간 첫날, 내 몸이 무너져 내렸다. 운전하는 동안 나는 지독하게 아팠다. 고개를 들어보니 쇼핑몰 옥상에서 '하얀 선들'이 보였다. 엄마에게 저것이 뭐냐고 물었더니 휴대전화 안테나라고 했다. 그 순간까지 나는 내가 안테나를 느꼈는지 몰랐다. 나는 눈에 눈물이 고여 있었고 내가 할 수 있는 말은 '맙소사, 이런 곳에서 자라는 아이들이 있구나!'라는 소리뿐이었다. 그 순간부터 나의 몸 상태는 빠르게 내리막길로 접어들었고 내 인생은 악몽이 되었다. 더 이상 잠을 잘 수가 없었고 고통을 견딜 수 없었다."

뉴욕으로 돌아와서, 타코버는 자기 차에서 몇 달을 보냈다. "내 아파트에 있을 수도 없고, 집을 찾을 수도 없었고, 내 차를 주차할 전자파가 없는 곳을 찾으려고 필사적으로 노력하면서 하루하루를 보냈다. 밤에는 주차장에 차를 세워 놓고 사람들이 나를 보지 못하도록 창문을 어두운 천과 시트로 가리곤 했다."

불행히도 타코버의 경험은 매우 흔하고, 사회는 점점 더 그렇게 되고 있다. 지금은 전기적으로 민감하다고 불리는 사람들이 "기본적인 인권과 시민의 권리"를 얻을 수 있도록 변호사 활동에 초점을 두고 있지만, 실제 문제는 훨씬 더 크다는 것을 타코버는 알고 있다. "인간은 전기적인 존재다."라고 그녀는 말한다. "그리고 전자파로부터 보호하는 메커니즘은 인체에는 없다. 그러므로 이 전자파가 우리에게 영향을 미치지 않는다고 주장하는 것은 무지하고 터무니없다. 전자파 과민증(EHS)은 질병이 아니라 아무도 면역되지 않는 환경적으로 나타나는 상태에 불과하다. 나는 이 재난의 심각성이 드러날 날이 곧 올 것이라고 믿고 싶다. **사실과 실체를 무시하는 것이 그것들을 변화시키는 것은 아니고 문제를 무시하는 것은 단지 더 크게 악화되는 것을 보장해줄 뿐이다.**"

세계적으로 유명한 카롤린스카 대학(Karolinska Institute)에서 수십 년 동안 교수로 연구해온 올레 요한슨(Olle Johansson)은 1977년 핀란드의 한 회의에서 뇌혈관 보호막의 누출에 대한 발표를 듣고 마이크로웨이브 방사선의 영향에 관심을 갖게 되었다. 카롤린스카 대학은 스웨덴의 의과대학으로 매년 노벨생리의학상을 수상자를 결정한다. 그는 1980년대 초에 카자 베딘(Kajsa Vedin)의 라디오 프로그램을 듣고 컴퓨터 운영자들의 피부 발진 문제를 연구하기 시작했다. 베딘은

올레 존슨
(Olle Johansson, Ph.D.)

신경학 전문지식을 요구했으며, 나중에 컴퓨터 작업의 직업적 위험성을 분석한 『마이크로칩의 그림자에서(In the Shadow of a Microchip)』라는 책을 저술하기도 했다. 요한슨은 다음과 같이 말했다. "나는 신경과학자로서 나 자신이 충분히 관련성이 있다고 생각했고, 나는 그녀가 강조하고자 하는 문제들이 과학적 '도구'의 전통적인 레퍼토리를 사용하여 쉽게 조사되어야 한다고 굳게 믿었다. 나는 그런 연구가 시작되는 것을 보고 싶지 않은 다른 세력이 있다는 것을 전혀 깨닫지 못했다. 하지만 나는 곧 베딘이 제안한 아주 명쾌하고 단순하며 분명한 이 조사는 시작이 매우 어렵다는 것을 알게 되었다."

그는 다음과 같이 회고한다. "나는 컴퓨터 화면에 아주 잘 노출된 후 나타나는 피부 반응에 대해 불만을 토로하는 사람들은 매우 특별한 방식으로 반응할 수 있었을 것이라는 생각이 금방 떠오른다. 특히 자극제가 전자파 방사선이나 화학물질(예를 들어 태양광선, 엑스선, 방사능, 화학 냄새)이라면 정확하고 완전한 회피 반응을 보일 수 있었을 것이다. 그러나 곧, 임상 동료들로부터 다른 여러 가지 '설명'들이 나와 유행하게 되었다. '컴퓨터 화면으로 인한 피부염을 주장하는 사람들은 이것을 상상했을 뿐이거나, 폐경기 후 심리적인 이상에 시달리고 있거나, 나이가 들었거나, 학력이 짧거나, 고전적인 조건반사 훈련의 희생자들이다.'라는 것이 그 설명 사례다. 이상하게도, 이러한 설명을 제안한 '전문가'들(가끔 스스로 전문가 행세를 하는) 대부분은 화면 피부염을 앓는 사람을 만나본 적이 없었고, 그들이 제안한 설명 이론에 대해 어떠한 조사도 한 적이 없었다."

요한슨이 처음 베딘에게 연락했을 때, 그 자신도 개인적으로 스크린 피부염을 앓고 있는 사람을 알지 못했다. 하지만 요한슨은 그런 사람들이 주변에서 쉽게 볼 수 있는 곳에 숨어있다는 사실을 금방 알게 되었다. 그는 피부 발진은 대단히 파괴적인 손상으로 가장 눈에 잘 띄는 징후이고, 컴퓨터 화면뿐만 아니라 다른 전자파 방사선 발생원, 심지어 생활용 전기에 노출되어도 심장, 신경계, 신체의 다른 시스템이 심각하게 손상될 수 있다는 것을 알게 되었다. 그는 "이렇게 여러 해가 지난 후, 오늘날 나는 전 세계에 퍼져 있는 수천 명의 그러한 사람과 정기적으로 소통을 한다. 어떤 것도 당신을 이런 기능적 장애로부터 보호해주지 않는다. 정치적인 입장, 수입, 성별, 피부색, 나이, 당신이 사는 곳이나 당신이 생계를 위해 하는 일, 어느 것도 아니다. 누구나 영향을 받을 수 있다. 이러한 사람들은 생활용 잡다한 기기들로부터 방사선 피해를 겪고 있다. 그 기기들은 독성 노출 가능성이나 어떤 종류의 건강 위험에 대해 검사도 거치지 않은 채 매우 빠르게 우리 환경에 도입되어왔다.

요한슨은 자신의 연구 자금이 사라지는 것을 목격했을 뿐만 아니라, 카롤린스카 대학에서 자리를 잃었고 죽음의 위협을 받아왔다. 한 번은 그의 목숨을 노리는 시도도 경험했다. 그는 어느 날 아내와 함께 오토바이를 타고 갔는데, 천천히 가는 도중에 갑자기 차량을 통제할 수 없었다. 뒷바퀴의 27개 바큇살이 깨끗하게 톱질되어 있었다. 너무 전문적이라서 톱질이 되어있었는지 알 수가 없었다. 나는 요한슨에게 무엇이 그를 계속 이 연구를 하게 하는지 물었다. 그는 나에게 전기 민감증이라 불리는 사람들의 삶에 관해 이야기하기 시작했다.

"전자파 과민증(EHS) 사람들의 삶은 대부분 살아있는 지옥입니다"라고 그는 말했다. "나는 아주 유명한 스웨덴 사회보장제도가 그들을 품에 안는 것이 아니라 그들이 넘어져 추락하도록 두었다는 것을 곧 알게 되었다. 그것은 나를 많이 불안하게 했다. EHS는 민주주의 세계의 모델이 되기보다는, 오히려 민주주의가 어떻게 시민들을 보호하지 못하는지를 보여주는 모델이 되었다. 과거나 지금이나 그런 상황에 처한 자신을 상상하는 것은 어렵지 않다. 오늘은 EHS 사람이지만 내일은 어때? 그러면 누가 아웃사이더가 될 것인가? 나 자신? 너? 누구? EHS는 일종의 의학적 왕따가 되었고, 우리 사회의 나머지 사람들과 함께하지 못하는 어려움에 직면하게 되었다. 그것은 세상에 펼쳐지는 아주 무서운 파노라마였다. 누구나, 같은 인간으로서 내가 수없이 반복해서 목격한 사실에 똑같은 영향을 받았을 것이다.

"동시에 또 다른 면도 나 자신으로부터 자라났다. 대부분의 EHS 사람들은 실제로 매우 강하다. 그들은 사회로부터 받는 다양한 종류의 괴롭힘을 견뎌야 한다. 의사, 과학자, 전문가, 정치인, 공무원, 그들의 일가친척, 기타 여러 가지가 그들에게 괴롭힘을 주고 그들의 정신적 '보호막'을 매우 강하게 만들었다. 나는 그들을 아주 많이 존경한다! 나는 그렇게 엄청난 구타를 계속해서 견뎌낼 수 없을 것이라 생각한다."

"무엇이 나를 계속하게 만드는가? 누군가는 그 일을 고수해야 한다. 굴복하고 다른 분야로 옮겨가는 것은 그들을 아주 희망 없이 내버려 두는 것이다. 정부의 과학자로서 나는 도움이 필요한 사람들을 위해 일해야지, 내 개인적인 경력을 위해서 일할 수 없다. 내가 1950년대와 1960년대에 스웨덴에서 자랐을 때, 우리 가족은 매우 가난했다. 나는 그때 기꺼이 남을 지원하고 돕기 위해 내밀어야 하는 손의 가치를 배웠다. 절대로 잊지 못할 그런 교훈이었다."

에리카 말러리-블라이스(Erica Mallery-Blythe)는 영국에서 태어나 영국과 미국 시민권을 이중으로 갖고 있으며, 이 문제를 직접 경험하면서 자신의 인생도 이 문제에 바쳐오고 있는 매력적인 의사다. 1998년 의대를 졸업한 뒤 영국의 여러 병원에서 근무한 경험을 가진 외상 전문 의학교수가 됐다. 그녀는 2007년 나토(NATO) 교환 장교로 근무하는 영국 공군 F-16 조종사 남편과 함께 미국으로 건너갔다. 그녀는 임신 중에 상해를 입었다. 다른 많은 젊은 전문가들처럼 말러리-블라이스도 기술에 의존했다. 사실 그녀도 최초의 휴대전화 사용자 중 한 명이었다. 1980년대 중반 그녀가 10살이었을 때 아버지가 휴대전화를 사주었다. 그녀는 휴대전화를 너무 오래 사용하면 항상 머리가 아프다는 것을 알고 있었지만, 대부분의 사람들과 마찬가지로 큰 관심을 기울이지 않았다.

그러나 그 이후로 통화 할 때마다 통증이 점점 격렬해졌고, 그녀의 오른쪽 얼굴엔 햇볕에 그을린 듯 새빨간 빛이 감돌곤 했다. 그녀는 또한 와이파이가 연결되는 랩톱 컴퓨터를 처음으로 구입해서 의학연구를 위해 열심히 사용했다. 다리 위에도 올려놓고 사용했지만 그렇게 할 때마다 다리 안쪽에 심하고 깊게 아려오는 통증 때문에 오랜 시간 동안 사용할 수 없었다. 그녀는 "내 다리가 안에서 요리되는 것 같은 느낌이었다."라고 회상한다. 곧바로 그녀는 멀리서도 더 이상 컴퓨터를 전혀 사용할 수 없었다. "의사로서 나는 고통이 있을 때 뭔가 잘못된 것이 있다는 것을 알고 있었다."라고 그녀는 말한다. 결국, 그녀는 컴퓨터와 전화 둘 다 사용을 포기해야만 했다. 그즈음 그녀는 잠을 자지 못했고, 자신을 괴롭히고 있는 현기증과 두통 외에도 심장 부정맥과 심한 떨림 증상이 생겼다. 그러나 그녀가 인터넷에서 읽은 모든 것은 휴대전화로는 암에 걸리지 않는다는 것을 확신시켰고, 자신이 겪은 증상은 지금까지 배워온 어떤 의학적인 상태에도 넣을 수가 없었다. 딸이 태어난 뒤 마침내 전자파 과민증이란 말을 들었지만, 여전히 그것의 심각성을 파악하지 못했다. "그렇게 심각한데 내가 전혀 들어보지 못한 그런 현상이 있을 수 있을까?"하고 그녀는 의아해했다. 그녀는 뇌종양이 아닌지 알기 위해 MRI 검사를 받고 나서야 마침내 자신의 삶이 영원히 그리고 완전히 바뀌었다는 것을 깨달았다. MRI의 고주파 펄스가 켜졌을 때 그녀는 "백만 개의 황금 모래알이 외부로부터 폭발하는 것"을 보았기 때문에 "파멸이 임박했다는 느낌"을 가졌다. 그녀는 남편과 함께 와이파이가 없고 휴대전화 수신도 안 되는 데스밸리(Death Valley, 미국 캘리포니아주와 네바다주에 걸쳐 있는 계곡) 가장자리에 있는 외딴 야영장을 방문했을 때 그 수수께끼의 마지막 답이 나왔다. "그 안도감은 믿을 수 없을 정도였다"라고 그녀는 말한다. **오랜만에 그녀는 완전히 건강해지고 완전히 정상으로 느껴졌다.**

그러나 타코버처럼, 그리고 전 세계 수많은 다른 사람들처럼, 그녀의 삶은 이제 불가능하다. 말러리-블라이스와 그녀의 남편은 집에서 나와 텐트에서 캠핑하거나 차 뒷좌석에서 잠을 자기 시작했다. 그녀는 그것을 "전쟁 피난민처럼 산다."라고 묘사했다. 그녀는 절룩거리지 않고는 시장이나 주유소에 들어갈 수 없었다. "당신은 생존에 필요한 기본적인 것도 할 수 없다. 당신은 무슨 기괴한 꿈을 꾸고 나서 깨어나려고 하는 것처럼, 대략 그런 느낌이야." 육체적인 어려움보다 더 나쁜 것은 자신들이 알고 만났던 모든 사람들에게 일어나고 있는 일의 진실을 숨겨야 한다는 사실이었다. 그들은 그렇게 반년 넘게 살다가 사우스캐롤라이나의 호숫가에서 통나무집을 발견했다. 그곳에서 그들은 그녀의 건강을 회복하기 위해 전기 없이 살아야만 했다. 내가 그녀를 처음 만났을 때 그녀는 그곳에 살고 있었다. 마지막에 그녀는 영국으로 돌아갔다. 하지만, 돌아가기 전에 그녀는 전기(특히 무선 기술)에 의해 상해를 입은 다른 많은 사람들을 만났고 텍사스주 댈러스에서 열린 그 주제에 관한 의학 회의에 참석했었다. 그리고 그녀는 이 사람들이 원하는 것에 여생을 바칠 수밖에 없다고 결심했다. 가장 시급히 필요한 것은 그들의 생명을 구하고, 건강을 회복하고, 다시 생산적인 인물이 될 수 있는 안식처다. 맬러리-블라이스는 "가장 먼저 그리고 간절하게 필요한 것은 돌봐줄 의료진과 함께 긴급한 치료가 요구되는 사람들을 위한 안전한 피난처"라고 말했다. **나를 슬프게 하는 것은 도망쳐서 깨끗한 환경으로 갈 수 없는 그 모든 사람들을 바라보는 일이다.** 왜냐하면 그들이 깨끗한 환경에 도달할 수 없다면 그 환경은 그들을 파괴할 것이기 때문이다." 인구의 약 5%가 자신들이 상해를 입었다는 사실을 알고 있고,[5] 그들에서 4명 중 1명이 집을 떠나야 했다는 점을 고려하면 피난처 지원의 필요성은 엄청나다.

러시아에서 EMF 연구의 할아버지라는 애칭으로 잘 알려진 유리 그리고예프(Yury Grigoriev)는 1949년부터 지금까지 오랜 연구 경력을 가지고 있다. 그는 군사의학교(Military Medical Academy)를 졸업한 후 구소련 보건부 생물물리학 연구소에서 핵무기의 생물학적 영향을 연구하도록 배정받았다. 1977년부터 같은 연구소(A.I. Burnazyan Federal Medical and Biophysical Center로 명칭 변경)에서 비전이성 방사선(즉, 라

---

5 Hallberg and Oberfeld 2006.

디오파) 연구책임자로 일했다. 그는 현재 러시아 국립 비전이성 방사선 보호위원회 명예 위원장이다. 그의 가장 최근 저서인 『이동 통신과 어린이 건강(*Mobile Communication and Children's Health*)』은 90세 생일을 1년 앞둔 2014년에 출판되었다. 그의 가장 큰 두려움은 아이들 때문이다. 그는 "역사상 처음으로 인간은 자신의 뇌를 마이크로웨이브 방사선의 발생원에 보호받지 못하는 열린 상태로 노출시키고 있다. 방사선 생물학자로서의 내 관점은 뇌는 매우 중요한 기관이고 아이들은 가장 큰 위험에 처한 그룹이 되었다."라고 말한다.

그리고리예프는 다음과 같이 말한다. "초기에 정부는 의도적으로 핵 방사능 위험을 과소평가했다. 이때는 체르노빌에서 사고가 일어나기 전이다. 체르노빌 사고는 주민들 사이에 공포를 불러일으켰고, 그 결과 러시아 정부는 전이성 방사선의 위험에 대한 모든 정보를 대중에게 제공하기로 결정했다. 이제 우리는 이동 통신을 둘러싼 비슷한 문제를 다루고 있다. 일반 대중에게 모든 정보를 제공할 수 있는 시기가 왔다."

나는 비극적으로 무시되고 있는 새롭고 무서운 정보를 거의 매일 전달받고 있다.

"어린이의 휴대전화 사용은 ADHD(Attention Deficit Hyperactivity Disorder, 주의력 결핍 과잉행동 장애)의 위험을 증가시킬 수 있

유리 그리고리에비치 그리고리예프
(Yury Grigorievich Grigoriev, M.D.)

다"라고 한국에서 이루어진 한 연구를 최근 뉴스 헤드라인으로 소개하고 있다. 어린이가 전화를 많이 걸수록, 휴대전화에 시간을 많이 할애할수록, 게임을 하는 시간이 길어질수록 ADHD가 발생할 위험성은 더 커진다.[6]

"컴퓨터 스크린이 당신을 장님으로 만들 수 있다."라고 또 다른 헤드라인이 외치고 있다. 일본에서 나온 이 연구는 10년 동안 하루에 4시간 이상 컴퓨터를 한다면 녹내장의 위험을 2배 이상 증가시킨다고 밝혔다.[7]

일본의 또 다른 연구 "휴대전화는 피부에 안 좋은가?"에서는 휴대전화가 습진을 악화시킨다는 것을 발견했다.[8]

이번에는 중국에서 "휴대전화는 당신을 장님으로 만들 수 있다"라는 연구가 휴대전화가 방출하는 수준의 마이크로웨이브 방사선이 토끼의 눈에 백내장을 유발한다는 것을 발견했다.[9]

"마이크로웨이브는 어린이 천식과 관련될 수 있을까?"이 연구는 캘리포니아 오클랜드의 통합의료 컨소시엄 카이저 퍼머넌트(Kaiser Permanente)에서 진행되었다. 임신 중에 높은 자기장에 노출된 여성들로부터 태어난 아이들은 천식에 걸릴 위험이 매우 크다.[10]

---

6 Byun et al. 2013.
7 Tatemichi et al. 2004.
8 Kimata 2002.
9 Ye et al. 2001.
10 Li et al. 2011.

"전화로 말을 하는 것은 당신을 청각장애인으로 만든다." 나는 이렇게 주장하는 많은 연구 결과를 봤다. 터키 디클 대학(Dicle University),[11] 인도 찬디가르(Chandigarh)의 한 병원,[12] 쿠알라룸푸르에 있는 말레이시아 대학(University of Malaysia)[13]의 연구팀들은 지나친 휴대전화 사용이 영구적인 청력 손실과 관련이 있다는 것을 밝혔다. 인도 뭄바이 킹 에드워드 메모리얼(King Edward Memorial) 병원의 과학자들은 하루에 10분 동안 휴대전화를 만성적으로 사용하는 것이 청력 손실을 유발한다는 사실을 알아냈다.[14] 영국 사우샘프턴 대학(University of Southampton)의 연구는 휴대전화에 단 한 번의 짧은 노출도 일시적인 청력 손실을 일으킨다는 것을 보여줬다.[15]

"휴대전화는 이제 알츠하이머병과 관련이 있다." 신경외과 의사 리프 살포드(Leif Salford)가 이끄는 스웨덴 과학자팀은 1990년대 후반 휴대전화는 노출 2분 이내에 실험용 쥐의 뇌혈관보호막(BBB)을 교란시킨다는 것을 증명했다. 연구팀이 전화기의 출력을 1,000배 줄였을 때 손상은 증가했다. 이 출력은 머리로부터 몇십 센티미터 떨어진 곳에 전화를 보관하는 것과 같은 양이다. 2003년 그들은 한 번에 두 시간 동안 휴대전화 노출이 영구적인 뇌 손상을 일으킨다는 것을 증명

11 Oktay and Dasdag 2006.
12 Panda et al. 2011.
13 Velayutham et al. 2014.
14 Mishra 2011.
15 Mishra 2010, p. 51.

했다. 이들은 12~26주 된 쥐를 일반 휴대전화에 2시간 동안 한 번만 노출시킨 뒤 8주를 기다렸다가 해부해서 뇌를 검사했다. 사람의 십대들처럼, 이 쥐들은 여전히 발달하고 있는 뇌를 가지고 있었다. 휴대전화에 한 번 노출되었던 이 동물들에서는 뇌의 모든 영역에 있는 뉴런이 최대 2% 쪼그라들었고 퇴화했다.[16] 살포드는 "끔찍하다"라는 말로 잠재적 함축 의미를 표현했다. 2007년 그들은 "쥐의 십대 나이"에서 시작하여 55주 동안 일주일에 한 번씩 쥐를 만성적으로 노출시켰다.[17] 실험이 끝났을 때, 노출된 쥐들은 중년 나이 즈음의, 기억력 결핍이 있었다. 아주 어린 아이들의 휴대전화 사용을 모방하기 위해 터키의 과학자들은 8주 된 쥐를 대상으로 실험을 했다. 2015년 발표된 연구에서는 한 달 동안 하루 1시간씩 휴대전화와 같은 방사선에 동물을 노출시킨 뒤 학습과 기억력에 관여하는 해마라고 불리는 뇌의 특정 부위를 조사했다. 노출된 쥐들은 노출되지 않은 쥐들보다 해마에서 뇌세포가 10%나 적었다. 그리고 노출된 쥐의 많은 뇌세포는 살포드가 실험한 쥐의 뇌세포와 마찬가지로 비정상적이고 어둡고 쪼그라들어 있었다.[18] 또 다른 대규모 실험에서 터키의 팀은 임신한 암컷 쥐를 9일 동안 하루에 1시간씩 휴대전화와 같은 방사선에 저출력으로 노출시켰다. 노출된 쥐의 새끼는 뇌, 척수, 심장, 신장, 간, 비장, 흉선,

---

16 Salford et al. 2003.
17 Nittby et al. 2008.
18 Şahin et al. 2015.

고환에 퇴행성 변화가 있었다.[19] 그리고 계속된 추가 실험에서, 같은 과학자들은 21일에서 46일까지 사춘기 초기에서 중기에 해당하는 어린 쥐들을 하루에 한 시간 동안 휴대전화와 같은 방사선에 노출시켰다. 노출된 쥐의 척수는 위축되었고 다발성 경화증에서 발생하는 것과 유사한 신경세포의 미엘린(myelin, 신경 섬유의 축색을 감싸는 피막)에 상당한 손실을 가지고 있었다.[20]

휴대전화 밀레니얼 세대의 급격한 건강악화

이 책의 1판이 2017년 출간된 이후, 모든 휴대전화 사용자들이 직면하고 있는 진실의 산은 점점 더 커져만 갔다. 1981년부터 1996년 사이에 태어나 신체적 성장과정에서 처음으로 휴대전화를 사용한 밀레니얼(Millennials) 세대는 20대 후반이 되어서는 전례 없는 건강 저하를 경험하고 있다. 2019년 4월 24일 미국의 건강보험회사 블루크로스블루쉴드(Blue Cross Blue Shield)는 『밀레니얼 세대의 건강(The Health of Millennials)』이라는 제목의 보고서를 발표했다. 이 세대의 건강은 27세부터 급격히 악화되었을 뿐만 아니라, 단 3년만에 수많은 의학적

---

19 Baş et al. 2013; Hancı et al. 2013; İkinci et al. 2013; Odacı et al. 2013; Hancı et al. 2015; Odacı, Hancı, İkinci et al. 2015; Odacı and Özyılmaz 2015; Odacı, Ünal, et al. 2015; Topal et al. 2015; Türedi et al. 2015; Odacı, Hancı, Yuluğ et al. 2016.
20 İkinci et al. 2015.

질병 변화의 광범위한 확산이 가파르게 증가했음을 보여주었다.

밀레니얼 세대 사이에서 광범위하게 나타난 의학적 질병 변화 상위 10개 중 8개는 3년간 두 자릿수 증가율을 보였다. 2017년 조사 결과는 2014년에 비해 우울증 관련 주요 증상은 31%, 활동항진증(hyperactivity, 비정상적인 과잉활동) 29%, 제2형 당뇨병 22%, 고혈압 16%, 정신질환 15%, 고콜레스테롤증 12%, 크론병(만성 장염)과 궤양성 대장염 10%, 그리고 물질 사용 장애(substance use disorder, 사용하는 물질에 대한 체질적 거부 반응) 10% 증가한 것으로 나타났다.

밀레니얼 세대들 건강이 2014년부터 2017년 사이에 악화된 것은 그들이 3살을 더 먹었기 때문이 아니었다. 보고서는 또 2017년에 34~36세였던 밀레니얼 세대들의 건강과 2014년에 34~36세였던 X세대(Gen Xers)의 건강을 비교했다. 같은 연령대에 2017년의 밀리니얼 세대는 2014년 X세대에 비해 활동항진증 37%, 당뇨 19%, 우울증 주요 증상 18%, 크론병 및 궤양성 대장염 15%, 물질사용 장애 12%, 고혈압 10%, 그리고 콜레스테롤 수치가 7% 더 높았다.

연구진이 모든 건강 상태를 조사해본 결과, 2017년의 34~36세는 2014년의 34~36세보다 심혈관 상태 21%, 내분비 상태 15%, 그리고 기타 물리적 상태는 8% 증가한 것으로 나타났다.

밀레니얼 세대의 건강에서 나타나고 있는 경고성 저하를 합리적으로 설명할 수 있는 유일한 것은 휴대전화가 그들의 뇌와 신체를 일상생활에서 계속 전자파 방사선을 쪼이고 있다는 것이다. 휴대전화는 1997년까지 미국의 대부분 지역에서 사용할 수 없었고, 십대들 사이에는 2000년까지 널리 퍼지지 않았었다. 밀레니얼 세대는 그들의 뇌와 신체가 여전히 발달하고 있던 10대 혹은 그 이전부터 휴대전화를 사용하기 시작한 첫 세대다. 2017년에 34~36세였던 사람들은 2000년도에 17~19세였다. 2014년에 34~36세였던 사람들은 20~22세였다. 단 3년 만에 다른 어떤 환경적 요인도 그렇게 급격하게 변화하지 않았다. **밀레니얼 세대가 앞선 세대들보다 건강이 비극적인 상태로 악화된 것은 마이크로웨이브 방사선의 책임이 막대하다.**[21]

전체 인구에서 뇌졸중의 발병률은 일정하거나 감소하고 있지만, 50세 미만의 성인에서는 증가하고 있으며, 휴대전화를 가장 많이 사용하는 젊은 성인들에게서는 충격적일 정도로 증가하고 있었다. 프랑스,[22] 스웨덴,[23] 핀란드[24]에서 이루어진 연구도 모두 같은 결과를 보여준다. 덴마크에서 15세~30세(과거에는 뇌졸중을 전혀 앓지 않았던 나이)에 대한 뇌졸중 비율을 조사한 연구가 2016년에 발표되었다. 덴마크에서 그 연령대의 연간 뇌졸중 환자 수는 1994년부터 2012년 사이에 50% 증가했고, 연간 일과성 허혈 발작(transient ischemic attacks, mini-strokes, 심장 근육의 국소적인 빈혈로 인한 약한 발작)은 3배 증가했

---

21 Blue Cross Blue Shield 2019.
22 Bejot et al. 2014
23 Rosengren et al. 2013
24 Putaala et al. 2009.

다.[25] 유럽에서는 미국보다 3년 일찍 휴대전화가 시중에 판매되었다.

휴대전화를 브래지어에 넣어 다니는 20, 30대 여성들은 보관하는 자리 바로 밑 부분에서 독특한 형태의 유방암이 발견됐다.[26] 뒷주머니에 휴대전화를 두기 시작한 이후로 총 고관절 치환수술이 급증했다. 2000년부터 2010년 사이에 미국의 연간 고관절 치환수술 건수는 2배 이상 증가했고, 특히 45~54세의 고관절 치환수술은 3배 이상 증가했다.[27] 지난 수십 년 동안 감소해 온 20~54세의 미국인 대장암 비율은 1997년부터 갑자기 증가하기 시작했다. 특히 그 증가는 20~29세의 이른 나이에 시작됐고 이 나이 대에서 가장 가파르게 상승했다. 20~29세 젊은이들의 결장암 발병률은 1995년부터 2013년 사이 2배가 되었다.[28] 전립선암 발생건수(전립선도 같은 신체 부위에 위치)도 1997년 이후 전 세계적으로 증가하고 있다.[29] 50~59세 스웨덴 남성의 전립선암 발병률은 1996년까지는 안정적이었으나 1997년부터 2004년 사이에 9배나 증가했다.[30] 55세 미만의 미국 남성에게서 전이성 전립선암 발병률은 2004년부터 2013년 사이에 62% 증가했고 같은 기간 동안 55~69세 남성들의 경우 거의 2배 증가했다.[31] 2003년부터 2013년까

25 Tibæk et al. 2016.
26 West et al. 2013.
27 Wolford et al. 2015.
28 Siegel et al. 2017.
29 Wong et al. 2016.
30 Hallberg and Johansson 2009.
31 Weiner et al. 2016.

지 이루어진 미국의 한 연구에서 젊은 남성들이 인류 역사상 처음으로 노인들보다 더 적은 정자수를 가지고 있고, 1990년부터 1995년 사이에 태어난 남성들이 그 이전에 태어난 남성들보다 평균 40% 적은 정자수를 가지고 있다는 것을 발견했다.[32]

그리고 스웨덴 실험실에서 성장기 쥐와 터키 실험실에서 더 어린 쥐에서 나타난 뇌 손상과 같은 종류가 현재 미국의 미취학 어린이들에게서 발견되고 있다. 신시내티 어린이병원(Cincinnati Children's Hospital) 의료센터의 과학자들은 무선기기와 날마다 더 많은 시간을 보낸 어린이들이 읽고 쓰는 언어적 능력이 떨어질 뿐만 아니라 이들의 MRI에서는 뇌의 백질에 구조적 손상을 보여주는 사실도 발견했다.[33]

자연 생태계의 피해도 그만큼 급격히 증가하고 있다. 2017년, 마크 브룸홀(Mark Broomhall)은 호주 나르디(Nardi) 산을 둘러싼 나이트캡(Nightcap) 국립공원 세계유산지역에서 너무나 많은 종의 야생동물이 탈출한다는 내용의 보고서를 유네스코(UNESCO)에 제출했다. 브룸홀은 나르디 산에서 40년 넘게 살아왔다. 2002년 나르디 산 통신탑에 3G 휴대전화 안테나가 설치된 뒤 곤충 개체수가 즉시 감소했다. 2009년 150개 텔레비전 방송국을 위한 채널과 함께 "고도화된 3G" 휴대전화가 송신탑에 추가되자 27종의 조류가 산을 떠났다. 2013년 초, 나르디 산에 4G가 설치되면서 49종의 조류가 떠났고, 모든 박쥐 종은

32　Centola et al. 2016.
33　Hutton et al. 2019.

희귀해지고, 흔하게 보이던 4종의 매미도 거의 사라졌으며, 개구리 개체수는 급격히 감소했고, 나방, 나비, 개미의 거대하고 다양한 개체군도 흔하기 않고 희귀해졌다.[34]

브룸홀이 보고서를 발표한 시기와 거의 동시에 세계 곳곳의 사람들은 과거에는 자기 차 앞 유리에 붙던 작은 벌레들을 더 이상 볼 수 없게 되었고, 온갖 종류의 곤충들이 지구에서 사라지고 있다는 사실을 알아차렸다. 2017년 과학자들은 독일의 63개 자연보호 지역에서 날벌레가 75~80% 감소했다고 보고했다.[35] 2018년에는 또 다른 그룹의 과학자들은 푸에르토리코 열대우림에서 점착포획장치(끈적끈적한 물질로 곤충을 잡는 기구)에 걸린 총 곤충 수가 97~98% 감소했다고 보고했다.[36] 2019년, 호주, 베트남, 중국의 과학자들은 전 세계에서 곤충이 감소한다는 73개의 보고서를 검토해서 지구상 모든 곤충 종의 40%가 멸종 위기에 처해 있다고 보고했다.[37]

우리는 정보가 지식을 증가시키지 않고 눈을 뜨게 하지 않는 세계에 살고 있다. 문화의 장벽이 너무 크다. 사회는 너무 오랫동안 부정에 머물러 왔다. 그럼에도 불구하고 더 이상 지금의 길을 계속 가는 것은 불가능하다. 2020년까지 전 세계적으로 마이크로웨이브를 강화하는 결정이 계속 만들어지고 있다. 이제 마이크로웨이브라는 비는

---

34 Broomhall 2017.
35 Hallman et al. 2017.
36 Lister and Garcia 2018.
37 Sánchez-Bayo and Wyckhuys 2019.

꾸준히 뿌려지는 이슬비에서 폭우로 변하고 있다.

이제 휴대전화 안테나 타워가 몇 킬로미터마다 있는 대신에 몇 집 건너 있을 것이다. 이미 중국과 한국 전역에서 이렇게 되었으며 세계 모든 도시로 들불처럼 번지고 있다. 비록 새 안테나는 작고 전신주 위에 위치한 작은 상자에 불과하지만 그것이 대체한 과거 높은 안테나 타워보다 수십 배 또는 수백 배 많은 방사선에 사람들을 노출시킨다.

유사한 안테나들이 고속도로 옆과 포장도로 아래에 수많은 볍씨처럼 촘촘히 뿌려지고 있다. 그 볍씨에서 싹을 틔워 나와 인접 지역을 덮어버린 전기장은 안테나를 장착하고 사람대신 로봇이 운전하는 자동차와 트럭을 안내할 것이다.

이것들이 도시 내부와 고속도로를 따라 기계로 남성과 여성을 대체하는 구조물이다. 무선기술의 다섯 번째 세대라 해서 이것을 우리는 '5G'라고 불린다. 5G는 "사물 인터넷"을 가능하게 할 것이다. 자동차, 트럭, 가전제품뿐만 아니라 실제로 우리가 구입하는 모든 것에 안테나와 마이크로칩이 장착되어 있을 것이다. 이는 인간으로부터 각종 일거리를 넘겨받을 무선 클라우드에 연결되기 위해서이다. 자동차는 스스로 운전하고, 우유팩은 냉장고에 우유를 주문하도록 지시할 것이며, 아기의 기저귀는 언제 갈아야 할지를 전화로 알려줄 것이다. 어떤 추정에 따르면, 곧 1조 개에 달하는 안테나가 서로 통화하게 될 것이며, 지구상의 사람 수보다 100배 더 많아질 것이다.

현재 사람뿐만 아니라 모든 자연이 전자파로 대체되어가고 있다.

도시와 주변 교외에서만 이런 대체가 일어나는 것이 아니다. 라디오파는 국립공원과 야생지역의 독수리와 매, 바다의 물고기와 고래를 몰아내고 있다. 또 라디오파는 얼음이 전자파 안개로 녹아들어가는 남극과 그린란드의 펭귄과 바다쇠오리도 사라지게 하고 있다.

인공위성과 지구의 비상사태

알고 있듯이 40억 명의 사람들이 여전히 인터넷에 거의 또는 전혀 접속하지 못하고 있다. 그리고 이에 대한 해결책으로 풍선, 드론, 또는 우주에 인공위성을 지금 준비하고 있다. 마침내 인류는 150년 전에 말로만 처음 표현했던 약속을 지금 기꺼이 이행할 수 있게 되었다. 시간과 공간을 철저히 괴멸시킬 채비를 갖추고 있다. 하지만 그 약속은 궁극적으로 트로이 목마에 불과하다. 그 안에 생명의 전멸이나 심각한 피폐와 같은 추측 불가의 위협이 기다리고 있다. 추측 불가는 세상에 무슨 일이 일어나고 있는지 아직 모르는 사람들에 의한 것이다. 위성전화 서비스가 처음 시작되었을 그 때를 기억하는 EHS 사람들은 대재앙을 예견하고 있다.

1998년에 이리듐이라 불리는 위성(66-satellite constellation) 발사는 지구의 방대한 영역에 휴대전화 통신을 가져왔다. 이전에는 통신이 불가능했던 펭귄과 고래가 소유했던 곳까지 처음으로 휴대전화 서비스를 제공했다. 그러나 상권 11장에서 보았던 것처럼, 그것 역시 몇

주 동안 새들이 하늘을 떠나게 하는 새로운 종류의 전자파 비를 뿌렸다. 1998년 9월 23일부터 2주 동안 수천 마리의 경주용 비둘기가 사라졌다는 뉴스가 헤드라인을 장식했다. 야생 조류도 날지 않고 있다는 사실에는 짤막한 언급만 있었다. 사람의 희생은 전혀 언급되지 않았다.

1998년 10월 1일경, 나는 6개 나라에 있는 57명의 전기적으로 민감한 사람들과 연락했다. 또한 나는 두 지원 그룹을 조사했고, 이들에게 봉사하는 두 명의 간호사와 한 명의 의사를 인터뷰했다. 내가 조사한 바에 따르면,[38] 전기적으로 민감한 사람들 중 86%, 대다수의 환자와 지원 단체 회원들이 정확히 9월 23일(수요일)에 병에 걸렸다. 그들은 두통, 현기증, 메스꺼움, 불면증, 코피 흘림, 심장 박동, 천식 발작, 이명과 같은 전형적인 전기 질환 증상을 보였다. 한 사람은 수요일 아침 일찍 칼이 그녀의 뒤통수를 관통하는 것 같은 느낌이 있었다고 말했다. 또 한 사람은 가슴을 찌르는 것 같은 통증을 느꼈다. 나를 포함한 많은 사람들이 너무 아파서 우리가 살 수 있을지 확신할 수 없었다. 추적 결과 이들 중 일부는 3주까지 극심한 질환에 시달렸다. 나는 1998년 9월 23일 갑자기 후각을 잃었는데, 아직도 정상으로 돌아오지 않았다.

질병관리본부(CDC)에서 입수한 1998년의 사망자 통계는 〈표 17-1〉과 같다. CDC가 권고하는 바와 같이, 〈표 17-1〉의 수치는 사망

---

38 "Satellites Begin Worldwide Service," No Place To Hide 2(1): 3 (1999).

<표 17-1>이리듐 위성 휴대전화 서비스 전후 미국 사망자 통계

주	9/6	9/13	9/20	9/27	10/4	10/11	10/18
사망자 수	11,351	11,601	11,223	**11,939**	**11,921**	11,497	11,387

시각과 사망 증명서 제출 사이의 평균 3주 지연을 기준으로 하며, 일부 도시의 경우 누락 데이터를 고려하여 조정되었다. 전기에 민감한 사람들이 가장 아팠고 새들이 하늘을 날지 않았던 2주 동안 국가 사망률이 4~5% 증가했다.

제2의 위성전화 회사인 글로벌스타(Globalstar)의 서비스 개시는 또 다시 갑자기 널리 퍼진 질병이 동반되었다. 글로벌스타는 2000년 2월 28일 월요일 48개의 위성을 통해 미국과 캐나다에서 완전한 상업적 서비스를 시작했다. 메스꺼움, 두통, 다리 통증, 호흡기 질환, 우울증, 허약 등을 호소하는 광범위한 보고가 서비스 개시 전인 2월 25일 금요일부터 시작되었으며, EHS 여부와 상관없이 모든 사람들로부터 보고가 왔다.[39]

이리듐은 1999년 여름 파산했다. 하지만 2000년 12월 5일 미국 연합군(United States Armed Forces, 육군, 해군, 공군, 해병, 우주, 해안경비대)에 위성전화 제공 계약을 체결하면서 부활했다. 2001년 3월 30일 상업적 서비스가 재개되었고, 6월 5일 이리듐은 인터넷에 접속하는 기능을 비롯한 모바일 위성 데이터 서비스를 추가했다. 멀미, 독감 증

---

39 "Satellites: An Urgent Situation," No Place To Hide 2(3): 18 (2000).

상, 압박감이 두 사건에 동반됐다. 목의 쉰 소리(Hoarseness)는 6월 초에 나에게 연락하는 많은 사람들의 두드러진 불만이었다. 하지만 헤드라인을 장식한 보도에는 사람들에 관한 언급은 없었다.

3월 30일에 일어난 일은 몇 가지 점에서 이례적이었다. 첫째, 남반구뿐만 아니라 멕시코 남쪽 끝에서도 볼 수 있는 희귀한 붉은 오로라의 밤이었다. 강렬한 태양 활동의 시기였기 때문에 나는 이것을 순수한 우연의 일치로 돌리고 싶은 유혹을 느꼈는데, 다만 이리듐이 처음 켜졌던 1998년 9월 23일 밤에 붉은 하늘이 나타났다는 일부 보고가 나의 기억을 되살려준다. 아무도 이러한 인공위성들이 지구의 자기장 및 대기에 미치는 상호작용을 이해하려 하지 않는다.

그러나 두 번째로 주목을 끈 것은 4월말과 5월초에 켄터키 경주마 망아지들이 대량 죽은 재난이다.[40] 머크 수의학안내서(Merck Veterinary Manual)에 따르면, 암말은 예를 들어 바이러스 감염이 있으면 몇 주 내지 한 달 후에 유산하기 때문에, 이것은 3월 말에 촉발 사건을 일으킬 것이었다. 하지만 그런 바이러스는 발견되지 않았다. 미국에서는 켄터키와 오하이오, 테네시, 펜실베이니아, 일리노이 같은 인근 주뿐만 아니라 메릴랜드, 텍사스, 미시간 북부에서도 특이한 망아지 분만 관련 문제가 동시에 보고되었다. 켄터키대학교 가축질병진단센터의 렌 해리슨 소장은 아주 멀리 떨어진 페루에서도 비슷한

---

40 "Update on Satellites," No Place To Hide 3(2): 15 (2001).

보고를 받았다고 말했다.[41]

2001년부터 지금까지 우리의 하늘은 본질적으로는 변하지 않았다. 저궤도에 있는 위성들의 수는 점차 증가했지만, 위성전화는 여전히 이리듐과 글로벌스타만 제공하고 있고, 우주에서 지면으로 보내는 데이터의 양은 여전히 이 두 위성 그룹이 점유하고 있다. 그러나 그것은 거대하게 바뀔 준비가 되어 있다. 2017년을 기준으로 지구 주위를 도는 모든 종류의 인공위성은 총 1,100개가 가동되었다. 그리고 그수는 2019년 말에 이미 2배가 되었다. 2020년에는 여러 회사들이 각각 500개에서 42,000개의 새로운 위성을 발사하기 위해 경쟁하고 있다. 유일한 목적은 초고속 무선 인터넷을 지구 가장 먼 지역까지 도입하고 수십억 명의 미개척 소비자들을 소셜 미디어의 대열에 영입하기 위한 것이다. 이 계획은 고도 210마일(약 338km) 정도의 낮은 궤도로 인공위성이 비행할 것을 요구하고, 지구를 향해 최대 2천만 와트의 유효복사 전력을 가진 고도로 집중된 빔으로 쏘는 것을 목표로 하고 있다.[42] 이러한 회사들의 일부는 모두에게 친숙한 구글, 페이스북, 아마존이 있다. 잘 알려지지 않은 다른 것들도 있다. 스페이스엑스(SpaceX)는 억만장자 일론 머스크(Elon Musk)가 만든 우주 항공사다.

---

41 Janet Patton, "Foal deaths remain a mystery," Lexington Herald-Leader, May 9, 2001; Lenn Harrison, 개인 교신.

42 각 빔의 실제 에너지는 100와트 또는 그 이하일 것임. 하지만 모든 에너지가 레이저 같은 빔으로 초점 집중되기 때문에 유효방사에너지(EIRP)는 FCC에 보고됨. EIRP는 초점으로 집중되는 빔이 모든 방향으로 같은 세기를 갖기 위해 위성이 방사해야하는 에너지 량을 말함.

그는 화성에 식민지를 건설하고 지구와 화성에 고속 인터넷을 제공하려고 한다. 영국에 본사를 둔 원웹(OneWeb)은 이미 퀄컴(Qualcomm)과 버진 갤럭틱(Virgin Galactic)으로부터 주요 투자를 유치했으며, 첫 번째 대형 고객으로 허니웰 인터내셔널(Honeywell International)과 계약했다. 구글은 머스크의 위성 프로젝트에 10억 달러를 투자하는 것 외에 페루의 아마존 열대우림 오지까지 인터넷을 공급하는 계약을 체결했다.

이 책이 저술되는 동안 스페이스엑스는 42,000개의 위성을 위한 신청서를 미국 연방통신위원회와 국제전기통신연합(ITU: International Telecommunication Union)에 제출했으며 이미 한 번에 60개의 위성을 발사시키는 과정에 있다. 또한 스페이스엑스는 빠르면 2020년 2월 즈음에 420개의 위성이 궤도에 올라가는 즉시 그것들을 가동시켜 지구의 어떤 지역에 서비스를 제공할 것이라고 발표했다. 원웹은 이미 5,260개의 위성에 대한 신청서를 제출했고, 2020년 1월에 한 번에 30개씩 발사할 계획이며, 2020년 말에는 북극과 남극에 서비스 제공을 시작하고 2021년에는 650개 위성의 완전한 글로벌 서비스 제공을 예상하고 있다. 캐나다에 본사를 둔 텔레사트(Telesat)는 2021년에 최대 512개의 인공위성 함대를 발사하고, 2022년에 글로벌 서비스를 제공할 것으로 예상하고 있다. 아마존은 그들의 3,236개 위성이 북극과 남극을 제외한 전 세계에 서비스를 제공할 것이라고 예상하고 있다. 페이스북은 지금까지 계획을 대중에게 공개할 필요가 없는 조건이 들어있는 FCC의 실험용 위성 라이센스를 가지고 있다. 또 실험용 라이센스를 가지고 있는 린크(Lynk)라는 새로운 회사도 2023년까지 "수천" 개의 위성을 배치할 계획이며 "모든 휴대전화를 위성전화로 바꿀 것"이라고 자랑하고 있다.

이러한 계획들은 절대 실행되면 안 된다. 우리의 생명유지 시스템의 뿌리는 지구 자기장의 기둥에 단단히 고정되어 있다. 그리고 우리의 머리 한참 위에는 우주의 파동이 태양으로부터 영양과 수분을 공급받고 아래로 흡수되어 지구에 사는 모든 생명체를 활기차게 한다. 기술자들은 이러한 모든 인공위성들이 너무 멀리 떨어져 있어 생명체에 영향을 미치지 않는다고 믿기 때문에 예상이 빗나간다. 1968년에 궤도에 진입한 28개 군사 위성으로 된 소규모 함대도 전 세계적인 인플루엔자 대유행을 유발했다. 직접적인 방사선은 문제의 일부분에 불과하다. 인공위성은 우리가 9장에서 보았듯이 이미 지구 자기층(magnetosphere) 안에 들어있기 때문에 심각한 영향을 미친다. 지구에 있는 안테나 타워에서 방출되는 방사선은 우주로 가면서 크게 줄어들게 되지만, 위성에서 방출되는 방사선은 자기층에서 모든 힘을 발휘하여 그곳에서 지금은 이해하지 못하는 메커니즘에 의해 변조되고 증폭된다.

이 인공위성들은 지구의 자기층에 위치한다. 더구나 대부분이 자기층 아래 부분인 이온층에 머무르게 된다. 9장에서 본 바와 같이 이온층은 평균 30만 볼트로 충전되어 전 지구의 전기회로에 에너지를 공급한다. 지구의 전기회로는 모든 생물에게 에너지를 제공한다. 그것은 우리가 살아있는 이유이자 모든 건강과 치유의 원천이다. 모든 한의사들은 이것을 알고 있으며 다만 그들은 이 에너지를 "기(gi)" 또는 "치(chi)"라 부르고만 있을 뿐이다. 이것은 하늘에서 땅으로 흐르고 우리의 경혈을 순환하며 생명을 공급해준다. 이것은 바로 전기다. 수백만 번의 진동과 변조된 전자신호로 지구의 전기회로를 오염시키면 지구의 모든 생명체는 파괴된다.

공학적인 관점이 실패하는 또 다른 이유는 보다 근본적인 것에 있다. 우리는 1800년대 우리 조상들이 저지른 과오를 영원히 계속하려는 것이다. 그 과오는 전기를 이질적인 구성원으로 취급하여 자연의 법칙 밖에서 활동하는 이상한 짐승으로 만들어버린 끔찍한 결정을 한 것이다. 우리는 전기가 우리 몸에 효과를 나타낼 정도만 그 존재를 인정하고, 그렇지 않으면 전기가 없는 것처럼 행동한다. 우리는 1748년 장 모린이 지적한 "전기를 사용하는 것은 생명을 간섭하는 것"이라는 경고를 무시하고 있다. 우리는 모든 과학적 증거와 반대로, 안전한 노출 수준이 있고 당국이 안전기준만 충분히 낮게 설정한다면, 레이더 기지, 컴퓨터 화면, 휴대전화를 사용할 수 있고, 그로 인한 피해는 겪지 않을 수 있는 척하고 있다. **생물전자기학의 할아버지 로스 아디(Ross Adey)와 대기물리학자 닐 체리(Neil Cherry)는 우리는 주변의 자연환경에 전기적으로 맞춰져 있고 전파의 안전 노출 수준은 0(Zero)이라고 경고했다.** 우리는 지금 그들의 경고를 잊고 있다.

앞에서 설명한 인공위성 프로젝트 때문에 보다 시급함을 세계에 알리기 위한 노력을 점점 강화해왔다. 2009년 이 책에서 다룬 문제들을 전 세계에 알리는 것을 임무로 하는 국제협력체가 결성되었다. 이 글을 쓰고 있는 지금 국제전자기장협회(IEMFA: International Electromagnetic Field Association)는 24개국의 121조직과 협력하고 있다. 2015년 세계우주방사선배치반대연합(GUARD: Global Union Against Radiation Deployment from Space)이 결성되었다. GUARDS의 임무는 인공위성, 드론, 풍선으로부터 전자파를 비처럼 뿌리는 무선 인터넷 계획을 막는 것이다. 그리고 2019년, 지구와 우주에서 5G를 중단하기 위한 국제탄원모임(International Appeal)이 206개국의 수천 개 조직과 수십만 개인들로부터 서명을 받았다. 거의 모든 나라의 과학자, 의사, 엔지니어, 간호사, 심리학자, 건축가, 건설업자, 수의사, 양봉가, 그리고 기타 개인들이 이 탄원서에 서명했고, 그것을 전 세계 모든 정부에 전달하기 위한 준비가 진행 중이다.

2014년 일본 의사 데쓰하루 신죠(Tetsuharu Shinjyo)는 "세계가 가야 할 방향을 알리는 전조"라는 전후 연구(before and after study)를 발표했다. 그는 오키나와에서 지붕에 휴대전화 안테나가 수년 동안 작동해 왔던 집에서 사는 주민들을 대상으로 건강상태를 조사했다. 47채 중 39채를 대표하는 주민 122명을 대상으로 면접조사를 했다. 안테나를 제거하기 전에 21명이 만성피로에 시달렸고, 14명은 현기증, 어지러움, 메니에르병(Meniere's disease, 난청, 현기증, 구역질), 14명은 두통, 17명은 눈 통증, 17명은 눈 건조증, 반복되는 눈 감염, 14명은 불면증, 10명은 만성 코피 흘림으로 고생했다. 안테나를 제거한 지 5 개월이 지난 후에, 건물 안에 만성피로를 겪는 사람은 아무도 없었다. 아무도 더 이상 코피를 흘리지 않았다. 눈에 문제가 생기는 사람은 아무도 없었다. 오직 두 사람만이 여전히 불면증을 가지고 있었다. 한 사람은 여전히 현기증이 있었다. 한 명은 여전히 두통이 있었다. 위염과 녹내장의 경우는 해결되었다. 그 집에서 휴대전화 안테나 제거 이전에 살았던 주민들처럼, 오늘날 세계 대다수의 사람들은 그들의 급성 및 만성 질환이 상당 부분 전자기 오염 때문에 발생한다는 사실을 알지 못한다. 그들은 서로 건강 문제에 대해 이야기하지 않으며, 많은 이웃들이 같은 질병을 앓고 있다는 것을 모르고 있다.

인식이 확산됨에 따라, 이웃에 관심을 가지고 그들에게 휴대전화를 끄고 와이파이 플러그를 뽑아달라는 부탁을 하면 받아들여질 것이다. 그리고 그 시작은 우리는 문제를 가졌고, 그 문제는 200년이나 되었다는 사실을 인식하는 것이다. 그것은 전기기술이 인류에게 가져온 생활의 편의성, 즉 손가락 끝의 무한한 힘을, 같은 기술이 우리가 속해있는 자연 세계에 가져온 피할 수 없고 되돌릴 수 없는 영향에 대항하여 겨루는 문제다. **이제 우리는 이미 세계 인구 1억 명에게 영향을 줌으로 인해 발생하는 인권비상사태와 수많은 동식물을 멸종으로 위협하는 환경비상사태를 눈을 크게 뜨고 맞서야 한다.**

참고문헌

제12장

Abbate, Mara, Giovanni Tinè, and Luigi Zanforlin. 1996. "Evaluation of Pulsed Microwave Influence on Isolated Hearts." *IEEE Transactions on Microwave Theory and Techniques* MTT-44(10): 1935-41.

Adams, Ronald L. and R. A. Williams. 1976. *Biological Effects of Electromagnetic Radiation (Radiowaves and Microwaves) – Eurasian Communist Countries (U)*. Defense Intelligence Agency, DST-1810S-074-76.

Afrikanova, Lena Andreevna and Yury Grigorievich Grigoriev. 1996. "Vliyanie elektromagnitnogo izlucheniya razlichnykh rezhimov na serdechnuyu deyatel'nost' (v ekcperimente)" ("Effects of various regimes of electromagnetic radiation on cardiac activity (by experiment)"). *Radiatsionnaya biologiya. Radioekologiya* 36(5): 691-99.

Ammari, Mohamed, Anthony Lecomte, Mohsen Sakly, Hafedh Abdelmelek, and René de Sèze. 2008. "Exposure to GSM 900 MHz Electromagnetic Fields Affects Cerebral Cytochrome C Oxidase Activity." *Toxicology* 250(1): 70-74.

Appleby, Paul N., Margaret Thorogood, Jim I. Mann, and Timothy J. A. Key. 1999. "The Oxford Vegetarian Study: an Overview." *American Journal of Clinical Nutrition* 70(3): 525S-531S.

Aschenheim, Erich. 1915. "Über Störungen der Herztätigkeit." *Münchener medizinische Wochenschrift* 62(20): 692-93.

Aubertin, Charles. 1916. "La récupération des faux cardiaques." *Presse médicale* 24: 92-93.

Bachurin, V. I. 1979. "Influence of Small Doses of Electromagnetic Waves on Some Human Organs and Systems." *Vrachebnoye Delo* 1979(7): 95-97. JPRS 75515 (1980), pp. 36-39.

Bajwa, Waheed K., Gregory M. Asnis, William C. Sanderson, Ahman Irfan, and Herman M. van Praag. 1992. "High Cholesterol Levels in Patients with Panic Disorder." *American Journal of Psychiatry* 149(3): 376-78.

Barański, Stanisław and Przemysław Czerski. 1976. "Health Status of Personnel Occupationally Exposed to Microwaves, Symptoms of Microwave Overexposure." In: Barański and Czerski, *Biological Effects of Microwaves* (Stroudsburg, PA: Dowden, Hutchinson & Ross), pp. 153-69.

Barlow, David H. 2002. *Anxiety and its Disorders*, 2nd ed. New York: Guilford.

Barron, Charles I., Andrew A. Love, and Albert A. Baraff. 1955. "Physical Evaluation of Personnel Exposed to Microwave Emanations." *Journal of Aviation Medicine* 26(6): 442-52.

Bates, David W., Dedra Buchwald, Joshua Lee, Phalla Kith, Teresa Doolittle, Cynthia Rutherford, W. Hallowell Churchill, Peter H. Schur, Mark Wener, Donald Wybenga,

James Winkelman, and Anthony L. Komaroff. 1995. "Clinical Laboratory Test Findings in Patients with Chronic Fatigue Syndrome." *Archives of Internal Medicine* 155(1): 97-103.

Beall, Robert T. 1940. "Rural Electrification." In: Gove Hambidge, ed., *Farmers in a Changing World* (Washington, DC: U.S. Department of Agriculture), pp. 790-809.

Beattie, A. D., Michael R. Moore, Abraham Goldberg, and R. L. Ward. 1973. "Acute Intermittent Porphyria: Response of Tachycardia and Hypertension to Propranolol." *British Medical Journal* 3: 257-60.

Behan, W. M. H., I. A. R. More, and P. O. Behan. 1991. "Mitochondrial Abnormalitieis in the Postviral Fatigue Syndrome." *Acta Neuropathologica* 83: 61-65.

Beitman, Bernard D., Imad Basha, Greg Flaker, Lori DeRosear, Vaskar Mukerji, and Joseph Lamberti. 1987. "Non-Fearful Panic Disorder: Panic Attacks without Fear." *Behaviour Research and Therapy* 25(6): 487-92.

Blank, Martin and Reba Goodman. 2009. "Electromagnetic Fields Stress Living Cells." *Pathophysiology* 16(2-3): 71-78.

Blom, Dirk. 2011. "Secondary Dyslipidaemia." *South African Family Practice* 53(4): 317-23.

Blom, Gaston E. 1951. "A Review of Electrocardiographic Changes in Emotional States." *Journal of Nervous and Mental Disease* 113(4): 283-300.

Bonkowsky, Herbert L., Donald P. Tschudy, Eugene C. Weinbach, Paul S. Ebert, and Joyce M. Doherty. 1975. "Porphyrin Synthesis and Mitochondrial Respiration in Acute Intermittent Porphyria: Studies Using Cultured Human Fibroblasts." *Journal of Laboratory and Clinical Medicine* 85(1): 93-102.

Bortkiewicz, A., M. Zmyslony, E. Gadzicka, and W. Szymczak. 1996. "Evaluation of Selected Parameters of Circulatory System Function in Various Occupational Groups Exposed to High Frequency Electromagnetic Fields. II. Electrocardiographic Changes." *Medycyna Pracy* 47(3): 241-52 (in Polish).

Bowen, Rudy Cecil, Ambikaipakan Senthilselvan, and Anthony Barale. 2000. "Physical Illness as an Outcome of Chronic Anxiety Disorders." *Canadian Journal of Psychiatry* 45(5): 459-64.

Bowlby, Anthony A., Howard H. Tooth, Cuthbert Wallace, John E. Calverley, and Surgeon-Major Kilkelly. 1901. *A Civilian War Hospital: Being an Account of the Work of the Portland Hospital, and of Experience of Wounds and Sickness in South Africa, 1900.* London: John Murray. Pages 128-29 on neurasthenia.

Brasch, Dr. 1915. "Herzneurosen mit Hauthyperästhesie." *Münchener medizinische Wochenschrift* 62(20): 693-95.

Braun, Ludwig. 1915. "Ueber die Konstatierung bie Herzkranken." *Wiener klinische Wochenschrift* 28(46): 1249-51.

Brodeur, Paul. 1977. *The Zapping of America*. New York: W. W. Norton.

Brown, Louis. 1999. *A Radar History of World War II.* Bristol, UK: Institute of Physics.

Burr, Michael L. and Peter M. Sweetnam. 1982. "Vegetarianism, Dietary Fiber, and Mortality." *American Journal of Clinical Nutrition* 36(5): 873-77.

Canadian Medical Association Journal. 1916. "Soldier's Heart and the Hampstead Hospital." 6(7): 613-18.

Caruthers, B. M., M. I. van de Sande, K. L. De Meirleir, N. G. Klimas, G. Broderick, T. Mitchell, D. Staines, A. C. P. Powles, N. Speight, R. Vallings, L. Bateman, B. Baumgarten-Austrheim, D. S. Bell, N. Carlo-Stella, J. Chia, A. Darragh, D. Jo, D. Lewis, A. R. Light, S. Marshal-Gradisbik, I. Mena, J. A. Mikovits, K. Miwa, M. Murovska, M. L. Pall, and S. Stevens. 2011. "Myalgic Encephalomyelitis: International Consensus Criteria." *Journal of Internal Medicine* 270(4): 327-38.

Chadha, S. L., N. Gopinath, and S. Shekhawat. 1997. "Urban-Rural Differences in the Prevalence of Coronary Heart Disease and Its Risk Factors in Delhi." *Bulletin of the World Health Organization* 75(1): 31-38.

Chapman, William P., Mandel E. Cohen, and Stanley Cobb. 1946. "Measurements Related to Pain in Neurocirculatory Asthenia, Anxiety Neurosis, or Effort Syndrome: Levels of Heat Stimulus Perceived as Painful and Producing Wince and Withdrawal Reactions." *Journal of Clinical Investigation* 25: 890-96.

Chernysheva, O. N. and F. A. Kolodub. 1976. "Effect of a Variable Magnetic Field of Industrial Frequency (50 Hz) on Metabolic Processes in the Organs of Rats." *Gigiyena truda i professional'nyye zabolevaniya* 1975(11): 20-23. In: *Effects of Non-Ionizing Electromagnetic Radiation*, JPRS L/5615, February 10, 1976, pp. 33-37.

Chin, Kazuo, Kouichi Shimizu, Takaya Nakamura, Noboru Narai, Hiroaki Masuzaki, Yoshihiro Ogawa, Michiaki Mishima, Takashi Nakamura, Kazuwa Nakao, and Motoharu Ohi. 1999. "Changes in Intra-Abdominal Visceral Fat and Serum Leptin Levels in Patients with Obstructive Sleep Apnea Syndrome Following Nasal Continuous Positive Airway Pressure Therapy." *Circulation* 100: 706-12.

Cleary, Stephen F., ed. 1970. *Biological Effects and Health Implications of Microwave Radiation. Symposium Proceedings*, Richmond, Virginia, September 17-19, 1969. Rockville, MD: U.S. Department of Health, Education and Welfare. Publication BRH/DBE 70-2.

Cobb, Stanley, Mandel E. Cohen, and Daniel W. Badal. 1946. "Capillaries of the Nail Fold in Patients with Neurocirculatory Asthenia (Effort Syndrome, Anxiety Neurosis)." *Archives of Neurology and Psychiatry* 56: 643-50.

Cohen, Anne Hamlen, ed. 2003. "In Memoriam – Mandel E. Cohen, M.D. (March 8, 1907 – November 19, 2000)." *Annals of Clinical Psychiatry* 15(3/4): 149-59.

Cohen, Mandel Ettelson. 1949. "Neurocirculatory Asthenia (Anxiety Neurosis, Neurasthenia, Effort Syndrome, Cardiac Neurosis." *Medical Clinics of North America* 33(9): 1343-64.

Cohen, Mandel E., Daniel W. Badal, Alice Kilpatrick, Eleanor W. Reed, and Paul D. White. 1951. "The High Familial Prevalence of Neurocirculatory Asthenia (Anxiety Neurosis, Effort Syndrome)." *American Journal of Human Genetics* 3: 126-58.

Cohen, Mandel E., Frank Consolazio, and Robert E. Johnson. 1947. "Blood Lactate Response during Modern Exercise in Neurocirculatory Asthenia, Anxiety Neurosis, or Effort Syndrome." *Journal of Clinical Investigation* 26: 339-42.

Cohen, Mandel E., Robert E. Johnson, William P. Chapman, Daniel W. Badal, Stanley Cobb, and Paul D. White. 1946. *A Study of Neurocirculatory Asthenia, Anxiety Neurosis, Effort Syndrome*. Final Report. Contract OEM-cmr 157. Committee on Medical Research of the Office of Scientific Research and Development.

Cohen, Mandel E., Robert E. Johnson, Stanley Cobb, William P. Chapman, and Paul D. White. 1948. "Studies of Work and Discomfort in Patients with Neurocirculatory Asthenia." *Journal of Clinical Investigation* 27: 934. Abstract.

Cohen, Mandel E., Robert E. Johnson, Frank Consolazio, and Paul D. White. 1946. "Low Oxygen Consumption and Low Ventilatory Efficiency during Exhausting Work in Patients with Neurocirculatory Asthenia, Effort Syndrome, Anxiety Neurosis." *Journal of Clinical Investigation* 25: 920. Abstract.

Cohen, Mandel E. and Paul D. White. 1947. "Studies of Breathing, Pulmonary Ventilaton and Subjective Awareness of Shortness of Breath (Dyspnea) in Neurocirculatory Asthenia, Effort Syndrome, Anxiety Neurosis." *Journal of Clinical Investigation* 26: 520-29.

———. 1951. "Life Situations, Emotions, and Neurocirculatory Asthenia (Anxiety Neurosis, Neurasthenia, Effort Syndrome)." *Psychosomatic Medicine* 13(6): 335-57.

———. 1972. "Neurocirculatory Asthenia: 1972 Concept." *Military Medicine* 137: 142-44.

Cohen, Mandel E., Paul D. White, and Robert E. Johnson. 1948. "Neurocirculatory Asthenia, Anxiety Neurosis or the Effort Syndrome." *Archives of Internal Medicine* 81(3): 260-81.

Cohn, Alfred E. 1919. "The Cardiac Phase of the War Neuroses." *American Journal of the Medical Sciences* 158(4): 453-70.

Conner, Lewis A. 1919. "Cardiac Diagnosis in the Light of Experiences with Army Physical Examinations." *American Journal of the Medical Sciences* 158(6): 773-82.

Corcoran, A. P. 1917. "Wireless in the Trenches." *Popular Science Monthly* 90: 795-99.

Coryell, William, Russell Noyes, and John Clancy. 1982. "Excess Mortality in Panic Disorder." *Archives of General Psychiatry* 39: 701-3.

Coryell, William, Russell Noyes, and J. Daniel House. 1986. "Mortality Among Outpatients with Anxiety Disorders." *American Journal of Psychiatry* 143(4): 508-10.

Coryell, William. 1988. "Panic Disorder and Mortality." *Psychiatric Clinics of North America* 11(2): 433-40.

Cotton, Thomas F., D. L. Rapport, and Thomas Lewis. 1917. "After Effects of Exercise on Pulse Rate and Systolic Blood Pressure in Cases of 'Irritable Heart.'" *Heart* 6: 269-84.

Coughlin, Steven R., Lynn Mawdsley, Julie A. Mugarza, Peter M. A. Calverley, and John P. H. Wilding. 2004. "Obstructuve Sleep Apnoea is Independently Associated with an Increased Prevalence of Metabolic Syndrome." *European Heart Journal* 25: 735-41.

Cowdry, Edmund V. 1933. *Arteriosclerosis: A Survey of the Problem*. New York: Macmillan.

Craig, Henry R. and Paul D. White. 1934. "Etiology and Symptoms of Neurocirculatory Asthenia." *Archives of Internal Medicine* 53(5): 633-48.

Crimlisk, Helen L. 1997. "The Little Imitator – Porphyria: A Neuropsychiatric Disorder." *Journal of Neurology, Neurosurgery, and Psychiatry* 62: 319-28.

Csaba, B. M. 2006. "Anxiety as an Independent Cardiovascular Risk." *Neuropsycopharmacologia Hungarica* 8(1): 5-11 (in Hungarian).

Çuhadaroğlu, Çağlar, Ayfer Utkusavaş, Levent Öztürk, Serpil Salman, and Turhan Ece. 2009. "Effects of Nasal CPAP Treatment on Insulin Resistance, Lipid Profile, and Plasma Leptin in Sleep Apnea." *Lung* 187: 75-81.

Cutler, David M. and Elizabeth Richardson. 1997. "Measuring the Health of the U.S. Population." *Brookings Papers on Economic Activity* 28: 217-82.

Czerski, Przemysław, Kazimierz Ostrowski, Morris L. Shore, Charlotte Silverman, Michael J. Suess, and Berndt Waldeskog, eds. 1974. *Biologic Effects and Health Hazards of Microwave Radiation: Proceedings of an International Symposium, Warsaw, 15-18 October 1973.* Warsaw: Polish Medical Publishers.

Da Costa, Jacob Mendes. 1871. "On Irritable Heart: a Clinical Study of a Form of Functional Cardiac Disorder and its Consequences." *American Journal of the Medical Sciences*, new ser., 61: 17-52.

Daily, L. Eugene. 1943. "A. Clinical Study of the Results of Exposure of Laboratory Personnel to Radio and High Frequency Radar." *U.S. Naval Medical Bulletin* 41(4): 1052-56.

Dawber, Thomas R., Felix E. Moore, and George V. Mann. 1957. "Coronary Heart Disease in the Framingham Study." *American Journal of Public Health* 47 (4 part 2): 4-24.

Devoto, L. 1915. "Il cuore stanco nei militari poco alienati." *Il Lavoro* 8: 138-47.

Dodge, Christopher H. 1970. "Clinical and Hygienic Aspects of Exposure to Electromagnetic Fields (A Review of Soviet and Eatern European Literature)." In: Stephen F. Cleary, ed., *Biological Effects and Health Implications of Microwave Radiation. Symposium Proceedings* (Rockville, MD: U.S. Department of Health, Education and Welfare), Publication BRH/DBE 70-2, pp. 140-49.

Dorkova, Zuzana, Darina Petrasova, Angela Molcanyiova, Marcela Popovnakova, and Ruzena Tkacova. 2008. "Effects of Continuous Positive Airway Pressure on Cardiovascular Risk Profile in Patients with Severe Obstructuve Sleep Apnea and Metabolic Syndrome." *Chest* 134(4): 686-92.

Doyle, Joseph T., A. Sandra Heslin, Herman E. Hilleboe, Paul F. Formel, and Robert F. Korns. 1957. "A Prospective Study of Degenerative Cardiovascular Disease in Albany: Report of Three Years' Experience – 1. Ischemic Heart Disease." *American Journal of Public Health* 47(4 part 2): 25-32.

Drager, Luciano F., Jonathan Jun, and Vsevolod Y. Polotsky. 2010. "Obstructive Sleep Apnea and Dyslipidemia: Implications for Atherosclerosis." *Current Opinion in Endocrinology* , *Diabetes and Obesity* 17(2): 161-65.

Drogichina, E. A. 1960. "The Clinic of Chronic UHF Influence on the Human Organism." In: A. A. Letavet and Z. V. Gordon, eds., *The Biological Action of Ultrahigh Frequencies* (Moscow: Academy of Medical Sciences), JPRS 12471, pp. 22-24.

Drury, Alan N. 1920. "The Percentage of Carbon Dioxide in the Alveolar Air, and the Tolerance to Accumulating Carbon Dioxide, in Cases of So-Called 'Irritable Heart' of Soldiers." *Heart* 7: 165-73.

Dry, Thomas J. 1938. "The Irritable Heart and Its Accompaniments." *Journal of the Arkansas Medical Society* 34: 259-64.

Dumanskiy, Yury D. and V. F. Rudichenko. 1976. "Dependence of the Functional Activity of Liver Mitochondria on Microwave Radiation." *Gigiyena i Sanitariya* 1976(4): 16-19. JPRS 72606 (1979), pp. 27-32.

Dumanskiy, Yury D. and Mikhail G. Shandala. 1974. "The Biologic Action and Hygienic Significance of Electromagnetic Fields of Superhigh and Ultrahigh Frequencies in Densely Populated Areas." In: P. Czerski et al., eds., *Biologic Effects and Health Hazards of Microwave Radiation: Proceedings of an International Symposium, Warsaw, 15-18 October 1973* (Warsaw: Polish Medical Publishers), pp. 289-93.

Dumanskiy, Yury D. and Lyudmila A. Tomashevskaya. 1978. "Investigation of the Activity of Some Enzymatic Systems in Response to a Superhigh Frequency Electromagnetic Field." *Gigiyena i Sanitariya* 1978(8): 23-27. JPRS 72606 (1979), pp. 1-7.

———. 1982. "Hygienic Evaluation of 8-mm Wave Electromagnetic Fields." *Gigiyena i Sanitariya* 1982(6): 18-20. JPRS 81865, pp. 6-9.

Eaker, Elaine D., Joan Pinsky, and William P. Castelli. 1992. "Myocardial Infarction and Coronary Death among Women: Psychosocial Predictors from a 20-Year Follow-up of Women in the Framingham Study." *American Journal of Epidemiology* 135(8): 854-64.

Eaker, Elaine D., Lisa M. Sullivan, Margaret Kelly-Hayes, Ralph B. D'Agostino, and Emilia J. Benjamin. 2005. "Tension and Anxiety and the Prediction of the 10-Year Incidence of Coronary Heart Disease, Atrial Fibrillation, and Total Mortality: The Framingham Offspring Study." *Psychosomatic Medicine* 67: 692-96.

Edison Electric Institute. 1940. *The Electric Light and Power Industry in the United States. Year 1939.* Statistical Bulletin no. 7.

Edison Electric Institute. 1941. *The Electric Light and Power Industry in the United States. Year 1940.* Statistical Bulletin no. 8.

Ehret, Hermann. 1915. "Zur Kenntnis der Herzschädigungen bei Kriegsteilnehmern." *Münchener medizinische Wochenschrift* 62: 689-92.

Eilenberg, M. D. and B. A. Scobie. 1960. "Prolonged Neuropsychiatric Disability and Cardiomyopathy in Acute Intermittent Porphyria." *British Medical Journal* 1: 858-59.

Fang, Jing, George A. Mensah, Janet B. Croft, and Nora L. Keenan. 2008. "Heart Failure-Related Hospitalization in the U.S., 1979 to 2004." *Journal of the American College of Cardiology* 52(6): 428-34.

Fattal, Omar, Jessica Link, Kathleen Quinn, Bruce H. Cohen, and Kathleen Franco. 2007. "Psychiatric Comorbidity in 36 Adults with Mitochondrial Cytopathies." *CNS Spectrums* 12(6): 429-38.

Fava, G. A., C. Magelli, G. Savron, S. Conti, G. Bartolucci, S. Grandi, F. Semprini, F. M. Saviotti, P. Belluardo, and B. Magnani. 1994. "Neurocirculatory Asthenia: A Reassessment Using Modern Psychosomatic Criteria." *Acta Psychiatrica Scandinavica* 89(5): 314-19.

Feinleib, Manning, William B. Kannel, Cesare G. Tedeschi, Thomas K. Landau, and Robert J. Garrison. 1979. "The Relation of Antemortem Characteristics to Cardiovascular Findings at Necropsy: The Framingham Study." *Atherosclerosis* 34: 145-57.

Fernández-Miranda C., M. De La Calle, S. Larumbe, T. Gómez-Izquierdo, A. Porres, J. Gómez-Gerique, and R. Enríquez de Salamanca. 2000. "Lipoprotein Abnormalities in Patients with Asymptomatic Acute Porphyria." *Clinica Chimica Acta* 294(1-2): 37-43.

Fisher, Irving. 1899. "Mortality Statistics of the United States Census." In: *The Federal Census. Criticial Essays by Members of the American Economic Association*, Publications of the American Economic Association, new ser., no. 2, March 1899, pp. 121-69.

Flint, Austin. 1866. *A Treatise on the Principles and Practice of Medicine*. Philadelphia: Henry C. Lea.

Fones, Edgar and Simon Wessely. 1999. "Case of Chronic Fatigue Syndrome after Crimean War and Indian Mutiny." *British Medical Journal* 319: 1645-47.

Fox, Herbert. 1921. "Comparative Pathology of the Heart as Seen in the Captive Animals at the Philadelphia Zoölogical Garden." *Transactions of the College of Physicians of Philadelphia*, 3rd ser., no. 43, pp. 130-45.

———. 1923. *Disease in Captive Wild Mammals and Birds*. Philadelphia: J. B. Lippincott.

Fraser, Allan and Allan H. Frey. 1968. "Electromagnetic Emission at Micron Wavelengths from Active Nerves." *Biophysical Journal* 8: 731-34.

Fraser, Gary E. 1999. "Associations between Diet and Cancer, Ischemic Heart Disease, and All-Cause Mortality in Non-Hispanic White California Seventh-day Adventists." *American Journal of Clinical Nutrition* 70(3): 532S-538S.

———. 2009. "Vegetarian Diets: What Do We Know of Their Effects on Common Chronic Diseases?" *American Journal of Clinical Nutrition* 89(5): 1607S-1612S.

Frasure-Smith, Nancy and François Lespérance. 2008. "Depression and Anxiety as Predictors of 2-Year Cardiac Events in Patients with Stable Coronary Artery Disease." *Archives of General Psychiatry* 65(1): 62-71.

Freedman, David S., Tim Byers, Drue H. Barrett, Nancy E. Stroup, Elaine Eaker, and Heather Monroe-Blum. 1995. "Plasma Lipid Levels and Psychologic Characteristics in Men." *American Journal of Epidemiology* 141(6): 507-17.

Frentzel-Beyme, R., J. Claude, and U. Eilber. 1988. "Mortality Among German Vegetarians: First Results after Five Years of Follow-up." *Nutrition and Cancer* 11(2): 117-26.

Freud, Sigmund. 1895. "Ueber die Berechtigung von der Neurasthenie einen be-stimmten Symptomencomplex als 'Angstneurose' abzutrennen." *Neurologisches Centralblatt* 14: 50-66. Published in English as "On the Grounds for Detaching a Particular Syndrome from Neurasthenia under the Description 'Anxiety Neurosis,'" in James Strachey, ed., *The Standard Edition of the Complete Psychological Works of Sigmund Freud* (London: Hogarth), 1962, vol. 3, pp. 87-139.

Frey, Allan H. 1961. "Auditory System Response to Radio Frequency Energy." *Aerospace Medicine* 32: 1140-42.

———. 1962. "Human Auditory System Response to Modulated Electromagnetic Energy." *Journal of Applied Physiology* 17(4): 689-92.

———. 1963. "Some Effects on Human Subjects of Ultra-High-Frequency Radiation." *American Journal of Medical Electronics* 2: 28-31.

———. 1965. "Behavioral Biophysics." *Psychological Bulletin* 63: 322-37.

———. 1967. "Brain Stem Evoked Responses Associated with Low-Intensity Pulsed UHF Energy." *Journal of Applied Physiology* 23(6): 984-88.

———. 1968. "Some Effects on Human Subjects of Ultrahigh Frequency Radiation." *American Journal of Medical Electronics*, January-March, pp. 28-31.

———. 1970. "Effects of Microwave and Radio Frequency Energy on the Central Nervous System." In: Stephen F. Cleary, ed., *Biological Effects and Health Implications of Microwave Radiation. Symposium Proceedings* (Rockville, MD: U.S. Department of Health, Education and Welfare), Publication BRH/DBE 70-2, pp. 134-139.

———. 1971. "Biological Function as Influenced by Low Power Modulated RF Energy." *IEEE Transactions on Microwave Theory and Techniques* MTT-19(2): 153-64.

———. 1985. "Data Analysis Reveals Significant Microwave-Induced Eye Damage in Humans." *Journal of Microwave Power* 20(1): 53-55.

———. 1988. "Evolution and Results of Biological Research with Low-Intensity Nonionizing Radiation." In: Andrew A. Marino, ed., *Modern Bioelectricity* (New York: Marcel Dekker), pp. 785-837.

Frey, Allan H. and Edwin S. Eichert. 1986. "Modification of Heart Function with Low Intensity Electromagnetic Energy." *Electromagnetic Biology and Medicine* 5(2): 201-10.

Frey, Allan H. and S. R. Feld. 1975. "Avoidance by Rats of Illumination with Low Power Nonionizing Electromagnetic Energy." *Journal of Comparative and Physiological Psychology* 89(2): 183-88.

Frey, Allan H., Sondra Feld, and Barbara Frey. 1975. "Neural Function and Behavior: Defining the Relationship." *Annals of the New York Academy of Sciences* 247: 433-39.

Frey, Allan H. and Rodman Messenger, Jr. 1973. "Human Perception of Illumination with Pulsed Ultrahigh-Frequency Electromagnetic Energy." *Science* 181: 356-58.

Frey, Allan H. and Elwood Seifert. 1968. "Pulse Modulated UHF Energy Illumination of the Heart Associated with Change in Heart Rate." *Life Sciences* 7 (part 2): 505-12.

Frey, Allan H. and Jack Spector. 1976. "Exposure to RF Electromagnetic Energy Decreases Aggressive Behavior." In: U.S. National Committee of the International Union of Radio Science, Program and Abstracts, URSI 1979 Spring Meeting, June 18-22 (Washington, DC: USNC-URSI), p. 456.

Frey, Allan H. and Lee S. Wesler. 1979. "Modification of Tail Pinch Consummatory Behavior in Microwave Energy Exposure." *Aggressive Behavior* 12(4): 285-91.

Friedman, Meyer. 1947. *Functional Cardiovascular Disease*. Baltimore: Williams and Wilkins.

Galli, G. 1916. "Il cuore dei soldati." *Il Policlinico, Sezione Pratica* 23: 489-91.

Gardner, Ann, Anna Johansson, Rolf Wibom, Inger Nennesmo, Ulrika von Döbeln, Lars Hagenfeldt, and Tore Hällström. 2003. "Alterations of Mitochondrial Function and Correlations with Personality Traits in Selected Major Depressive Disorder Patients." *Journal of Affective Disorders* 76: 55-68.

Gardner, Ann and Richard G. Boles. 2008. "Symptoms of Somatization as a Rapid Screening Tool for Mitochondrial Dysfunction in Depression." *BioPsychoSocial Medicine* 2: 7.

———. 2011. "Beyond the Serotonin Hypothesis: Mitochondria, Inflammation and Neurodegeneration in Major Depression and Affective Spectrum Disorders." *Progress in Neuro-Psychopharmocology & Biological Psychiatry* 35: 730-43.

Garssen, Bert, Mariete Buikhuisen, Doctorandus, and Richard van Dyck. 1996. "Hyperventilation and Panic Attacks." *American Journal of Psychiatry* 153(4): 513-18.

Gembitskiy, Ye. V. 1970. "Changes in the Functions of the Internal Organs of Personnel Operating Microwave Generators." In: I. R. Petrov. ed., *Influence of Microwave Radiation on the Organism of Man and Animals* (Leningrad: "Meditsina"), in English translation, 1972 (Washington, DC: NASA), report no. TTF-708, pp. 106-125.

Ghali, Jalal K., Richard Cooper, and Earl Ford. 1990. "Trends in Hospitalization Rates for Heart Failure in the United States, 1973-1986." *Archives of Internal Medicine* 150: 769-73.

Glaser, Zorach R. 1971-1976. *Bibliography of Reported Biological Phenomena ("Effects") and Clinical Manifestations Attributed to Microwave and Radio-Frequency Radiation*. Bethesda, MD: Naval Medical Research Institute. NTIS reports nos. AD 734391, AD 750271, AD 770621, AD 784007, AD A015622, AD A025354, and AD A029430.

———. 1977. *Bibliography of Reported Biological Phenomena ("Effects") and Clinical Manifestations Attributed to Microwave and Radio-Frequency Radiation: Ninth Supplement to Bibliography of Microwave and RF Biologic Effects*. Cincinnato, OH: National Institute for Occupational Safety and Health. NTIS report no. PB83176537.

Goldberg, Abraham. 1959. "Acute Intermittent Porphyria: a Study of 50 Cases." *Quarterly Journal of Medicine* 28: 183-209.

Goldberg, Abraham, D. Doyle, A. C. Yeung Laiwah, Michael R. Moore, and Kenneth E. L. McColl. 1985. "Relevance of Cytochrome-c-Oxidase Deficiency to Pathogenesis of Acute Porphyria." *Quarterly Journal of Medicine* 57: 799. Abstract.

Gordon, Zinaida V. 1966. *Voprosy gigieny truda i biologicheskogo deistviya elektromagnitnykh polei sverkhvysokikh chastot*. Leningrad: "Meditsina." In English translation as *Biological Effect of Microwaves in Occupational Hygiene* (Jerusalem: Israel Program for Scientific Translations), 1970.

Gordon, Zinaida V., ed. 1973. *O biologicheskom deystvii elektromagnitnykh poley radiochastot*, 4th ed. Moscow. In English translation as *Biological Effects of Radiofrequency Electromagnetic Fields*, JPRS 63321 (1974).

Gorman, Jack M., M. R. Fyer, R. R. Goetz., J. Askanazi, M. R. Liebowitz, A. J. Fyer, J. Kinney, and D. F. Klein. 1988. "Ventilatory Physiology of Patients with Panic Disorder." *Archives of General Psychiatry* 45: 31-39.

Gozal, David, Oscar Sans Capdevila, and Leila Kheirandish-Gozal. 2008. "Metabolic Alterations and Systemic Inflammation in Obstructve Sleep Apnea among Nonobese and Obese Prepubertal Children." *American Journal of Respiratory and Critical Care Medicine* 177: 1142-49.

Grace, Sherry L., Susan E. Abbey, Jane Irvine, Zachary M. Shnek, and Donna E. Stewart. 2004. "Prospective Examination of Anxiety Persistence and Its Relationship to Cardiac Symptoms and Recurrent Cardiac Events." *Psychotherapy and Psychosomatics* 73: 344-52.

Grant, Ronald T. 1925. "Observations on the After-Histories of Men Suffering from the Effort Syndrome." *Heart* 12: 121-42.

Graybiel, Ashton and Paul D. White. 1935. "Inversion of the T Wave in Lead I or II of the Electrocardiogram in Young Individuals with Neurocirculatory Asthenia, with Thyrotoxicosis, in Relation to Certain Infections, and Following Paroxysmal Ventricular Tachycardia." *American Heart Journal* 10: 345-54.

Haldane, John Scott. 1922. *Respiration*. New Haven: Yale University Press.

Haldane, John Scott and John Gillies Priestley. 1935. *Respiration*. New Haven: Yale University Press.

Hamman, Louis and Charles W. Wainwright. 1936. "The Diagnosis of Obscure Fever. I. The Diagnosis of Unexplained, Long-continued, Low-grade Fever." *Bulletin of the Johns Hopkins Hospital* 58: 109-33.

Harrison, Tinsley Randolph, F. C. Turley, Edgar Jones, and J. Alfred Calhoun. 1931. "Congestive Heart Failure X: The Measurement of Ventilation as a Test of Cardiac Function." *Archives of Internal Medicine* 48(3): 377-98.

Hartshorne, Henry. 1864. "On Heart Disease in the Army." *American Journal of the Medical Sciences* 48(7): 89-91.

Hatano, Shuichi and Toshihisa Matsuzaki. 1977. "Atherosclerosis in Relation to Personal Attributes of a Japanese Populatiion in Homes for the Aged." In: Schettler G, Y. Gogo, Y. Hata, and G. Klose, eds, *Atherosclerosis IV: Proceedings of the Fourth International Symposium*. (New York: Springer), pp. 116-20.

Hay, John. 1923. "Disorders of the Cardio-Vascular System." In: W. G. MacPherson, W. P. Herringham, T. R. Elliott, and A. Balfour, eds., *History of the Great War* (London: His Majesty's Stationery Office), vol. 1, pp. 504-38.

Hayward, Chris, C. Barr Taylor, Walton T. Roth, Roy King, and W. Stewart Agras. 1989. "Plasma Lipid Levels in Patients with Panic Disorder or Agoraphobia." *American Journal of Psychiatry* 146(7): 917-19.

Healer, Janet. 1970. "Review of Studies of People Occupationally Exposed to Radio-Frequency Radiation." In: Stephen F. Cleary, ed., *Biological Effects and Health Implications of Microwave Radiation. Symposium Proceedings* (Rockville, MD: U.S. Department of Health, Education and Welfare), Publication BRH/DBE 70-2, pp. 90-97.

Herrick, Ariane L., B. Miles Fisher, Michael R. Moore, Sylvia Cathcart, Kenneth E. L. McColl, and Abraham Goldberg. 1990. "Elevation of Blood Lactate and Pyruvate Levels in Acute Intermittent Porphyria – A Reflection of Haem Deficiency?" *Clinica Chimica Acta* 190(3): 157-62.

Hibbert, George and David Pilsbury. 1989. "Hyperventilation: Is It a Cause of Panic Attacks?" *British Journal of Psychiatry* 155(6): 805-9.

Hick, Ford Kimmel. 1936. "Criteria of Oxygen Want with Especial Reference to Neurocirculatory Asthenia." Ph.D. thesis, University of Illinois, Chicago.

Hick, Ford Kimmel, A. W. Christian, and P. W. Smith. 1937. "Criteria of Oxygen Want, with Especial Reference to Neurocirculatory Asthenia." *American Journal of the Medical Sciences* 194: 800-4.

Hill, Ian G. W. and H. A. Dewar. 1945. "Effort Syndrome." *Lancet* 2: 161-64.

Holmes, Gary P., Jonathan E. Kaplan, Nelson M. Gantz, Anthony L. Komaroff, Lawrence B. Schonberger, Stephen E. Straus, James F. Jones, Richard E. Dubois, Charlotte Cunningham-Rundles, Savita Pahwa, Giovanna Tosato, Leonard S. Zegans, David T. Purtilo, Nathaniel Brown, Robert T. Schooley, and Irena Brus. 1988. "Chronic Fatigue Syndrome: A Working Case Definition." *Annals of Internal Medicine* 108: 387-89.

Holmgren, A., B. Jonsson, M. Levander, H. Linderholm, T. Sjöstrand, and G. Ström. 1959. "Ecg Changes in Vasoregulatory Asthenia and the Effect of Physical Training." *Acta Medica Scandinavica* 165(4): 259-71.

Holt, Phoebe E. and Gavin Andrews. 1989. "Hyperventilation and Anxiety in Panic Disorder, Social Phobia, GAD and Normal Controls." *Behaviour Research and Therapy* 27(4): 453-60.

Howell, Joel D. 1985. "'Soldier's Heart': The Redefinition of Heart Disease and Specialty Formation in Early Twentieth-Century Great Britain." *Medical History. Supplement* 5: 34-52.

Hroudová, Jana and Zdeněk Fišar. 2011. "Connectivity between Mitochondrial Functions and Psychiatric Disorders." *Psychiatry and Clinical Neurosciences* 65: 130-41.

Huffman, Jeff C., Mark H. Pollack, and Theodore A. Stern. 2002. "Panic Disorder and Chest Pain: Mechanisms, Morbidity, and Management." *Primary Care Companion, Journal of Clinical Psychiatry* 4(2): 54-62.

Hume, W. E. 1918. "A Study of the Cardiac Disabilities of Soldiers in France (V.D.H. and D.A.H.)." *Lancet* 1: 529-34.

International Labour Office. 1921. *Compensation for War Disabilities in Great Britain and the United States.* Studies and Reports, ser. E, no. 4, December 30. Geneva.

Izmerov, N. F., ed. 2005. *Rossiyskaya entsiklopediya po meditsine truda* ("Russian Encyclopedia of Occupational Medicine"). Moscow: "Meditsina."

———. 2011a. *Professional'naya patologiya: natsional'noe rykovodstvo* ("Occupational Pathology: National Manual"). 2011. Moscow: GEOTAR-Media.

———. 2011b. *Professional'nye bolezni* ("Occupational Diseases"). Moscow: Academia.

Izmerov, N. F. and E. I. Denisov, eds. 2001. *Professional'niy risk* ("Occupational Risk"). Moscow: Sotsizdat.

Izmerov, N. F. and V. F. Kirillova, eds. 2008. *Gigiyena truda* ("Occupational Hygiene"). Moscow: GEOTAR-Media.

Jammes, Y., J. G. Steinberg, O. Mambrini, F. Brégeon, and S. Delliaux. 2005. "Chronic Fatigue Syndrome: Assessment of Increased Oxidative Stress and Altered Muscle Excitability in Response to Incremental Exercise." *Journal of Internal Medicine* 257: 299-310.

Jason, Leonard A., Karina Corradi, Sara Gress, Sarah Williams, and Susan Torres-Harding. 2006. "Causes of Death Among Patients with Chronic Fatigue Syndrome." *Health Care for Women International* 27: 615-26.

Jerabek, Jiri. 1979. "Biological Effects of Magnetic Fields." *Pracovni Lekarstvi* 31(3): 98-106. JPRS 76497 (1980), pp. 1-26.

Johnson, George. 1868. "A Lecture on Dropsy: Its Pathology, Prognosis, and Principles of Treatment." *British Medical Journal* 1: 213-15.

Johnston, William J. 1880. *Telegraphic Tales and Telegraphic History.* New York: W. J. Johnston.

Jones, Maxwell. 1948. "Physiological and Psychological Responses to Stress in Neurotic Patients." *Journal of Mental Science* 94: 392-427.

Jones, Maxwell and Veronica Mellersh. 1946. "A Comparison of the Exercise Response in Anxiety States and Normal Controls." *Psychosomatic Medicine* 8: 180-87.

Jones, Maxwell and Ronald Scarisbrick. 1943. "Effect of Exercise on Soldiers with Effort Intolerance." *Lancet* 2: 331-32.

———. 1946. "The Effect of Exercise on Soldiers with Neurocirculatory Asthenia. *Psychosomatic Medicine* 8: 188-92.

Justeson, Don R. 1979. "Behavioral and Psychological Effects of Microwave Radiation." *Bulletin of the New York Academy of Medicine* 55(11): 1058-78.

Kannel, William B., 1974. "The Role of Cholesterol in Coronary Atherogenesis." *Medical Clinics of North America* 58(2): 363-79.

Kannel, William B., Thomas R. Dawber, and Mandel E. Cohen. 1958. "The Electrocardiogram in Neurocirculatory Asthenia (Anxiety Neurosis or Neurasthenia): A Study of 203 Neurocirculatory Asthenia Patients and 757 Healthy Controls in the Framingham Study." *Annals of Internal Medicine* 49(6): 1351-60.

Kaplan, Peter W. and Darrell V. Lewis. 1986. "Juvenile Acute Intermittent Porphyria with Hypercholesterolemia and Epilepsy: A Case Report and Review of the Literature." *Journal of Child Neurology* 1(1): 38-45.

Katerndahl, David. 2004. "Panic & Plaques: Panic Disorder and Coronary Artery Disease in Patients with Chest Pain." *Journal of the American Board of Family Practice* 17(2): 114-26.

Kawachi, Ichiro, David Sparrow, Pantel S. Vokonas, and Scott T. Weiss. 1994. "Symptoms of Anxiety and Risk of Coronary Heart Disease: The Normative Aging Study." *Circulation* 90(5): 2225-29.

Key, Timothy J., Gary E. Fraser, Margaret Thorogood, Paul N. Appleby, Valerie Beral, Gillian Reeves, Michael L. Burr, Jenny Chang-Claude, Rainer Frentzel-Beyme, Jan W. Kusma, Jim Mann, and Klim McPherson. 1999. "Mortality in vegetarians and Non-vegetarians: Detailed Findings from a Collaborative Analysis of 5 Prospective Studies." *American Journal of Clinical Nutrition* 70: 516S-524S.

Keys, Ancel. 1953. "Atherosclerosis: A Problem in Newer Public Health." *Journal of the Mount Sinai Hospital* 20(2): 118-139.

Kholodov, Yury A. 1966. *The Effect of Electromagnetic and Magnetic Fields on the Central Nervous System.* Translation of *Vliyaniye elektromagnitnykh i magnitnykh poley na tsentral'nuyu nervnuyu sistemu* (Moscow: Nauka). NASA report no. TT-F-465.

Klimková-Deutschová, Eliska. 1974. "Neurologic Findings in Persons Exposed to Microwaves." In: P. Czerski et al., eds., *Biologic Effects and Health Hazards of Microwave Radiation: Proceedings of an International Symposium, Warsaw, 15-18 October 1973* (Warsaw: Polish Medical Publishers), pp. 268-272.

Knickerbocker, G. G., translator. 1975. *Study in the USSR of Medical Effects of Electric Fields on Electric Power Systems.* New York: IEEE Power Engineering Society. Special Publication no. 10.

Koller, F. 1962. "The Value of Anticoagulants in the Prophylaxis and Therapy of Ischaemic Heart Disease." *Bulletin of the World Health Organization* 27(6): 659-66.

Kolodub, F. A. and O. N. Chernysheva. 1980. "Special Features of Carbohydrate-Energy and Nitrogen Metabolism in the Rat Brain under the Influence of Magnetic Fields of Commercial Frequency." *Ukrainskiy Biokhimicheskiy Zhurnal* 1980(3): 299-303. JPRS 77393 (1981), pp. 42-44.

Korach, S. 1916. "Über Blutdruckmessungen bei Herzstörungen der Kriegsteilnehmer." *Berliner klinische Wochenschrift* 53(34): 944-45.

Kordač, Václav, Michaela Kozáková, and Pavel Martásek. 1989. "Changes of Myocardial Functions in Acute Hepatic Porphyrias: Role of Heme Arginate Administration." *Annals of Medicine* 21(4): 273-76.

Krutikov, V. N., Yu. I. Bregadze, and A. B. Kruglov, eds. 2003. *Kontrol' fizicheskikh faktorov okruzhayushchey sredy, opasnykh dlya cheloveka* ("Control of Environmental Physical Factors that are Hazardous to People"). "Ekometriya" encyclopedia series. Moscow: IPK Standards Press.

Krutikov, V. N., N. V. Rubtsova, Y. I. Bregadze, and A. B. Kruglov, eds. 2004. *Vozdeystviye na organizm cheloveka opasnykh i vrednykh proizvodstvennykh faktorov. Mediko-biologicheskiye i metrologicheskiye aspekty* ("The Effect of Dangerous and Injurious Occupational Factors on the Human Body. Medical, Biological and Metrological Aspects"). "Ekometriya" encyclopedia series, 2 vols. Moscow: IPK Standards Press.

Kudryashov, Yu. B., Yu. F. Perov, and A. B. Rubin. 2008. *Radiatsionnaya biofizika: radiochastotnye i mikrovolnovye elektromagnitnye izlucheniya* ("Radiation Biophysics: Radiofrequency and Microwave Electromagnetic Radiation"). Moscow: Fizmatlit.

Kumar, Neelima, Sonika Sangwan, and Pooja Badotra. 2011. "Exposure to Cell Phone Radiations Produces Biochemical Changes in Worker Honey Bees." *Toxicology International* 18(1): 70-72.

Lary, Darrel and Nora Goldschlager. 1974. "Electrocardiographic Changes during Hyperventilation Resembling Myocardial Ischemia in Patients with Normal Coronary Arteriograms." *American Heart Journal* 87(3): 383-90.

Lazarev, V. I., V. F. Vinogradov, and V. V. Trotsiuk. 1989. "Blood Lipid Levels in Patients with Neurocirculatory Asthenia of the Cardiac Type." *Kardiologiya* 29(7): 74-77 (in Russian).

Lees, Robert S., Chull S. Song, Richard D. Levere, and Attallah Kappas. 1970. "Hyper-beta-Lipoproteinemia in Acute Intermittent Porphyria – Preliminary Report." *New England Journal of Medicine* 282: 432-33.

Lefebvre, B., J.-L. Pépin, J.-P. Baguet, R. Tamisier, M. Roustit, K. Riedweg, G. Bessard, P. Lévy, and F. Stanke-Labesque. 2008. "Leukotriene B$_4$: Early Mediator of Atherosclerosis in Obstructive Sleep Apnoea?" *European Respiratory Journal* 32: 113-20.

Leibowitz, Joshua Otto. 1970. *The History of Coronary Heart Disease*. Berkeley: University of California Press.

Leonhardt, K. F. 1981. "Kardiovaskuläre Störungen bei der akuten intermittierenden Porphyrie (AIP)." *Wiener klinische Wochenschrift* 93(18): 580-84.

Lerner, A. Martin, Claudine Lawrie and Howard S. Dworkin. 1993. "Repetitively Negative Changing T Waves at 24-h Electrocardiographic Monitors in Patients with the Chronic Fatigue Syndrome." *Chest* 104(5): 1417-21.

Letavet, A. A. and Zinaida V. Gordon, eds. 1960. *O biologicheskom vozdeystvii sverkhvysokikh chastot*. Moscow: Academy of Medical Sciences. In English translation, 1962, as *The Biological Action of Ultrahigh Frequencies*, JPRS 12471.

Levander-Lindgren, Maj. 1962. "Studies in NeurocirculatoryAsthenia (Da Costa's Syndrome). I. Variations with Regard to Symptoms and Some Pathophysiological Signs." *Acta Medica Scandinavica* 172(6): 665-76.

———. 1963. "Studies in Neurocirculatory Asthenia. III. On the Etiology and Pathogenesis of Signs in the Work Test and Orthostatic Test." *Acta Medica Scandinavica* 173(5): 631-37.

Levitina, N. A. 1966. "Nonthermal Action of Microwaves on the Cardiac Rhythm of a Frog." *Bulletin of Experimental Biology and Medicine* 62(6): 1386-87.

Levy, Robert L., Howard G. Bruenn, and Dorothy Kurtz. 1934. "Facts on Disease of Coronary Arteries. Based on a Survey of Clinical and Pathologic Records of Seven Hundred and Sixty-Two Cases." *American Journal of the Medical Sciences* 187(3): 376-90.

Lewis, Thomas. 1918a. "Report on Neuro-Circulatory Asthenia and Its Management." *Military Surgeon* 42: 409-26, 711-19.

———. 1918b. *The Soldier's Heart and the Effort Syndrome*. London: Shaw and Sons.

———. 1940. *The Soldier's Heart and the Effort Syndrome*, 2nd ed. London: Shaw and Sons.

Lewis, Thomas, Thomas F. Cotton, J. Barcroft, T. R. Milroy, D. Dufton, and T. R. Parsons. 1916. "Breathlessness in Soldiers Suffering from Irritable Heart." *British Medical Journal* 2: 517-19.

Li, Jianguo, Laura N. Thorne, Naresh M. Punjabi, Cheuk-Kwan K. Sun, Alan R. Schwartz, Philip L. Smith, Rafael L. Marino, Annabelle Rodriguez, Walter C. Hubbard, Christopher P. O'Donnell, and Vsevolod Y. Polotsky. 2005. "Intermittent Hypoxia Induces Hyperlipidemia in Lean Mice." *Circulation Research* 97(7): 698-706.

Li, Jianguo, Vladimir Savransky, Ashika Nanayakkara, Phillip L. Smith, Christopher P. O'Donnell, and Vsevolod Y. Polotsky. 2007. "Hyperlipidemia and Lipid Peroxidation are Dependent on the Severity of Chronic Intermittent Hypoxia." *Journal of Applied Physiology* 102(2): 557-63.

Lian, Camille. 1916. "Les palpitations par hypertension artérielle aux armées." *Presse médicale*, 24(29): 228-29.

Lin, James C. 1978. *Microwave Auditory Effects and Applications*. Springfield, IL: Charles C. Thomas.

Logue, Robert Bruce, James Fletcher Hanson, and William A. Knight. 1944. "Electrocardiographic Studies in Neurocirculatory Asthenia." *American Heart Journal* 28(5): 574-77.

Lopez, Alan D., Colin D. Mathers, Majid Ezzati, Dean T. Jamiston, and Christopher J. L. Murray. 2006. *Global Burden of Disease and Risk Factors*. Oxford University Press.

MacFarlane, Andrew. 1918. "Neurocirculatory Myasthenia." *Journal of the American Medical Association* 71(9): 730-33.

MacKenzie, James. 1916a. "The Soldier's Heart." *British Medical Journal* 1: 117-19.

———. 1916b. "Discussion on the Soldier's Heart." *Proceedings of the Royal Society of Medicine*, Therapeutical and Pharmacological Section, 9: 27-60.

Makolkin, V. I., E. A. Sokova, and S. A. Abbakumov. 1984. "The Oxygen Supply in Patients with Neurocirculatory Asthenia during Exercise." *Kardiologiya* 24(11): 71-76 (in Russian).

Mäntysaari, Matti J., Kari J. Antila, and Tuomas E. Peltonen. 1988. "Blood Pressure Reactivity in Patients with Neurocirculatory Asthenia." *American Journal of Hypertension* 1(2): 132-39.

Marazziti, D., S. Baroni, M. Picchetti, P. Landi, S. Silvestri, E. Vatteroni and M. Catena Dell'Osso. 2011. "Mitochondrial Alterations and Neuropsychiatric Disorders." *Current Medicinal Chemisry* 18: 4715-21.

Marha, Karel. 1970. "Maximum Admissible Values of HF and UHF Electromagnetic Radiation at Work Places in Czechoslovakia." In: Stephen F. Cleary, ed., *Biological Effects and Health Implications of Microwave Radiation. Symposium Proceedings* (Rockville, MD: U.S. Department of Health, Education and Welfare), Publication BRH/DBE 70-2, pp. 188-196.

Marha, Karel, Jan Musil, and Hana Tuhá. 1971. *Electromagnetic Fields and the Life Environment.* Berkeley: San Francisco Press.

Maron, Barry J., Joseph J. Doerer, Tammy S. Haas, David M. Tierney, and Frederick O. Mueller. 2009. "Sudden Deaths in Young Competitive Athletes: Analysis of 1866 Deaths in the United States, 1980-2006." *Circulation* 119: 1085-92.

Martens, Elisabeth J., Peter de Jonge, Beeya Na, Beth E. Cohen, Heather Lett, and Mary A. Whooley. 2010. "Scared to Death? Generalized Anxiety Disorder and Cardiovascular Events in Patients with Stable Coronary Heart Disease: The Heart and Soul Study." *Archives of General Psychiatry* 67(7): 750-58.

Martin, Linda G., Vicki A. Freedman, Robert F. Schoeni, and Patricia M. Andreski. 2009. "Health and Functioning Among Baby Boomers Approaching 60." *Journal of Gerontology: Social Sciences* 64B(3): 369-77.

Master, Arthur M. 1943. "Effort Syndrome or Neurocirculatory Asthenia in the Navy." *United States Naval Medical Bulletin* 41(3): 666-69.

Mathers, Colin, Ties Boerma, and Doris Ma Fat. 2008. *The Global Burden of Disease, 2004 Update.* Geneva: World Health Organization.

McArdle, Nigel, David Hillman, Lawrie Beilin, and Gerald Watts. 2007. "Metabolic Risk Factors for Vascular Disease in Obstructuve Sleep Apnea." *American Journal of Respiratory and Criticial Care Medicine* 175: 190-95.

McCullough, Peter A., Edward F. Philbin, John A. Spertus, Scott Kaatz, Keisha R. Sandberg, W. Douglas Weaver. 2002. "Confirmation of a Heart Failure Epidemic: Findings from the Resource Utilization Among Congestive Heart Failure (REACH) Study." *Journal of the American College of Cardiology* 39(1): 60-69.

McCully, Kevin K., Benjamin H. Natelson, Stefano Iotti, Sueann Sisto, and John S. Leigh. 1996. "Reduced Oxidative Muscle Metabolism in Chronic Fatigue Syndrome." *Muscle & Nerve* 19: 621-25.

McFarland, Ross Armstrong. 1932. "The Psychological Effects of Oxygen Deprivation (Anoxemia) on Human Behavior." *Archives of Psychology*, no. 145.

———. 1941. "The Internal Environment and Behavior." *American Journal of Psychiatry* 97: 858-77.

McGovern, Paul G., David R. Jacobs, Jr., Eyal Shahar, Donna K. Arnett, Aaron R. Folsom, Henry Blackburn, and Russell V. Luepker. 2001. "Trends in Acute Coronary Heart Disease Mortality, Morbidity, and Medical Care from 1985 through 1997: The Minnesota Heart Survey." *Circulation* 104: 19-24.

McLaughlin, John T. 1962. "Health Hazards from Microwave Radiation." *Western Medicine* 3(4): 126-30.

McLeod, K. 1898. "Tropical Heart." *Journal of Tropical Medicine* 1: 3-4.

McMurray, John J. and Simon Stewart. 2000. "Epidemiology, Aetiology, and Prognosis of Heart Failure." *Heart* 83: 596-602.

McRee, Donald I. "Review of Soviet/Eastern European Research on Health Aspects of Microwave Radiation." 1979. *Bulletin of the New York Academy of Medicine* 55(11): 1133-51.

———. 1980. "Soviet and Eastern European Research on Biological Effects of Microwave Radiation." *Proceedings of the IEEE* 68(1): 84-91.

McRee, Donald I., Michael J. Galvin, and Clifford L. Mitchell. 1988. "Microwave Effects on the Cardiovascular System: A Model for Studying the Responsivity of the Autonomic Nervous System to Microwaves." In: Mary Ellen O'Connor and Richard H. Lovely, eds., *Electromagnetic Fields and Neurobehavioral Function* (New York: Alan R. Liss), pp. 153-177.

Meade, Thomas W. 2001. "Cardiovascular Disease—Linking Pathology and Epidemiology." *International Journal of Epidemiology* 30: 1179-83.

Menawat, Anand S., R. B. Panwar, D. K. Kochar, and C. K. Joshi. 1979. "Propranolol in Acute Intermittent Porphyria." *Postgraduate Medical Journal* 55: 546-47.

Merkel, Friedrich. 1915. "Ueber Herzstörungen im Kriege." *Münchener medizinische Wochenschrift* 62(20): 695-96.

Michaels, Leon. 1966. "Ætiology of Coronary Artery Disease: An Historical Approach." *British Heart Journal* 28: 258-64.

Kjell Hansson Mild, Monica Sandström, and Eugene Lyskov, eds. 2001. *Clinical and Physiological Investigations of People Highly Exposed to Electromagnetic Fields*. Umeå, Sweden: National Institute for Working life. Arbetslivsrapport 3.

Milham, Samuel. 1979. "Cancer in Aluminum Reduction Plant Workers." *Journal of Occupational and Environmental Medicine* 7: 475-80.

———. 1982. "Mortality from Leukemia in Workers Exposed to Electrical and Magnetic Fields." *New England Journal of Medicine* 307(4): 249.

———. 1985a. "Mortality in Workers Exposed to Electromagnetic Fields." *Environmental Health Perspectives* 62: 297-300.

———. 1985b. "Silent Keys: Leukaemia Mortality in Amateur Radio Operators." *Lancet* 1: 812.

———. 1988a. "Increased Mortality in Amateur Radio Operators Due to Lymphatic and Hematopoietic Malignancies." *American Journal of Epidemiology* 127(1): 50-54.

———. 1988b. "Mortality by License Class in Amateur Radio Operators." *American Journal of Epidemiology* 128(5): 1175-76.

———. 1996. "Increased Cancer Incidence in Office Workers Exposed to Strong Magnetic Fields." *American Journal of Industrial Medicine* 30(6): 702-4.

———. 2010a. "Historical Evidence that Electrification Caused the 20th Century Epidemic of 'Diseases of Civilization.'" *Medical Hypotheses* 74: 337-45.

———. 2010b. *Dirty Electricity: Electrification and the Diseases of Civilization*. New York: iUniverse.

Milham, Samuel and Eric M. Ossiander. 2001. "Historical Evidence that Residential Electrification Caused the Emergence of the Childhood Leukemia Peak." *Medical Hypotheses* 56(3): 290-95.

Miwa, Kunihisa and Masatoshi Fujita. 2009. "Cardiac Function Fluctuates during Exacerbation and Remission in Young Adults with Chronic Fatigue Syndrome and 'Small Heart.'" *Journal of Cardiology* 54(1): 29-35.

Moir, Raymond A. and K. Shirley Smith. 1946. "Cardiovascular Diseases in the British Army Overseas." *British Heart Journal* 8(2): 110-14.

Moore, Julie L., indexer. 1984. *Cumulated Index to the Bibliography of Reported Biological Phenomena ("Effects") and Clinical Manifestations Attributed to Microwave and Radio-Frequency Radiation*, compiled by Zorach R. Glaser. Riverside, CA: Julie Moore & Associates.

Moore, Michael R. 1990. "The Pathogenesis of Acute Porphyria." *Molecular Aspects of Medicine* 11(1-2): 49-57.

Morris, Jeremiah Noah. 1951. "Recent History of Coronary Disease." *Lancet* 1: 1-7, 69-73.

———. 1961/2. "Epidemiological Aspects of Ischaemic Heart Disease." *Yale Journal of Biology and Medicine* 34: 359-69.

Munroe, H. E. 1919. "Observations on Flying Sickness, with Special Reference to its Diagnosis." *Canadian Medical Association Journal* 9(10): 883-95.

Murray, Christopher J. L. and Alan D. Lopez, eds. 1996. *The Global Burden of Disease*. Cambridge, MA: Harvard University Press.

Myhill, Sarah, Norman E. Booth, and John McLaren-Howard. 2009. "Chronic Fatigue Syndrome and Mitochondrial Dysfunction." *International Journal of Clinical and Experimental Medicine* 2: 1-16.

Nadeem, Rashid, Mukesh Singh, Mahwish Nida, Sarah Kwon, Hassan Sajid, Julie Witkowski, Elizabeth Pahomov, Kruti Shah, William Park, and Dan Champeau. 2014. "Effect of CPAP Treatment for Obstructve Sleep Apnea Hypopnea Syndrome on Lipid Profile: A Meta-Regression Analysis." *Journal of Clinical Sleep Medicine* 10(12): 1295-1302.

Naghavi, Mohsen, Haidong Wang, Rafael Lozano, Adrian Davis, Xiaofeng Liang, Maigeng Zhou, Stein Emil Vollset, et al. 2015. "Global, Regional, and National Age-Sex Specific All-Cause and Cause-Specific Mortality for 240 Causes of Death, 1990–2013: A Systematic Analysis for the Global Burden of Disease Study 2013." *Lancet* 385: 117-71.

National Center for Health Statistics, National Vital Statistics System. 1999. "Worktable I. Deaths from Each Cause, by 5-Year Age Groups, Race, and Sex." Atlanta: Centers for Disease Control and Prevention.

National Center for Health Statistics, National Vital Statistics System. 2006. "Worktable I. Deaths from Each Cause, by 5-Year Age Groups, Race, and Sex." Atlanta: Centers for Disease Control and Prevention.

National Electric Light Association. 1932. *The Electric Light and Power Industry 1931*. Statistical Bulletin no. 8.

National Electric Light Association. 1931. *The Electric Light and Power Industry 1930*. Statistical Bulletin no. 7.

Navas-Nacher, Elena L., Laura Colangelo, Craig Beam, and Philip Greenland. 2001. "Risk Factors for Coronary Heart Disease in Men 18 to 39 Years of Age." *Annals of Internal Medicine* 134(6): 433-39.

Neaton, James D. and Deborah Wentworth. 1992. "Serum Cholesterol, Blood Pressure, Cigarette Smoking, and Death from Coronary Heart Disease: Overall Findings and Differences by Age for 316,099 White Men." *Archives of Internal Medicine* 152: 56-64.

Neuhof, Selian. 1919. "The Irritable Heart in General Practice: A Comparison between It and the Irritable Heart of Soldiers." *Archives of Internal Medicine* 24(1): 51-64.

Newman, Anne B., F. Javier Nieto, Ursula Guidry, Bonnie K. Lind, Susan Redline, Eyal Shahar, Thomas G. Pickering, and Stuart F. Quan. 2001. "Relation of Sleep-disordered Breathing to Cardiovascular Disease Risk Factors: The Sleep Heart Health Study." *American Journal of Epidemiology* 154(1): 50-59.

Nikitina, Valentina N. 2001. "Hygienic, Clinical and Epidemiological Analysis of Disturbances Induced by Radio Frequency EMF Exposure in Human Body." In: Kjell Hansson Mild, Monica Sandström, and Eugene Lyskov, eds., *Clinical and Physiological Investigations of People Highly Exposed to Electromagnetic Fields* (Umeå, Sweden: National Institute for Working life), Arbetslivsrapport 3, pp. 32-38.

Njølstad, Inger, Egil Arnesen, and Per G. Lund-Larsen. 1996. "Smoking, Serum Lipids, Blood Pressure, and Sex Differences in Myocardial Infarction: A 12-Year Follow-up of the Finnmark Study." *Circulation* 93: 450-6.

Novitskiy, Yu. I., Zinaida V. Gordon, Aleksandr S. Presman, and Yury A. Kholodov. 1970. "Radio Frequencies and Microwaves. Magnetic and Electrical Fields." Vol. 2, part 1, chap. 1 of *Osnovy kosmicheskoy biologii i meditsiny* ("Foundations of Space Biology and Medicine"). Moscow: Academy of Sciences USSR. English translation by Scientific Translation Service (Washington, DC: NASA), 1971, report no. TT-F-14,021.

Nutzinger, D. O. 1992. "Hertz und Angst: Herzbezogene Ängste und kardiovaskuläres Morbiditätsrisiko bei Patienten mit einer Angststörung." *Der Nervenarzt* 63(3): 187-91.

Okumiya, Noriya, Kenzo Tanaka, Kazuo Ueda, and Teruo Omae. 1985. "Coronary Atherosclerosis and Antecedent Risk Factors: Pathologic and Epidemiologic Study in Hisayama, Japan." *American Journal of Cardiology* 56: 62-66.

Olafiranye, O., G. Jean-Louis, F. Zizi, J. Nunes, and M. T. Vincent. 2011. "Anxiety and Cardiovascular Risk: Review of Epidemiological and Clinical Evidence." *Mind Brain* 2(1): 32-37.

Orlova, A. A. 1960. "The Clinic of Changes of the Internal Organs under the Influence of UHF." In: A. A. Letavet and Z. V. Gordon, eds. *The Biological Action of Ultrahigh Frequencies* (Moscow: Academy of Medical Sciences), JPRS 12471, pp. 30-35.

Parikh, Nisha I., Philimon Gona, Martin G. Larson, Caroline S. Fox, Emelia J. Benjamin, Joanne M. Murabito, Christopher J. O'Donnell, Ramachandran S. Vasan, and Daniel Levy. 2009. "Long-term Trends in Myocardial Infarction Incidence and Case-Fatality in the National Heart, Lung, and Blood Institute's Framingham Heart Study." *Circulation* 119(9): 1203-10.

Park, Mi Ran, Jeong Kee Seo, Jae Sung Ko, Ju Young Chang, and Hye Ran Yang. 2011. "Acute Intermittent Porphyria Presented with Recurrent Abdominal Pain and Hypertension." *Korean Journal of Pediatric Gastroenterology and Nutrition* 14: 81-85.

Parkinson, John. 1941. "Effort Syndrome in Soldiers." *British Medical Journal* 1: 545-49.

Paterniti, Sabrina, Mahmoud Zureik, Pierre Ducimetière, Pierre-Jean Touboul, Jean-Marc Fève, and Annick Alpérovitch. 2001. "Sustained Anxiety and 4-Year Progression of Carotid Atherosclerosis." *Arteriosclerosis, Thrombosis, and Vascular Biology* 21(1): 136-41.

Paul, Oglesby. 1987. "Da Costa's Syndrome or Neurocirculatory Asthenia." *British Heart Journal* 58: 306-15.

Peckerman, Arnold, John J. Lamanca, Kristina A. Dahl, Rahul Chemitiganti, Bushra Qureishi, and Benjamin H. Natelson. 2003. "Abnormal Impedance Cardiography Predicts Symptom Severity in Chronic Fatigue Syndrome." *American Journal of the Medical Sciences* 326(2): 55-60.

Pervushin, V. Yu. 1957. "Changes Occurring in the Cardiac Nervous Apparatus Due to the Action of Ultra-High-Frequency Field." *Bulletin of Experimental Biology and Medicine* 43(6): 734-40.

Peter, Helmut, Philipp Goebel, Susanne Müller, and Iver Hand. 1999. "Clinically Relevant Cholesterol Elevation in Anxiety Disorder: A Comparison with Normal Controls." *International Journal of Behavioral Medicine* 6(1): 30-39.

Petrov, Ioakim Romanovich, ed. 1970a. *Vliyaniye SVCh-izlucheniya na organism cheloveka i zhivotnykh.* Leningrad: "Meditsina." In English translation as *Influence of Microwave Radiation on the Organism of Man and Animals* (Washington, DC: NASA), report no. TTF-708, 1972.

Phillips, Anna C., G. David Batty, Catharine R. Gale, Ian J. Deary, David Osborn, Kate MacIntyre, and Douglas Carroll. 2009. "Generalized Anxiety Disorder, Major Depressive Disorder, and Their Comorbidity as Predictors of All-Cause and Cardiovascular Mortality: The Vietnam Experience Study." *Psychosomatic Medicine* 71: 395-403.

Phillips, Roland L, Frank R. Lemon, W. Lawrence Beeson, and Jan W. Kuzma. 1978. "Coronary Heart Disease Mortality among Seventh-day Adventists with Differing Dietary Habits: A Preliminary Report." *American Journal of Clinical Nutrition* 31 (10 suppl.): S191-S198.

Pitts, Ferris N., Jr. and James N. McClure, Jr. 1967. "Lactate Metabolism in Anxiety Neurosis." *New England Journal of Medicine* 277(25): 1329-36.

Plum, William Rattle. 1882. *The Military Telegraph during the Civil War in the United States*, 2 vols. Chicago: Jansen, McClurg.

Popular Science Monthly. 1918. "How the Zeppelin Raiders Are Guided by Radio Signals." 92: 632-34.

Presman, Aleksandr Samuilovich. 1970. *Electromagnetic Fields and Life*. New York: Plenum. Translation of *Elektromagnitnye polya i zhivaya priroda* (Moscow: Nauka), 1968.

Presman, Aleksandr Samuilovich and N. A. Levitina. 1962a. "Nonthermal Action of Microwaves on Cardiac Rhythm. Communication I. A Study of the Action of Continuous Microwaves." *Bulletin of Experimental Biology and Medicine* 53(1): 36-39.

———. 1962b. "Nonthermal Action of Microwaves on the Rhythm of Cardiac Contractions in Animals. Report II. Investigation of the Action of Impulse Microwaves." *Bulletin of Experimental Biology and Medicine* 53(2): 154-57.

Ratcliffe, Herbert L. 1963a. "Editorial: Environmental Factors and Coronary Disease." *Circulation* 27: 481-83.

———. 1963b. "Phylogenetic Considerations in the Etiology of Myocardial Infarction." In: Thomas N. James and John W. Keyes, eds., *The Etiology of Myocardial Infarction* (Boston: Little, Brown), pp. 61-89.

———. 1965. "Age and Environment as Factors in the Nature and Frequency of Cardiovascular Lesions in Mammals and Birds in the Philadelphia Zoological Garden." *Comparative Cardiology* 127: 715-35.

Ratcliffe, Herbert L. and M. T. I. Cronin. 1958. "Changing Frequency of Arteriosclerosis in Mammals and Birds at the Philadelphia Zoological Garden: Review of Autopsy Records." *Circulation* 18: 41-52.

Ratcliffe, Herbert L., T. G. Yerasimides and G. A. Elliott. 1960. "Changes in the Character and Location of Arterial Lesions in Mammals and Birds in the Philadelphia Zoological Garden." *Circulation* 21: 730-38.

Ravnskov, Uffe. 2000. *The Cholesterol Myths*. Washington, DC: New Trends.

Reed Dwayne M., Jack P. Strong, Joseph Resch, and Takuji Hayashi. 1989. "Serum Lipids and Lipoproteins as Predictors of Atherosclerosis: An Autopsy Study." *Arteriosclerosis, Thrombosis, and Vascular Biology* 9: 560-64.

Reeves, William C., James F. Jones, Elizabeth Maloney, Christine Heim, David C. Hoaglin, Roumiana S. Boneva, Marjorie Morrissey, and Rebecca Devlin. 2007. "Prevalence of Chronic Fatigue Syndrome in Metropolitan, Urban, and Rural Georgia." *Population Health Metrics* 5: 5.

Reyes, Michele, Rosane Nisenbaum, David C. Hoaglin, Elizabeth R. Unger, Carol Emmons, Bonnie Randall, John A. Stewart, Susan Abbey, James F. Jones, Nelson Gantz, Sarah Minden, and William C. Reeves. 2003. "Prevalence and Incidence of Chronic Fatigue Syndrome in Wichita, Kansas." *Archives of Internal Medicine* 163: 1530-36.

Rhoads, George G, William C. Blackwelder, Grant N. Stemmermann, Takuji Hayashi, and Abraham Kagan. 1978. "Coronary Risk Factors and Autopsy Findings in Japanese-American Men." *Laboratory Investigation* 38(3): 304-11.

Ridley, Alan. 1969. "The Neuropathy of Acute Intermittent Porphyria." *Quarterly Journal of Medicine* 38: 307-33.

———. 1975. "Porphyric Neuropathy." In: Peter James Dyck, P. K. Thomas, and Edward H. Lambert, eds., *Peripheral Neuropathy* (Philadelphia: W. B. Saunders), pp. 942-55.

Rigg, Kathleen J., R. Finlayson, C. Symons, K. R. Hill, and R. N. T-W-Fiennes. 1960. "Degenerative Arterial Disease of Animals in Captivity with Special Reference to the Comparative Pathology of Atherosclerosis." *Proceedings of the Zoological Society of London* 135(2): 157-64.

Robey, William H. and Ernst P. Boas. 1918. "Neurocirculatory Asthenia." *Journal of the American Medical Association* 71(7): 525-29.

Robinson, G. V., J. C. T. Pepperell, H. C. Segal, R. J. O. Davies, and J. R. Stradling. 2004. "Circulating Cardiovascular Risk Factors in Obstructive Sleep Apnoea: Data from Randomised Controlled Trials." *Thorax* 59: 777-82.

Rodríguez-Artalejo, F., P. Guallar-Castillón, J. R. Banegas Banegas, and J. del Rey Calero. 1997. "Trends in Hospitalization and Mortality for Heart Failure in Spain, 1980-1993." *European Heart Hournal* 18: 1771-79.

Roger, Véronique L., Susan A. Weston, Margaret M. Redfield, Jens P. Hellermann-Homan, Jill Killian, Barbara P. Yawn, and Steven J. Jacobsen. 2004. "Trends in Heart Failure Incidence and Survival in a Community-Based Population." *JAMA* 292(3): 344-50.

Rothenbacher, Dietrich, Harry Hahmann, Bernd Wüsten, Wolfgang Koenig, and Hermann Brenner. 2007. "Symptoms of Anxiety and Depression in Patients with Stable Coronary Heart Disease: Prognostic Value and Consideration of Pathogenetic Links." *European Journal of Cardiovascular Prevention and Rehabilitation* 14: 547-54.

Rothschild, Marcus A. 1930. "Neurocirculatory Asthenia." *Bulletin of the New York Academy of Medicine* 6(4): 223-42.

Rozanski, Alan, James A. Blumenthal, and Jay Kaplan. 1999. "Impact of Psychological Factors on the Pathogenesis of Cardiovascular Disease and Implications for Therapy." *Circulation* 99: 2192-2217.

Rural Electrification Administration, U.S. Dept. of Agriculture. January 1940. *Rural Electri-fication in Utah*. Washington, DC.

———. 1941. *Report of the Administrator of the Rural Electrification Administration*. Washington, DC.

Ryle, John A. and W. T. Russell. 1949. "The Natural History of Coronary Disease." *British Heart Journal* 11(4): 370-89.

Sadchikova, Maria N. 1960. "State of the Nervous System under the Influence of UHF." In: A. A. Letavet and Z. V. Gordon, eds., *The Biological Action of Ultrahigh Frequencies* (Moscow: Academy of Medical Sciences), JPRS 12471, pp. 25-29.

———. 1974. "Clinical Manifestations of Reactions to Microwave Irradiation in Various Occupational Groups." In: P. Czerski et al., eds., *Biologic Effects and Health Hazards of Microwave Radiation: Proceedings of an International Symposium, Warsaw, 15-18 October 1973* (Warsaw: Polish Medical Publishers), pp. 261-67.

Sadchikova, Maria N. and K. V. Glotova. 1973. "The Clinic, Pathogenesis, Treatment, and Outcome of Radiowave Sickness." In: Z. V. Gordon, ed., *Biological Effects of Radiofrequency Electromagnetic Fields*, JPRS 63321 (1974), pp. 54-62.

Sadchikova, Maria N., S. F. Kharlamova, N. N. Shatskaya, and N. V. Kuznetsova. 1980. "Significance of Blood Lipid and Electrolyte Disturbances in the Development of Some Reactions to Microwaves." *Gigiyena truda i professional'nyye zabolevaniya* 1980(2): 38-39. JPRS 77393 (1981), pp. 37-39.

Saint, Eric G., D. Curnow, and R. Paton. 1954. "Diagnosis of Acute Porphyria." *British Medical Journal* 1: 1182-84.

Sanders, Aaron P., William T. Joines, and John W. Allis. 1984. "The Differential Effects of 200, 591, and 2,450 MHz Radiation on Rat Brain Energy Metabolism." *Bioelectromagnetics* 5: 419-33.

Savransky, Vladimir, Ashika Nanayakkara, Jianguo Li, Shannon Bevans, Philip L. Smith, Annabelle Rodriguez, and Vsevolod Y. Polotsky. 2007. "Chronic Intermittent Hypoxia Induces Atherosclerosis." *American Journal of Respiratory and Critical Care Medicine* 175: 1290-97.

Scherrer, Jeffrey F., Timothy Chrusciel, Angelique Zeringue, Lauren D. Garfield, Paul J. Hauptman, Patrick J. Lustman, Kenneth E. Freedland, Robert M. Carney, Kathleen K. Bucholz, Richard Owen, and William R. True. 2010. "Anxiety Disorders Increase Risk for Incident Myocardial Infarction in Depressed and Nondepressed Veterans Administration Patients." *American Heart Journal* 159(5): 772-79.

Schott, Theodor. 1915. "Beobachtungen über Herzaffektionen bei Kriegsteilnehmern." *Münchener medizinische Wochenschrift* 62(20): 677-79.

Scriven, George P. 1915. "Notes on the Organization of Telegraph Troops in Foreign Armies. Great Britain." In: Scriven, *The Service of Information, United States Army*, (Washington, DC: Government Printing Office), pp. 127-32. Reproduced in Paul J. Scheips, ed., *Military Signal Communications* (New York: Arno Press), 1980, vol. 2.

Seldenrijk, Adrie, Nicole Vogelzangs, Hein P. J. van Hout, Harm W. J. van Marwijk, Michaela Diamant, and Brenda W. J. H. Penninx. 2010. "Depression and Anxiety Disorders and Risk of Subclinical Atherosclerosis: Findings from the Netherlands Study of Depression and Anxiety (NESDA)." *Journal of Psychosomatic Research* 69: 203-10.

Sharrett, A. R., C. M. Ballantyne, S. A. Coady, G. Heiss, P. D. Sorlie, D. Catellier, and W. Patsch. 2001. "Coronary Heart Disease Prediction From Lipoprotein Cholesterol Levels, Triglycerides, Lipoprotein(a), Apolipoproteins A-I and B, and HDL Density Subfractions: The Atherosclerosis Risk in Communities (ARIC) Study." *Circulation* 104: 1108-13.

Shibeshi, Woldecherkos A., Yinong Young-Xu, and Charles M. Blatt. 2007. "Anxiety Worsens Prognosis in Patients with Coronary Artery Disease." *Journal of the American College of Cardiology* 49(20): 2021-27.

Shiue, J. W., F. Y. Lee, K. J. Hsiao, Y. T. Tsai, S. D. Lee, and S. J. Wu. 1989. "Abnormal Thyroid Function and Hypercholesterolemia in a Case of Acute Intermitten Porphyria." *Taiwan Yi Xue Hui Za Zhi* (Journal of the Formosa Medical Association) 88(7): 729-31.

Shorter, Edward. 1992. *From Paralysis to Fatigue: A History of Psychosomatic Illness in the Modern Era*. New York: Free Press.

———. 1997. *A History of Psychiatry*. New York: John Wiley & Sons.

Shutenko, O. I., I. P. Kozarin and I. I. Shvayko. 1981. "Effects of Superhigh Frequency Electromagnetic Fields on Animals of Different Ages." *Gigiyena i Sanitariya* 1981(10): 35-38. JPRS 81300 (1982), pp. 85-90.

Siekierzyński, Maksymilian. 1974. "A Study of the Health Status of Microwave Workers." In: P. Czerski et al., eds., *Biologic Effects and Health Hazards of Microwave Radiation: Proceedings of an International Symposium, Warsaw, 15-18 October 1973* (Warsaw: Polish Medical Publishers), pp. 273-280.

Siekierzyński, Maksymilian, Przemysław Czerski, Halina Milczarek, Andrej Gidyński, Czesław Czarnecki, Eugeniusz Dziuk, and Wiesław Jedrzejczak. 1974. "Health Surveillance of Personnel Occupationally Exposed to Microwaves. II. Functional Disturbances." *Aerospace Medicine* 45(10): 1143-45.

Sijbrands, Eric J. G., Rudi G. J. Westendorp, Joep C. Defesche, Paul H. E. M. de Meier, Augustinus H. M. Smelt, and John J. P. Kastelein. 2001. "Mortality Over Two Centuries in Large Pedigree with Familial Hypercholesterolaemia: Family Tree Mortality Study." *British Medical Journal* 322: 1019-23.

Silverman, Charlotte. 1979. "Epidemiologic Approach to the Study of Microwave Effects." *Bulletin of the New York Academy of Medicine* 55(11): 1166-81.

Smart, Charles. 1888. "Cardiac Diseases." In: Smart, *The Medical and Surgical History of the War of the Rebellion*, part III, vol. I, *Medical History* (Washington, DC: Government Printing Office), pp. 860-69.

Snowdon, David A. 1988. "Animal Product Consumption and Mortality Because of All Causes Combined, Coronary Heart Disease, Stroke, Diabetes, and Cancer in Seventh-day Adventists." *American Journal of Clinical Nutrition* 48: 739-48.

Soares-Filho, Gastão L. F., Oscar Arias-Carrión, Gaetano Santulli, Adriana C. Silva, Sergio Machado, Alexandre M. Valença, and Antonio E. Nardi. 2014. "Chest Pain, Panic Disorder and Coronary Artery Disease: A Systematic Review." *CNS & Neurological Disorders – Drug Targets* 13(6): 992-1001.

Solberg, Lars A., Jack P. Strong, Ingar Holme, Anders Helgeland, Ingvar Hjermann, Paul Leren, and Svein Børre Mogensen. 1985. "Stenoses in the Coronary Arteries: Relation to Atherosclerotic Lesions, Coronary Heart Disease, and Risk Factors. The Oslo study." *Laboratory Investigation* 53: 648-55.

Sonimo, N., G. A. Fava, M. Boscaro, and F. Fallo. 1998. "Life Events and Neurocirculatory Asthenia. A Controlled Study." *Journal of Internal Medicine* 244: 523-28.

Spinhoven, Philip, E. J. Onstein, P. J. Sterk, and D. Le Haen-Versteijnen. 1992. "The Hyperventilation Provocation Test in Panic Disorder." *Behaviour Research and Therapy* 30(5): 453-61.

Stamler, Jeremiah, Deborah Wentworth, and James D. Neaton. 1986. "Is Relationship between Serum Cholesterol and Risk of Premature Death from Coronary Heart Disease Continuous and Graded?" *JAMA* 256(20): 2823-28.

Stamler, Jeremiah, Martha L. Daviglus, Daniel B. Garside, Alan R. Dyer, Philip Greenland, and James D. Neaton. 2000. "Relationship of Baseline Serum Cholesterol Levels in 3 Large Cohorts of Younger Men to Long-term Coronary, Cardiovascular, and All-Cause Mortality and to Longevity." *JAMA* 284: 311-18.

Statistical Report of the Health of the Navy for the Year 1915. 1922. London: His Majesty's Stationery Office.

Stein, Jeffrey A. and Donald P. Tschudy. 1970. "Acute Intermittent Porphyria: A Clinical and Biochemical Study of 46 Patients." *Medicine* 49(1): 1-16.

Steiropoulous, Paschalis, Venetia Tsara, Evangelia Nena, Christina Fitili, Margarita Kataropoulou, Marios Froudarakis, Pandora Christaki, and Demosthenes Bouros. 2007. "Effect of Continuous Positive Airway Pressure Treatment on Serum Cardiovascular Risk Factors in Patients with Obstructuve Sleep Apnea-Hypopnea Syndrome." *Chest* 132(3): 843-51.

Stephenson, G. V. and Kenneth Cameron. 1943. "Anxiety States in the Navy: A Clinical Survey and Impression." *British Medical Journal* 2: 603-7.

Stewart, S., K. MacIntyre, M. M. C. MacLeod, A. E. M. Bailey, S. Capewell, and J. J. V. McMurray. 2001. "Trends in Hospitalization for Heart Failure in Scotland, 1990-1996." *European Heart Journal* 22: 209-17.

Subbota, A. G. 1970. "Changes in Functions of Various Systems of the Organism." In: I. R. Petrov. ed., *Influence of Microwave Radiation on the Organism of Man and Animals*

(Leningrad: "Meditsina"), in English translation, 1972 (Washington, DC: NASA), report no. TTF-708, pp. 66-87.

Suvorov, G. A. and N. F. Izmerov. 2003. *Fizicheskiye faktory proizvodstvennoy i prirodnoy credy* ("Physical Factors of Occupational and Natural Environment"). Moscow: "Meditsina."

Taddeini, Luigi, Karen L. Nordstrom, and C. J. Watson. 1974. "Hypercholesterolemia in Experimental and Human Hepatic Porphyria." *Metabolism* 13: 691-701.

Tamburello, C. C., L. Zanforlin, G. Tiné, and A. E. Tamburello. 1991. "Analysis of Microwave Effects on Isolated Hearts." *IEEE MTT-S Digest* (IEEE Microwave Theory and Techniques Symposium, Boston), pp. 805-8.

Thorogood, Margaret, Jim Mann, Paul Appleby, and Klim McPherson. 1994. "Risk of Death from Cancer and Ischaemic Heart Disease in Meat and Non-Meat Eaters." *British Medical Journal* 308: 1667-71.

Thunell, Stig. 2000. "Porphyrins, Porphyrin Metabolism and Porphyrias. I. Update." *Scandinavian Journal of Clinical and Laboratory Investigation* 60: 509-40.

Tomashevskaya, Lyudmila A. and E. A. Solenyi. 1986. "Biologicheskoye deystviye i gigiyenicheskoye znacheniye elektromagnitnogo polya, sozdavayemogo beregovimi radiolokatsionnimi sredstvami" ("Biological Action and Hygienic Significance of the Electromagnetic Field Created by Coastal Radar Facilities"). *Gigiyena i Sanitariya* 1986(7): 34-36.

Tomashevskaya, Lyudmila A. and Yury D. Dumanskiy. 1988. "Gigiyenicheskaya otsenka biologicheskogo deystviya impul'snykh elektromagnitnykh poley 850-2750 MGts" ("Hygienic Evaluation of the Biological Effect of Pulsed Electromagnetic Fields or 850-2750 MHz"). *Gigiyena i Sanitariya* 1988(9): 21-24.

———. 1989. "Influence of Low-Intensity 8-mm Wave EMF on Some Exchange Processes." In: *Fundamental and Applied Aspects of Use of Millimeter Electromagnetic Radiation in Medicine: Proceedings of the First All-Union Symposium with International Participation* (Kiev: VNK "Otlik"), pp. 135-37.

Tourniaire, A., M. Tartulier, J. Blum, and F. Deyrieux. 1961. "Confrontation des données fonctionnelles respiratoires et hémodynamiques cardiaques dans les névroses tachycardiaques et chez les sportifs." *Presse médicale* 69(16): 721-23.

Treupel, G. 1915. "Kriegsärztliche Herzfragen." *Medizinische Klinik (Berlin)* 62(11): 356-59.

Tuomilehto Jaakko and Kari Kuulasmaa. 1989. "WHO MONICA Project: Assessing CHD Mortality and Morbidity." *International Journal of Epidemiology* 18: S38-S45.

Tyagin, Nikolay Vasil'evich. 1971. *Klinicheskiye aspekty oblucheniy SVCh-diapazona* ("Clinical Aspects of Irradiation in the SHF-range"). Leningrad: "Meditsina."

Tzivoni, Dan, Zvi Stern, Andre Keren, and Shlomo Stern. 1980. "Electrocardiographic Characteristics of Neurocirculatory Asthenia during Everyday Activities." *British Heart Journal* 44: 426-32.

van Rensburg, S. J., F. C. Potocnik, T. Kiss, F. Hugo, P. van Zijl, E. Mansvelt, and M. E. Carstens. 2001. "Serum Concentrations of Some Metals and Steroids in Patients with Chronic Fatigue Syndrome with Reference to Neurological and Cognitive Abnormalities." *Brain Research Bulletin* 55(2): 319-25.

Vastesaeger, Marcel M. and R. Delcourt. 1962. "The Natural History of Atherosclerosis." *Circulation* 26: 841-55.

Verschuren, W. M. Monique, David R. Jacobs, Bennie P. M. Bloemberg, Daan Kromhout, Alessandro Menotti, Christ Aravanis, Henry Blackburn, Ratko Buzina, Anastasios S. Dontas, Flaminio Fidanza, Martti J. Karvonen, Srećko Nedeljković, Aulikki Nissinen, and Hironori Toshima. 1995. "Serum Total Cholesterol and Long-Term Coronary Heart Disease Mortality in Different Cultures: Twenty-five-Year Follow-up of the Seven Countries Study." *JAMA* 274(2): 131-36.

Vogelzangs, Nicole, Adrie Seldenrijk, Aartjan T. F. Beekman, Hein P. J. van Hout, Peter de Jonge, and Brenda W. J. H. Penninx. 2010. "Cardiovascular Disease in Persons with Depressive and Anxiety Disorders." *Journal of Affective Disorders* 215: 241-48.

von Dziembowski, C. 1915. "Die Vagotonie, eine Kriegskrankheit." *Therapie der Gegenwart* 56: 405-13.

von Romberg, Ernst. 1915. "Beobachtungen über Herz- und Gefässkrankheiten während der Kriegszeit." *Münchener medizinische Wochenschrift* 62(20): 671-72.

Vural, M. and E. Başar. 2007. "Anxiety Disoder as a Potential for Sudden Death." *Anadolu Kardiyoloji Dergisi* 7(2): 179-83 (in Turkish).

Watson, Raymond C., Jr. 2009. *Radar Origins Worldwide*. Victoria, BC: Trafford.

Weissman, Myrna M., Jeffrey S. Markowitz, Robert Ouellette, Steven Greenwald, and Jeffrey P. Kahn. 1990. "Panic Disorder and Cardiovascular/Cerebrovascular Problems: Results from a Community Survey." *American Journal of* Psychiatry 147: 1504-8.

Wendkos, Martin H. 1944. "The Influence of Autonomic Imbalance on the Human Electrocardiogram." *American Heart Journal* 28(5): 549-67.

Wheeler, Edwin O., Paul D. White, Eleanor W. Reed, and Mandel E. Cohen. 1950. "Neurocirculatory Asthenia (Anxiety Neurosis, Effort Syndrome, Neurasthenia): A Twenty Year Follow-up Study of One Hundred and Seventy-three Patients." *Journal of the American Medical Association* 142(12): 878-89.

White, Paul Dudley. 1920. "The Diagnosis of Heart Disease in Young People." *Journal of the American Medical Association* 74(9): 580-82.

———. 1938. *Heart Disease*, 2nd ed. New York: Macmillan.

———. 1957. "The Cardiologist Enlists the Epidemiologist." *American Journal of Public Health*, vol. 47, no. 4, part 2, pp. 1-3.

———. 1971. *My Life and Medicine: An Autobiographical Memoir*. Boston: Gambit.

Whitelaw, Andrew G. L. 1974. "Acute Intermittent Porphyria, Hypercholesterolaemia, and Renal Impairment." *Archives of Disability in Childhood* 49: 406-7.

Wilson, Peter W. F., Ralph B. D'Agostino, Daniel Levy, Albert M. Belanger, Halit Silber-shatz, and William B. Kannel. 1998. "Prediction of Coronary Heart Disease Using Risk Factor Categories." *Circulation* 97: 1837-47.

Wilson, Robert McNair. 1916. "The Irritable Heart of Soldiers." *British Medical Journal* 1: 119-20.

Wong, Roger, Gary Lopaschuk, Gang Zhu, Dorothy Walker, Dianne Catellier, David Bur-ton, Koon Teo, Ruth Collins-Nakai, and Terrence Montague. 19 92. "Skeletal Muscle Metabolism in the Chronic Fatigue Syndrome." *Chest* 102(6): 1716-22.

Wooley, Charles F. 1976. "Where are the Diseases of Yesteryear? DaCosta's Syndrome, Soldier's Heart, the Effort Syndrome, Neurocirculatory Asthenia – And the Mitral Valve Prolapse Syndrome." *Circulation* 53(5): 749-51.

———. 1985. "From Irritable Heart to Mitral Valve Prolapse: British Army Medical Reports, 1860 to 1870." *American Journal of Cardiology* 55(8): 1107-9.

———. 1988. "Lewis A. Conner, MD (1867-1950), and Lessons Learned from Examining Four Million Young Men in World War I." *American Journal of Cardiology* 61: 900-3.

Worts, George F. 1915. "Directing the War by Wireless." *Popular Mechanics*, May, pp. 647-50.

York, J. Lyndal. 1972. *The Porphyrias*. Springfield, IL: Charles C. Thomas.

Zalyubovskaya, N. P. and R. I. Kiselev. 1978. "Biological Oxidation in Cells Exposed to Microwaves in the Millimeter Range." *Tsitologiya i Genetika* 12(3): 232-36 (in Russian).

Zalyubovskaya, N. P., R. I. Kiselev, and L. N. Turchaninova. 1977. "Effects of Electromag-netic Waves of the Millimetric Range on the Energy Metabolism of Liver Mitochon-dria." *Biologicheskiye Nauki* 1977(6): 133-34. JPRS 70107, pp. 51-52.

Zhang, X., A. Patel, H. Horibe, Z. Wu, F. Barzi, A. Rodgers, S. MacMahon, and M. Wood-ward. 2003. "Cholesterol, Coronary Heart Disease, and Stroke in the Asia Pacific Region." *International Journal of Epidemiology* 32(4): 563-72.

Zheng, Zhi-Jie, Janet B. Croft, Wayne H. Giles, and George A. Mensah. 2005. "Out-of-Hos-pital Cardiac Deaths in Adolescents and Young Adults in the United States, 1989 to 1998." *American Journal of Preventive Medicine* 29 (5S1): 36-41.

제13장

Allen, Frederick M. 1914. "Studies Concerning Diabetes." *Journal of the American Medical Association* 63(11): 939-43.

———. 1915. "Metabolic Studies in Diabetes." *New York State Journal of Medicine* 15(9): 330-33.

———. 1916. "Investigative and Scientific Phases of the Diabetic Question." *Journal of the American Medical Association* 66(20): 1525-32.

———. 1922. "Observations on the Progressiveness of Diabetes." *Medical Clinics of North America* 6(3): 465-74.

Antoun, Ghadi, Fiona McMurray, A. Brianne Thrush, David A. Patten, Alyssa C. Peixoto, Ruth S. Slack, Ruth McPherson, Robert Dent, and Mary-Ellen Harper. 2015. "Impaired Mitochondrial Oxidative Phosphorylation and Supercomplex Assembly in Rectus Abdominis Muscle of Diabetic Obese Individuals." *Diabetologia* 58(12): 2861-66.

Bartoníček, V. and Eliska Klimková-Deutschová. 1964. "Effect of Centimeter Waves on Human Biochemistry." *Casopís Lékařů Ceských* 103(1): 26-30 (in Czech). English Translation in G. L. Khazan, ed., *Biological Effects of Microwaves*, ATD Report P-65-68, September 17, 1965 (Washington, DC: Dept. of Commerce), pp. 13-14.

Belokrinitskiy, Vasily S. 1982. "Hygienic Evaluation of Biological Effects of Nonionizing Microwaves." *Gigiyena i Sanitariya* 1982(6): 32-34. JPRS 81865, pp. 1-5.

Belokrinitskiy, Vasily S. and A. N. Grin'. 1983. "Nature of Morphofunctional Renal Changes in Response to SHF Field-Hypoxia Combination." *Vrachebnoye Delo* 1983(1): 112-15. JPRS 84221, pp. 27-31.

Bielski, J. and M. Sikorski. 1996. "Disturbances of Glucose Tolerance in Workers Exposed to Electromagnetic Radiation." *Medycyna Pracy* 47(3): 227-31 (in Polish).

Brown, John. 1790. *The Elements of Medicine*. Philadelphia: T. Dobson.

Bruce, Clinton R., Mitchell J. Anderson, Andrew L. Carey, David G. Newman, Arend Bonen, Adamandia D. Kriketos, Gregory J. Cooney, and John A. Hawley. 2003. "Muscle Oxidative Capacity Is A Better Predictor of Insulin Sensitivity than Lipid Status." *Journal of Clinical Endocrinology and Metabolism* 88(11): 5444-51.

Brun, J. F., C. Fedou, and J. Mercier. 2000. "Postprandial Reactive Hypoglycemia." *Diabetes & Metabolism (Paris)* 26: 337-51.

Casson, Herbert N. 1910. *The History of the Telephone*. Chicago: A. C. McClurg.

Centers for Disease Control and Prevention. 2011. "Long-Term Trends in Diagnosed Diabetes." Atlanta.

———. 2014a. "Long-term Trends in Diabetes." Atlanta.

———. 2014b. "National Diabetes Statistics Report." Atlanta.

Czerski, Przemysław, Kazimierz Ostrowski, Morris L. Shore, Charlotte Silverman, Michael J. Suess, and Berndt Waldeskog, eds. 1974. *Biologic Effects and Health Hazards of Microwave Radiation: Proceedings of an International Symposium, Warsaw, 15-18 October 1973*. Warsaw: Polish Medical Publishers.

DeLany, James P., John J. Dubé, Robert A. Standley, Giovanna Distefano, Bret H. Goodpaster, Maja Stefanovic-Racic, Paul M. Coen, and Frederico G. S. Toledo. 2014. "Racial Differences in Peripheral Insulin Sensitivity and Mitochondrial Capacity in the Absence of Obesity." *Journal of Clinical Endocrinology and Metabolism* 99(11): 4307-14.

Diabetes Care. 2002. "Report of the Expert Committee on the Diagnosis and Classification of Diabetes Mellitus." 25 (supp. 1): S5-S20.

Dodge, Christopher H. 1970. "Clinical and Hygienic Aspects of Exposure to Electromagnetic Fields." In: Stephen F. Cleary, ed., *Biological Effects and Health Implications of*

Microwave Radiation. Symposium Proceedings (Rockville, MD: U.S. Department of Health, Education and Welfare), Publication BRH/DBE 70-2, pp. 140-149.

Dufty, William. 1975. *Sugar Blues*. Radnor, PA: Chilton.

Dumanskiy Yury D., N. G. Nikitina, Lyudmila A. Tomashevskaya, F. R. Kholyavko, K. S. Zhypakhin, and V. A. Yurmanov. 1982. "Meteorological Radar as Source of SHF Electromagnetic Field Energy and Problems of Environmental Hygiene." *Gigiyena i Sanitariya* 1982(2): 7-11. JPRS 81300, pp. 58-63.

Dumanskiy, Yury D. and V. F. Rudichenko. 1976. "Dependence of the Functional Activity of Liver Mitochondria on Microwave Radiation." *Gigiyena i Sanitariya* 1976(4): 16-19. JPRS 72606 (1979), pp. 27-32.

Dumanskiy, Yury D. and M. G. Shandala. 1974. "The Biologic Action and Hygienic Significance of Electromagnetic Fields of Superhigh and Ultrahigh Frequencies in Densely Populated Areas." In: P. Czerski et al., eds., *Biologic Effects and Health Hazards of Microwave Radiation: Proceedings of an International Symposium, Warsaw, 15-18 October 1973* (Warsaw: Polish Medical Publishers), pp. 289-293.

Dumanskiy Yury D. and Lyudmila A. Tomashevskaya. 1978. "Investigation of the Activity of Some Enzymatic Systems in Response to a Super-high Frequency Electromagnetic Field." *Gigiyena i Sanitariya* 1978(8): 23-27. JPRS 72606 (1979), pp. 1-7.

———. 1982. "Hygienic Evaluation of 8-mm Wave Electromagnetic Fields." *Gigiyena i Sanitariya* 1982(6): 18-20. JPRS 81865, pp. 6-9.

Felber, Jean-Pierre and Alfredo Vannotti. 1964. "Effects of Fat Infusion on Glucose Tolerance and Insulin Plasma Levels." *Medicina Experimentalis* 10: 153-56.

Flegal, Katherine M., Margaret D. Carroll, Robert J. Kuczmarski, and Clifford L. Johnson. 1998. "Overweight and Obesity in the United States: Prevalence and Trends, 1960-1994." *International Journal of Obesity* 22: 39-47.

Flegal, Katherine M., Margaret D. Carroll, Cynthia L. Ogden, and Clifford L. Johnson. 2002. "Prevalence and Trends in Obesity Among US Adults, 1999-2000." *JAMA* 288(14): 1723-27.

Flegal, Katherine M., Margaret D. Carroll, Cynthia L. Ogden, and Lester R. Curtin. 2010. "Prevalence and Trends in Obesity Among US Adults, 1999-2008." *JAMA* 303(3): 235-41.

Fothergill, J. Milner. 1884. "The Diagnosis of Diabetes." *North Carolina Medical Journal* 13: 146-47 (reprinted from *Philadelphia Medical Times*).

Gabovich, P. D., O. I. Shutenko, I. P. Kozyarin, and I. I. Shvayko. 1979. "Effects from Combined Exposure to Infrasound and Superhigh Frequency Electromagnetic Fields in Experiment." *Gigiyena i Sanitariya* 1979(10): 12-14. JPRS 75515 (1980), pp. 30-35.

Gel'fon, I. A. and Maria N. Sadchikova. 1960. "Protein Fractions and Histamine of the Blood under the Influence of UHF and HF." In: A. A. Letavet and Z. V. Gordon, eds.,

The Biological Action of Ultrahigh Frequencies (Moscow: Academy of Medical Sciences), JPRS 12471, pp. 42-46.

Gembitskiy, Ye. V. 1970. "Changes in the Functions of the Internal Organs of Personnel Operating Microwave Generators." In: I. R. Petrov. ed., *Influence of Microwave Radiation on the Organism of Man and Animals* (Leningrad: "Meditsina"), in English translation, 1972 (Washington, DC: NASA), report no. TTF-708, pp. 106-25.

Gerbitz, Klaus-Dieter, Klaus Gempel, and Dieter Brdiczka. 1996. "Mitochondria and Diabetes: Genetic, Biochemical, and Clinical Implications of the Cellular Energy Circuit." *Diabetes* 45(2): 113-26.

Gohdes, Dorothy. 1995. "Diabetes in North American Indians and Alaska Natives." In: M. I. Harris et al., eds., *Diabetes in America*, 2nd ed. (Bethesda, MD: National Institute of Diabetes and Digestive and Kidney Diseases), NIH publication no. 95-1468, pp. 683-702.

Gordon, Zinaida V., ed. 1973. *O biologicheskom deystvii elektromagnitnykh poley radiochastot*, 4th ed. Moscow. In English translation as *Biological Effects of Radiofrequency Electromagnetic Fields*, JPRS 63321 (1974).

Gray, Charlotte. 2006. *Reluctant Genius: The Passionate Life and Inventive Mind of Alexander Graham Bell*. Toronto: HarperCollins.

Harris, Maureen I., Catherine C. Cowie, Michael P. Stern, Edward J. Boyko, Gayle E. Reiber, and Peter H. Bennet, eds. 1995. *Diabetes in America*, 2nd ed. Bethesda, MD: National Institute of Diabetes and Digestive and Kidney Diseases. NIH publication no. 95-1468.

Harris, Seale. 1924. "Hyperinsulinism and Dysinsulinism." *Journal of the American Medical Association* 83(10): 729-33.

Hirsch, August. 1883, 1885, 1886. *Handbook of Geographical and Historical Pathology*, 3 vols. London: New Sydenham Society.

Howe, Hubert S. 1931. "Edison Lost Will to Live, Doctor Says." *Pittsburgh Post-Gazette*, October 19, p. 2.

Hurley, Dan. 2011. *Diabetes Rising: How a Rare Disease Became a Modern Pandemic, and What To Do About It*. New York: Kaplan.

Israel, Paul. 1998. *Edison: A Life of Invention*. New York: Wiley.

Jerabek, Jiri. 1979. "Biological Effects of Magnetic Fields." *Pracovni Lekarstvi* 31(3): 98-106. JPRS 76497 (1980), pp. 1-25.

Jones, Francis Arthur. 1907. *Thomas Alva Edison: Sixty Years of an Inventor's Life*. New York: Thomas Y. Crowell.

Joslin, Elliott Proctor. 1917. *The Treatment of Diabetes Mellitus*, 2nd ed. Philadelphia: Lea & Febiger.

―――. 1924. "The Treatment of Diabetes Mellitus." *Canadian Medical Association Journal* 14(9): 808-11.

————. 1927. "The Outlook for the Diabetic." *California and Western Medicine* 26(2): 177-82, 26(3): 328-31.

————. 1943. "The Diabetic." *Canadian Medical Association Journal* 48: 488-97.

————. 1950. "A Half-Century's Experience in Diabetes Mellitus." *British Medical Journal* 1: 1095-98.

Joslin Diabetes Clinic, paid advertisement. "Edison Lived His Last 50 Years with Diabetes," *Pittsburgh Press*, April 14, 1990; October 14, 1990; *Pittsburgh Post-Gazette*, April 18, 1990; April 25, 1990; May 23, 1990; June 22, 1990; September 19, 1990; October 17, 1990.

Josephson, Matthew. 1959. *Edison: A Biography*. McGraw-Hill, NY.

Kelley, David E., Bret Goodpaster, Rena R. Wing and Jean-Aimé Simoneau. 1999. "Skeletal Muscle Fatty Acid Metabolism in Association with Insulin Resistance, Obesity, and Weight Loss." *American Journal of Physiology – Endocrinology and Metabolism* 277: E1130-41.

Kelley, David E. and Lawrence J. Mandarino. 2000. "Fuel Selection in Human Skeletal Muscle in Insulin Resistance: A Reexamination." *Diabetes* 49: 677-83.

Kelley, David E., Jing He, Elizabeth V. Menshikova, and Vladimir B. Ritov. 2002. "Dysfunction of Mitochondria in Human Skeletal Muscle in Type 2 Diabetes." *Diabetes* 51: 2944-50.

Kelley, David E. and Jean-Aimé Simoneau. 1994. "Impaired Free Fatty Acid Utilization by Skeletal Muscle in Non-Insulin-dependent Diabetes Mellitus." *Journal of Clinical Investigation* 94: 2349-56.

Kim, Juhee, Karen E. Peterson, Kelley S. Scanlon, Garrett M. Fitzmaurice, Aviva Must, Emily Oken, Sheryl L. Rifas-Shiman, Janet W. Rich-Edwards, and Matthew W. Gillman. 2006. "Trends in Overweight from 1980 through 2001 among Preschool-Aged Children Enrolled in a Health Maintenance Organization." *Obesity* 14(7): 1-6.

Kleinfield, N. R. 2006. "Diabetes and Its Awful Toll Quietly Emerge as a Crisis." *New York Times*, January 9, 2006.

Klimentidis, Yann C., T. Mark Beasley, Hui-Yi Lin, Giulianna Murati, Gregory E. Glass, Marcus Guyton, Wendy Newton, Matthew Jorgensen, Steven B. Heymsfield, Joseph Kemnitz, Lynn Fairbanks, and David B. Allison. 2011. "Canaries in the Coal Mine: a Cross-Species Analysis of the Plurality of Obesity Epidemics." *Proceedings of the Royal Society B* 278: 1626-32.

Klimková-Deutschová, Eliska. 1974. "Neurologic Findings in Persons Exposed to Microwaves." In: P. Czerski et al., eds., *Biologic Effects and Health Hazards of Microwave Radiation: Proceedings of an International Symposium, Warsaw, 15-18 October 1973* (Warsaw: Polish Medical Publishers), pp. 269-72.

Kolodub, F. A. and O. N. Chernysheva. 1980. "Special Features of Carbohydrate-energy and Nitrogen Metabolism in the Rat Brain under the Influence of Magnetic Fields of

Commercial Frequency." *Ukrainskiy Biokhemicheskiy Zhurnal* 1980(3): 299-303. JPRS 77393 (1981), pp. 42-44.

Koo, Won W. and Richard D. Taylor. 2011. "2011 Outlook of the U.S. and World Sugar Markets, 2010-2020." *Agribusiness & Applied Economics*, no. 679.

Kuczmarski, Robert J., Katherine M. Flegal, Stephen M. Campbell, and Clifford L. Johnson. 1994. "Increasing Prevalence of Overweight Among US Adults: The National Health and Nutrition Examination Surveys, 1960 to 1991." *JAMA* 272(3): 205-11.

Kwon, Myoung Soo, Victor Vorobyev, Sami Kännälä, Matti Laine, Juha O. Rinne, Tommi Toivonen, Jarkko Johansson, Mika Teräs, Harri Lindholm, Tommi Alanko, and Heikki Hämäläinen. 2011. "GSM Mobile Phone Radiation Suppresses Brain Glucose Metabolism." *Journal of Cerebral Blood Flow and Metabolism*, 31(12): 2293-2301.

Levy, Renata Bertazzi, Rafael Moreira Claro, Daniel Henrique Bandoni, Lenise Mondini, and Carlos Augusto Monteiro. 2012. "Availability of Added Sugars in Brazil: Distribution, Food Sources and Time Trends." *Revista Brasileira de Epidemiologia* 15(1): 3-12.

Li, De-Kun, Jeannette R. Ferber, Roxana Odouli, and Charles P. Quesenberry, Jr. 2012. "A Prospective Study of *In-utero* Exposure to Magnetic Fields and the Risk of Childhood Obesity." *Scientific Reports* 2: 540.

Lorenzo, Carlos and Steven M. Haffner. 2010. "Performance Characteristics of the New Definition of Diabetes: The Insulin Resistance Atherosclerosis Study." *Diabetes Care* 33(2): 335-37.

Mann, Devin M., April P. Carson, Daichi Shimbo, Vivian Fonseca, Caroline S. Fox, and Paul Muntner. 2010. "Impact of A1C Screening Criterion on the Diagnosis of Pre-Diabetes Among U.S. Adults." *Diabetes Care* 33(10): 2190-95.

Mazur, Allan. 2011. "Why Were 'Starvation Diets' Promoted for Diabetes in the Pre-Insulin Period?" *Nutrition Journal* 10: 23.

Morino, Katsutaro, Kitt Falk Petersen, and Gerald I. Shulman. 2006. "Molecular Mechanisms of Insulin Resistance in Humans and Their Potential Links with Mitochondrial Dysfunction." *Diabetes* 55 (suppl. 2): S9-S15.

Morris, Jeremiah Noah. 1995. "Obesity in Britain: Lifestyle Data Do Not Support Sloth Hypothesis." *British Medical Journal* 311: 1568-69.

Navakatikian, Mikhail A. and Lyudmila A. Tomashevskaya. 1994. "Phasic Behavioral and Endocrine Effects of Microwaves of Nonthermal Intensity." In: David O. Carpenter and Sinerik Ayrapetyan, eds., *Biological Effects of Electric and Magnetic Fields* (New York: Academic), vol. 1, pp. 333-42.

Nikitina, Valentina N. 2001. "Hygienic, Clinical and Epidemiological Analysis of Disturbances Induced by Radio Frequency EMF Exposure in Human Body." In: Kjell Hansson Mild, Monica Sandström, and Eugene Lyskov, eds., *Clinical and Physiological Investigations of People Highly Exposed to Electromagnetic Fields* (Umeå, Sweden: National Institute for Working life), Arbetslivsrapport 3, pp. 32-38.

Ogden, Cynthia L., Margaret D. Carroll, Brian K. Kit, and Katherine M. Flegal. 2012. "Prevalence of Obesity in the United States, 2009-2010." NCHS Data Brief no. 82, January 2012. Atlanta: National Center for Health Statistics, Centers for Disease Control and Prevention.

Ogden, Cynthia L., Katherine M. Flegal, Margaret D. Carroll, and Clifford L. Johnson. 2002. "Prevalence and Trends in Overweight Among US Children and Adolescents, 1999-2000." JAMA 288(14): 1728-32.

Patti, Mary-Elizabeth and Silvia Corvera. 2010. "The Role of Mitochondria in the Pathogenesis of Type 2 Diabetes." *Endocrine Reviews* 31(3): 364-95.

Petrov, Ioakim Romanovich, ed. 1970a. *Vliyaniye SVCh-izlucheniya na organism cheloveka i zhivotnykh.* Leningrad: "Meditsina." In English translation as *Influence of Microwave Radiation on the Organism of Man and Animals* (Washington, DC: NASA), report no. TTF-708, 1972.

———. 1970b. "Problems of the Etiology and Pathogenesis of the Pathological Processes Caused by Microwave Radiation." In: Petrov, ed., *Influence of Microwave Radiation on the Organism of Man and Animals*, pp. 147-165.

Prentice, Andrew M. and Susan A. Jebb. 1995. "Obesity in Britain: Gluttony or Sloth?" *British Medical Journal* 311: 437-39.

Presman, Aleksandr Samuilovich. 1970. *Electromagnetic Fields and Life*. New York: Plenum.

Randle, Philip J. 1998. "Regulatory Interactions between Lipids and Carbohydrates: The Glucose Fatty Acid Cycle After 35 Years." *Diabetes/Metabolism Reviews* 14: 263-83.

Randle, Philip J., P. B. Garland, C. N. Hales, and E. A. Newsholme. 1963. "The Glucose Fatty-Acid Cycle." *Lancet* 1: 785-89.

Reynolds, C. and D. B. Orchard. 1977. "The Oral Glucose Tolerance Test Revisited and Revised." *CMA Journal* 116: 1223-24.

Richardson, Benjamin Ward. 1876. *Diseases of Modern Life*. New York: D. Appleton.

Ritov, Vladimir B., Elizabeth V. Menshikova, Koichiro Azuma, Richard Wood, Frederico G. S. Toledo, Bret H. Goodpaster, Neil B. Ruderman, and David E. Kelley. 2010. "Deficiency of Electron Transport Chain in Human Skeletal Muscle Mitochondria in Type 2 Diabetes Mellitus and Obesity." *American Journal of Physiology – Endocrinology and Metabolism* 298: E49-58.

Rollo, John. 1798. *Cases of the Diabetes Mellitus*, 2nd ed. London: C. Dilly.

Sadchikova, Maria N. 1974. "Clinical Manifestations of Reactions to Microwave Irradiation in Various Occupational Groups." In: P. Czerski et al., eds., *Biologic Effects and Health Hazards of Microwave Radiation: Proceedings of an International Symposium, Warsaw, 15-18 October 1973* (Warsaw: Polish Medical Publishers), pp. 261-67.

Sadchikova, Maria N. and K. V. Glotova. 1973. "The Clinic, Pathogenesis, Treatment, and Outcome of Radiowave Sickness." In: Z. V. Gordon, ed., *Biological Effects of Radiofrequency Electromagnetic Fields*, JPRS 63321 (1974), pp. 54-62.

Schalch, Don S. and David M. Kipnis. 1965. "Abnormalities in Carbohydrate Tolerance Associated with Elevated Plasma Nonesterified Fatty Acids." *Journal of Clinical Investigation* 44(12): 2010-20.

Scriven, George P. 1915. "Notes on the Organization of Telegraph Troops in Foreign Armies. Great Britain." In: Scriven, *The Service of Information: United States Army*, (Washington, DC: Government Printing Office), pp. 127-32.

Shutenko, O. I., I. P. Kozyarin, and I. I. Shvayko. 1981. "Effects of Superhigh Frequency Electromagnetic Fields on Animals of Different Ages." *Gigiyena i Sanitariya* 1981(10): 35-38. JPRS 81300 (1982), pp. 85-90.

Simoneau, Jean-Aimé, Sheri R. Colberg, F. Leland Thaete, and David E. Kelley. 1995. "Skeletal Muscle Glycolytic and Oxidative Enzyme Capacities are Determinants of Insulin Sensitivity and Muscle Composition in Obese Women." *FASEB Journal* 9: 273-78.

Simoneau, Jean-Aimé and David E. Kelley. 1997. "Altered Glycolytic and Oxidative Capacities of Skeletal Muscle Contribute to Insulin Resistance in NIDDM." *Journal of Applied Physiology* 83: 166-71.

Stalvey, Michael S. and Desmond A. Schatz. 2008. "Childhood Diabetes Explosion." In: D. LeRoith and A. I. Vinik, eds., *Contemporary Endocrinology: Controversies in Treating Diabetes: Clinical and Research Aspects* (Totowa, NJ: Humana), pp. 179-98.

Starr, Douglas. 1998. *Blood: An Epic History of Medicine and Commerce*. New York: Knopf.

Sydenham, Thomas. 1848. *The Works of Thomas Sydenham, M.D.*, London: Sydenham Society.

Syngayevskaya, V. A. 1970. "Metabolic Changes." In: I. R. Petrov, ed., *Influence of Microwave Radiation on the Organism of Man and Animals* (Leningrad: "Meditsina"), in English translation, 1972 (Washington, DC: NASA), report no. TTF-708, pp. 48-60.

Thatcher, Craig D., R. Scott Pleasant, Raymond J. Geor, François Elvinger, Kimberly A. Negrin, J. Franklin, Louisa Gay, and Stephen R. Werre. 2009. "Prevalence of Obesity in Mature Horses: An Equine Body Condition Study." *Journal of Animal Physiology and Animal Nutrition* 92: 222.

The Sun. 1891. "Edison His Own Doctor." May 10, p. 26.

Therapeutic Gazette. 1884. "Sugar in the Urine – What Does it Signify?" 8: 180.

Toledo, Frederico G. S., Elizabeth V. Menshikova, Koichiro Azuma, Zofia Radiková, Carol A. Kelley, Vladimir B. Ritov, and David E. Kelley. 2008. "Mitochondrial Capacity in Skeletal Muscle is Not Stimulated by Weight Loss Despite Increases in Insulin Action and Decreases in Intramyocellular Lipid Content." *Diabetes* 57: 987-94.

Tomashevskaya, Lyudmila A. and E. A. Solenyi. 1986. "Biologicheskoye deystviye i gigiyenicheskoye znacheniye elektromagnitnogo polya, sozdavayemogo beregovimi radiolokatsionnimi sredstvami" ("Biological Action and Hygienic Significance of the

Electromagnetic Field Created by Coastal Radar Facilities"). *Gigiyena i Sanitariya* 1986(7): 34-36.

Tomashevskaya, Lyudmila A. and Yuri D. Dumanskiy. 1988. "Gigiyenicheskaya otsenka biologicheskogo deystviya impul'snykh elektromagnitnykh poley" ("Hygienic Evaluation of the Biological Effect of Pulsed Electromagnetic Fields"). *Gigiyena i Sanitariya* 1988(9): 21-24.

Welsh, Jean A., Andrea Sharma, Jerome L. Abramson, Viola Vaccarino, Cathleen Gillespie, and Miriam B. Vos. 2010. "Caloric Sweetener Consumption and Dyslipidemia among US Adults." *JAMA* 303(15): 1490-97.

Whytt, Robert. 1768. *The Works of Robert Whytt, M.D.* Edinburgh: J. Balfour. Reprinted by The Classics of Neurology and Neurosurgery Library, Birmingham, AL, 1984.

Woodyatt, R. T. 1921. "Object and Method of Diet Adjustment in Diabetes." *Archives of Internal Medicine* 28(2): 125-41.

World Health Organization. 2010. *Definition and Diagnosis of Diabetes Mellitus and Intermediate Hyperglycemia: Report of a WHO/IDF Consultation.* Geneva 2010.

———. 2014. *Global Status Report on Noncommunicable Diseases.* Geneva.

부탄(Bhutan)

Bhutan Broadcasting Service. 2007. "Diabetes: Emerging Non-communicable Disease in Bhutan." November 13.

Chhetri, Pushkar. 2010. "ADB Grants $21.6 m for Rural Electrification." *Bhutan Observer*, November 10.

Choden, Tshering. 2010. "Be Wary of Lifestyle Disease." *Bhutan Times*, March 21.

Giri, Bhakta Raj, Krishna Prasad Sharma, Rup Narayan Chapagai, and Dorji Palzom. 2013. "Diabetes and Hypertension in Urban Bhutanese Men and Women." *Indian Journal of Community Medicine* 38(3): 138-43.

Pelden, Sonam. 2009. "Diabetes – The Slow Killer." *Kuensel Online* (Bhutan's daily news website), November 18.

United States Agency for International Development. September 2002. *Regional Hydropower Resources: Status of Development and Barriers: Bhutan.* Prepared by Nexant/South Asia Regional Initiative for Energy.

Wangchuk, Jigme. 2011. "Bhutan Could Be Eating Itself Sick." *Bhutan Observer*, November 19.

Wangdi, Tashi. 2015. "Type 1 Diabetes Mellitus in Bhutan." *Indian Journal of Endocrinology and Metabolism* 19 (suppl. 1): S14-S15.

제14장

Acebo, Paloma, Daniel Giner, Piedad Calvo, Amaya Blanco-Rivero, Álvaro D. Ortega, Pedro L. Fernández, Giovanna Roncador, Edgar Fernández-Malavé, Margarita Chamorro, and José M. Cuezva. 2009. "Cancer Abolishes the Tissue Type-Specific Differences in the Phenotype of Energetic Metabolism." *Translational Oncology* 2(3): 138-45.

Adams, Samuel Hopkins. 1913. "What Can We Do About Cancer?" *Ladies Home Journal*, May, pp. 21-22.

American Lung Association. 2010. *Trends in Lung Cancer Morbidity and Mortality*. Washington, DC.

———. 2011. *Trends in Tobacco Use*. Washington, DC.

Apte, Shireesh P. and Rangaprasad Sarangarajan, eds. 2009a. *Cellular Respiration and Carcinogenesis*. New York: Humana.

———. 2009b. "Metabolic Modulation of Carcinogenesis. In: Apte and Sarangarajan, eds., *Cellular Respiration and Carcinogenesis* (New York: Humana), pp. 103-18.

Barlow, Lotti, Kerstin Westergren, Lars Holmberg, and Mats Talbäck. 2009. "The Completeness of the Swedish Cancer Register – A Sample Survey for Year 1998." *Acta Oncologica* 48: 27-33.

Brière, Jean-Jacques, Paul Bénit, and Pierre Rustin. 2009. "The Electron Transport Chain and Carcinogenesis." In: Shireesh P. Apte and Rangaprasad Sarangarajan, eds., *Cellular Respiration and Carcinogenesis* (New York: Humana), pp. 19-32.

Burk, Dean. 1942. "On the Specificity of Glycolysis in Malignant Liver Tumors as Compared with Homologus Adult or Growing Liver Tissues." In: *A Symposium on Respiratory Enzymes* (Madison: University of Wisconsin Press), pp. 235-45.

Burk, Dean, Mark Woods and Jehu Hunter. 1967. "On the Significance of Glucolysis for Cancer Growth, with Special Reference to Morris Rat Hepatomas." *Journal of the National Cancer Institute* 38(6): 839-63.

Coley, William B. 1910. "The Increase of Cancer." *Southern Medical Journal* 3(5): 287-92.

Cori, Carl F. and Gerty T. Cori. 1925. "The Carbohydrate Metabolism of Tumors. I. The Free Sugar, Lactic Acid, and Glycogen Content of Malignant Tumors." *Journal of Biological Chemistry* 64: 11-22.

———. 1925. "The Carbohydrate Metabolism of Tumors. II. Changes in the Sugar, Lactic Acid, and CO_2-Combining Power of Blood Passing Through a Tumor." *Journal of Biological Chemistry* 65: 397-405.

Cuezva, José M. 2010. "The Bioenergetic Signature of Cancer." *BMC Proceedings* 4 (suppl. 2): 07.

Cuezva, José M., Maryla Krajewska, Mighel López de Heredia, Stanislaw Krajewski, Gema Santamaría, Hoguen Kim, Juan M. Zapata, Hiroyuki Marusawa, Margarita Chamorro, and John C. Reed. 2002. "The Bioenergetic Signature of Cancer: A Marker of Tumor Progression." *Cancer Research* 62: 6674-81.

Cutler, David M. 2008. "Are We Finally Winning the War on Cancer?" *Journal of Economic Perspectives* 22(4): 3-26.

Czarnecka, Anna and Ewa Bartnik. 2009. "Mitochondrial DNA Mutations in Tumors." In: Shireesh P. Apte and Rangaprasad Sarangarajan, eds., *Cellular Respiration and Carcinogenesis* (New York: Humana), pp. 119-30.

Dang, Chi V. and Gregg L. Semenza. 1999. "Oncogenic Alterations of Metabolism." *Trends in Biochemical Sciences* 24: 68-72.

Fantin, Valeria R., Julie St.-Pierre, and Philip Leder. 2006. "Attenuation of LDH-A Expression Uncovers a Link between Glycolysis, Mitochondrial Physiology, and Tumor Maintenance." *Cancer Cell* 9: 425-34.

Felty, Quentin and Deodutta Roy. 2005. "Estrogen, Mitochondria, and Growth of Cancer and Non-Cancer Cells." *Journal of Carcinogenesis* 4: 1.

Ferreira, Túlio César and Élida Geralda Campos. 2009. "Regulation of Glucose and Energy Metabolism in Cancer Cells by Hypoxia Inducible Factor 1." In: Shireesh P. Apte and Rangaprasad Sarangarajan, eds., *Cellular Respiration and Carcinogenesis* (New York: Humana), pp. 73-90.

Furlow, Bryant. 2007. "VA Withholds Data From Cancer Registries Used to Track Veteran Cancer Rates." *Lancet Oncology* 8(9): 762-63.

Gatenby, Robert A. and Robert J. Gillies. 2004. "Why do Cancers have High Aerobic Glycolysis?" *Nature Reviews. Cancer* 4: 891-99.

Gillies, Robert J., Ian Robey, and Robert A. Gatenby. 2008. "Causes and Consequences of Increased Glucose Metabolism of Cancers." *Journal of Nuclear Medicine* 49(6) (suppl.): 24S-42S.

Giovannucci, Edward, David M. Harlan, Michael C. Archer, Richard M. Bergenstal, Susan M. Gapstur, Laurel A. Habel, Michael Pollak, Judith G. Regensteiner, and Douglas Yee. 2010. "Diabetes and Cancer: A Consensus Report." *Diabetes Care* 33(7): 1674-84.

Goldblatt, Harry and Gladys Cameron. 1953. "Induced Malignancy in Cells from Rat Myocardium Subjected to Intermittent Anaerobiosis during Long Propagation *In vitro*." *Journal of Experimental Medicine* 97: 525-52.

Goldblatt, Harry and Libby Friedman. 1974. "Prevention of Malignant Change in Mammalian Cells during Prolonged Culture *In vitro*." *Proceedings of the National Academy of Sciences* 71(5): 1780-82.

Goldblatt, Harry, Libby Friedman, and Ronald L. Cechner. 1973. "On the Malignant Transformation of Cells during Prolonged Culture Under Hypoxic Conditions *In vitro*." *Biochemical Medicine* 7: 241-52.

Goldhaber, Paul. 1959. "The Influence of Pore Size on Carcinogenicity of Subcutaneously Implanted Millipore Filters." *Proceedings of the American Association for Cancer Research* 3(1): 228. Abstract.

Gonzalez-Cuyar, Luis F., Fabio Tavora, Iusta Caminha, George Perry, Mark A. Smith, and Rudy J. Castellani. 2009. "Cellular Respiration and Tumor Suppressor Genes." In:

Shireesh P. Apte and Rangaprasad Sarangarajan, eds., *Cellular Respiration and Carcinogenesis* (New York: Humana), pp. 131-44.

Gordon, Tavia, Margaret Crittendon, and William Haenszel. 1961. "Cancer Mortality Trends in the United States, 1930-1955." In: *End Results and Mortality Trends in Cancer*, National Cancer Institute Monograph no. 6 (Washington, DC: U.S. Dept. of Health, Education, and Welfare), pp. 131-298.

Gover, Mary. 1939. *Cancer Mortality in the United States. I. Trend of Recorded Cancer Mortality in the Death Registration States of 1900 from 1900 to 1935.* Public Health Bulletin no. 248, U.S. Public Health Service. Washington, DC: Government Printing Office.

Guan, Xiaofan and Olle Johansson. 2005. "The Sun-Shined Health." *European Biology and Bioelectromagnetics* 1: 420-23.

Gullino, Pietro M., Shirley H. Clark, and Flora H. Grantham. 1964. "The Interstitial Fluid of Solid Tumors." *Cancer Research* 24: 780-97.

Hallberg, Örjan. 2009. *Facts and Fiction about Skin Melamona.* Farsta, Sweden: Hallberg Independent Research.

Hallberg, Örjan and Olle Johansson. 2002a. "Cancer Trends during the 20th Century." *Journal of the Australasian College of Nutrition and Environmental Medicine* 21(1): 3-8.

————. 2002b. "Melanoma Incidence and Frequency Modulation (FM) Broadcasting." *Archives of Environmental Health* 57(1): 32-40.

————. 2004a. "Malignant Melanoma of the Skin – Not a Sunshine Story!" *Medical Science Monitor* 10(7): CR336-40.

————. 2004b. "1997 – A Curious Year in Sweden." *European Journal of Cancer Prevention* 13: 535-38.

————. 2005. "FM Broadcasting Exposure Time and Malignant Melanoma Incidence." *Electromagnetic Biology and Medicine* 24: 1-8.

————. 2009. "Apparent Decreases in Swedish Public Health Indicators After 1997 – Are They Due to Improved Diagnostics or to Environmental Factors?" *Pathophysiology* 16(1): 43-46.

————. 2010. "Sleep on the Right Side – Get Cancer on the Left?" *Pathophysiology* 17(3): 157-60.

Hardell, Lennart. 2007. "Long-term Use of Cellular and Cordless Phones and the Risk of Brain Tumours." Örebro University, power point presentation, August 31.

Hardell, Lennart and Michael Carlberg. 2009. "Mobile Phones, Cordless Phones and the Risk for Brain Tumours." *International Journal of Oncology* 35: 5-17.

Hardell, Lennart, Michael Carlberg, and Kjell Hansson Mild. 2010. "Mobile Phone Use and the Risk for Malignant Brain Tumors: A Case-Control Study on Deceased Cases and Controls." *Neuroepidemiology* 35: 109-14.

———. 2011a. "Pooled Analysis of Case-control Studies on Malignant Brain Tumours and the Use of Mobile and Cordless Phones Including Living and Deceased Subjects." *International Journal of Oncology* 38: 1465-74.

———. 2011b. "Re-analysis of Risk for Glioma in Relation to Mobile Telephone Use: Comparison with the Results of the Interphone International Case-control Study." *International Journal of Epidemiology* 40(4): 1126-28.

Hardell, Lennart, Michael Carlberg, Fredrik Söderqvist, and Kjell Hansson Mild. 2010. "Re: Time Trends in Brain Tumor Incidence Rates in Denmark, Finland, Norway, and Sweden, 1974-2003." *Journal of the National Cancer Institute* 102(10): 740-41.

Harris, Adrian L. 2002. "Hypoxia – a Key Regulatory Factor in Tumour Growth." *Nature Reviews. Cancer* 2: 38-47.

Harris, David, Nora Kropp, and Paul Pulliam. 2008. "A Comparison of National Cancer Registries in India and the United States of America." 3MC Conference Proceedings, Berlin.

Highton, Edward. 1852. *The Electric Telegraph: Its History and Progress*. London: John Weale.

Hirsch, August. 1886. "Cancer." In: Hirsch, *Handbook of Geographical and Historical Pathology* (London: New Sydenham Society), vol. 3, pp. 502-9.

Hoffman, Frederick Ludwig. 1915. *The Mortality From Cancer Throughout the World*. Newark: Prudential.

Howlader, Nadia, Lynn A. Ries, David G. Stinchcomb, and Brenda K. Edwards. 2009. "The Impact of Underreported Veterans Affairs Data on National Cancer Statistics: Analysis Using Population-Based SEER Registries." *Journal of the National Cancer Institute* 101(7): 533-36.

International Agency for Research on Cancer. *World Cancer Report 2008*. Lyon, France.

Isodoro, Antonio, Enrique Casado, Andrés Redondo, Paloma Acebo, Enrique Espinosa, Andrés M. Alonso, Paloma Cejas, David Hardisson, Juan A. Fresno Vara, Cristóbal Belda-Iniesta, Manuel González-Barón, and José M. Cuezva. 2005. "Breast Carcinomas Fulfill the Warburg Hypothesis and Provide Metabolic Markers of Cancer Prognosis." *Carcinogenesis* 26(12): 2095-2104. Isidoro, Antonio, Marta Martínez, Pedro L. Fernández, Álvaro D. Ortega, Gema Santamaría, Margarita Chamorro, John C. Reed, and José M. Cuezva. 2004. "Alteration of the Bioenergetic Phenotype of Mitochondria is a Hallmark of Breast, Gastric, Lung and Oesophageal Cancer." *Biochemical Journal* 378: 17-20.

Johansen, Christoffer, John D. Boice, Jr., Joseph K. Mclaughlin, and Jørgen H. Olsen. 2001. "Cellular Telephones and Cancer – a Nationwide Cohort Study in Denmark." *Journal of the National Cancer Institute* 93(3): 203-7.

Johansson, Olle. 2005. "The Effects of Radiation in the Cause of Cancer." *Integrative Cancer and Oncology News* 4(4): 32-37.

Khurana, Vini G., Charles Teo, Michael Kundi, Lennart Hardell, and Michael Carlberg. 2009. "Cell Phones and Brain Tumors: A Review Including the Long-Term Epidemiological Data." *Surgical Neurology* 72(3): 205-14.

Kidd, John G., Richard J. Winzler, and Dean Burk. 1944. "Comparative Glycolytic and Respiratory Metabolism of Homologous Normal, Benign, and Malignant Rabbit Tissues." *Cancer Research* 4: 547-53.

Kim, Jung-whan and Chi V. Dang. 2006. "Cancer's Molecular Sweet Tooth and the Warburg Effect." *Cancer Research* 66(18): 8927-30.

Kondoh, Hiroshi. 2009. "The Role of Glycolysis in Cellular Immortalization." In: Shireesh P. Apte and Rangaprasad Sarangarajan, eds., *Cellular Respiration and Carcinogenesis*, (New York: Humana), pp. 91-102.

Kondoh, Hiroshi, Matilde E. Lleonart, Jesus Gil, David Beach, and Gordon Peters. 2005. "Glycolysis and Cellular Immortalization." *Drug Discovery Today: Disease Mechanisms* 2(2): 263-67.

Kondoh, Hiroshi, Matilde E. Lleonart, Jesus Gil, Jing Wang, Paolo Degan, Gordon Peters, Dolores Martinez, Amancio Carnero, and David Beach. 2005. "Glycolytic Enzymes Can Modulate Cellular Life Span." *Cancer Research* 65(1): 177-85.

Krebs, Hans. 1981. *Otto Warburg: Cell Physiologist, Biochemist, and Eccentric*. Oxford: Clarendon Press.

Kroemer, G. 2006. "Mitochondria in Cancer." *Oncogene* 25: 4630-32.

Lombard, Louise S. and Ernest J. Witte. 1959. "Frequency and Types of Tumors in Mammals and Birds of the Philadelphia Zoological Gardens." *Cancer Research* 19(2): 127-41.

López-Ríos, Fernando, María Sánchez-Aragó, Elena García-García, Álvaro D. Ortega, José R. Berrendero, Francisco Pozo-Rodríguez, Ángel López-Encuentra, Claudio Ballestín, and José M. Cuezva. 2007. "Loss of the Mitochondrial Bioenergetic Capacity Underlies the Glucose Avidity of Carcinomas." *Cancer Research* 67(19): 9013-17.

Malmgren, Richard A. and Clyde C. Flanigan. 1955. "Localization of the Vegetative Form of *Clostridium tetani* in Mouse Tumors Following Intravenous Spore Administration." *Cancer Research* 15: 473-78.

Maynard, George Darell. 1910. "A Statistical Study in Cancer Death-Rates." *Biometrika* 7: 276-304.

McFate, Thomas, Ahmed Mohyeldin, Huasheng Lu, Jay Thakar, Jeremy Henriques, Nader D. Halim, Hong Wu, Michael J. Schell, Tsz Mon Tsang, Orla Teahan, Shaoyu Zhou, Joseph A. Califano, Nam Ho Jeoung, Robert A. Harris, and Ajay Verma. 2008. "Pyruvate Dehydrogenase Complex Activity Controls Metabolic and Malignant Phenotype in Cancer Cells." *Journal of Biological Chemistry* 283(33): 22700-8.

Milham, Samuel and Eric M. Ossiander. 2001. "Historical Evidence that Residential Electrification Caused the Emergence of the Childhood Leukemia Peak." *Medical Hypotheses* 56(3): 290-95.

Moffat, Shannon. 1988. "Stanford's Power Line Research Pioneers." *Sandstone and Tile* 12(2-3): 3-7.

Moreno-Sánchez, Rafael, Sara Rodríguez-Enríquez, Álvaro Marín-Hernández and Emma Saavedra. 2007. "Energy Metabolism in Tumor Cells." *FEBS Journal* 274: 1393-1418.

National Cancer Institute. 2009. "New Early Detection Studies of Lung Cancer in Non-Smokers Launched Today." Press release, May 4.

Pascua, Marcelino, Director, Division of Health Statistics, World Health Organization. 1952. "Evolution of Mortality in Europe during the Twentieth Century." *Epidemiological and Vital Statistics Report* 5: 1-144.

Pedersen, Peter L. 1978. "Tumor Mitochondria and the Bioenergetics of Cancer Cells." *Progress in Experimental Tumor Research* 22: 190-274.

Racker, Efraim and Mark Spector. 1956. "Warburg Effect Revisited: Merger of Biochemistry and Molecular Biology." *Science* 213: 303-7.

Richardson, Benjamin Ward. 1876. *Diseases of Modern Life*. New York: D. Appleton.

Ristow, Michael. 2006. "Oxidative Metabolism in Cancer Growth." *Current Opinion in Clinical Nutrition and Metabolic Care* 9: 339-45.

Ristow, Michael and José M. Cuezva. 2009. "Oxidative Phosphorylation and Cancer: The Ongoing Warburg Hypothesis." In: Shireesh P. Apte and Rangaprasad Sarangarajan, eds., *Cellular Respiration and Carcinogenesis* (New York: Humana), pp. 1-18.

Sánchez-Aragó, María, Margarita Chamorro and José M. Cuezva. 2010. "Selection of Cancer Cells with Repressed Mitochondria Triggers Colon Cancer Progression." *Carcinogenesis* 31(4): 567-76.

Scatena, Roberto, Patrizia Bottoni, and Bruno Giardina. 2009. "Cellular Respiration and Dedifferentiation." In: Shireesh P. Apte and Rangaprasad Sarangarajan, eds., *Cellular Respiration and Carcinogenesis* (New York: Humana), pp. 45-54.

Scheers, Isabelle, Vincent Bachy, Xavier Stéphenne, and Étienne Marc Sokal. 2005. "Risk of Hepatocellular Carcinoma in Liver Mitochondrial Respiratory Chain Disorders." *Journal of Pediatrics* 146(3): 414-17.

Schüz, Joachim, Rune Jacobsen, Jørgen H. Olsen, John D. Boice, Jr., Joseph K. McLaughlin, and Christoffer Johansen. 2006. "Cellular Telephone Use and Cancer Risk: Update of a Nationwide Danish Cohort." *Journal of the National Cancer Institute* 98(23): 1707-13.

Semenza, Gregg L. "Foreword." 2009. In: Shireesh P. Apte and Rangaprasad Sarangarajan, eds., *Cellular Respiration and Carcinogenesis* (New York: Humana), pp. v-vi.

Semenza, Gregg L., Dmitri Artemov, Atul Bedi, Zaver Bhujwalla, Kelly Chiles, David Feldser, Erik Laughner, Rajani Ravi, Jonathan Simons, Panthea Taghavi, and Hua Zhong. 2001. "The Metabolism of Tumours: 70 Years Later." In: *The Tumour Microenvironment: Causes and Consequences of Hypoxia and Acidity*. Novartis Foundation Symposium 240 (Chichester, UK: Wiley), pp. 251-64.

Simonnet, Hélène, Nathalie Alazard, Kathy Pfeiffer, Catherine Gallou, Christophe Béroud, Jocelyne Demont, Raymonde Bouvier, Hermann Schägger, and Catherine Godinot.

2002. "Low Mitochondrial Respiratory Chain Content Correlates with Tumor Aggressiveness in Renal Cell Carcinoma." *Carcinogenesis* 23(5): 759-68.

Smith, Lloyd H., Jr. 1985. "Na⁺-H⁺ Exchange, Oncogenes and Growth Regulation in Normal and Tumor Cells." *Western Journal of Medicine* 143(3): 365-70.

Soderqvist, Fredrik, Michael Carlberg, Kjell Hansson Mild, and Lennart Hardell. 2011. "Childhood Brain Tumour Risk and Its Association with Wireless Phones: A Commentary." *Environmental Health* 10: 106.

Srivastava, Sarika and Carlos T. Moraes. 2009. "Cellular Adaptations to Oxidative Phosphorylation Defects in Cancer." In: Shireesh P. Apte and Rangaprasad Sarangarajan, eds., *Cellular Respiration and Carcinogenesis* (New York: Humana), pp. 55-72.

Stein, Yael, Or Levy-Nativ, and Elihu D. Richter. 2011. "A Sentinel Case Series of Cancer Patients with Occupational Exposures to Electromagnetic Non-ionizing Radiation and Other Agents." *European Journal of Oncology* 16(1): 21-54.

Teo, Charlie. 2012. "What If Your Mobile Phone Is Giving You Brain Cancer?" *The Punch*, May 7.

Teppo, Lyly, Eero Pukkala, and Maria Lehtonen. 1994. "Data Quality and Quality Control of a Population-Based Cancer Registry." *Acta Oncologica* 33(4): 365-69.

van Waveren, Corina, Yubo Sun, Herman S. Cheung, and Carlos T. Moraes. 2006. "Oxidative Phosphorylation Dysfunction Modulates Expression of Extracellular Matrix-Remodeling Genes and Invasion." *Carcinogenesis* 27(3): 409-18.

Vaupel, P., O. Thews, D. K. Kelleher, and M. Hoeckel. 1998. "Current Status of Knowledge and Critical Issues in Tumor Oxygenation." In: Antal G. Hudetz and Duane F. Bruley, eds., *Oxygen Transport to Tissue XX* (New York: Plenum), pp. 591-602.

Vigneri, Paolo, Francesco Frasca, Laura Sciacca, Guiseppe Pandini, and Riccardo Vigneri. 2009. "Diabetes and Cancer." *Endocrine-Related Cancer* 16: 1103-23.

Warburg, Otto Heinrich. 1908. "Notes on the Oxidation Processes in the Sea-Urchin's Egg." In: Warburg, *The Metabolism of Tumours* (London: Constable), 1930, pp. 13-25. Originally published as "Beobachtungen über die Oxydationsprozesse im Seeigelei," *Hoppe-Seyler's Zeitschrift für physiologische Chemie* 57(1-2): 1-16.

———. 1925. "The Metabolism of Carcinoma Cells." *Journal of Cancer Research* 9: 148-63.

———. 1928. "The Chemical Constitution of Respiration Ferment." *Science* 68: 437-43.

———. 1930. *The Metabolism of Tumours*. London: Constable.

———. 1956. "On the Origin of Cancer Cells." *Science* 123: 309-14.

———. 1966a. "Oxygen, the Creater of Differentiation." In: Nathan O. Kaplan and Eugene P. Kennedy, eds., *Current Aspects of Biochemical Energetics* (New York: Academic), pp. 103-9.

———. 1966b. *The Prime Cause and Prevention of Cancer*. Lecture at the meeting of the Nobel Laureates, Lindau, Lake Constance, Germany, June 30. English edition by Dean Burk (Würzburg: Konrad Triltsch), 1969.

Warburg, Otto, Karlfried Gawehn, August-Wilhelm Geissler, Detlev Kayser, and Siegfried Lorenz. 1965. "Experimente zur Anaerobiose der Krebszellen." *Klinische Wochenschrift* 43(6): 289-93.

Warburg, Otto, August-Wilhelm Geissler, and Siegfried Lorenz. 1965. "Messung der Sauerstoffdrucke beim Umschlag des embryonalen Stoffwechsels in Krebs-Stoffwechsel." *Zeitschrift für Naturforschung* 7(20b): 1070-3.

———. 1966. "Irreversible Erzeugung von Krebsstoffwechsel im embryonalen Mäusezellen." *Zeitschrift für Naturforschung* 7(21b): 707-8.

Warburg, Otto, Karl Posener and Erwin Negelein. 1924. "Über den Stoffwechsel der Tumoren." *Biochemische Zeitschrift* 152: 309-44. Reprinted in English translation as "The Metabolism of the Carcinoma Cell" in Warburg, *The Metabolism of Tumours* (London: Constable), 1930, pp. 129-69.

Warburg, Otto, Franz Wind, and Erwin Negelein. 1926. "The Metabolism of Tumors in the Body." *Journal of General Physiology* 8: 519-30.

Weinhouse, Sidney. 1956. "On Respiratory Impairment in Cancer Cells." *Science* 124: 267-68. Response by Otto Warburg, pp. 269-70. Response by Dean Burk, pp. 270-71.

Werner, Erica. 2009. "How Cancer Cells Escape Death." In: Shireesh P. Apte and Rangaprasad Sarangarajan, eds., *Cellular Respiration and Carcinogenesis* (New York: Humana), pp. 161-178.

Williams, W. Roger. 1908. *The Natural History of Cancer, with Special Reference to Its Causation and Prevention.* New York: William Wood.

Women's Health Policy and Advocacy Program. 2010. *Out of the Shadows: Women and Lung Cancer.* Boston: Brigham and Women's Hospital.

Wu, Min, Andy Neilson, Amy L. Swift, Rebecca Moran, James Tamagnine, Diane Parslow, Suzanne Armistead, Kristie Lemire, Jim Orrell, Jay Teich, Steve Chomicz, and David A. Ferrick. 2007. "Multiparameter Metabolic Analysis Reveals a Close Link between Attenuated Mitochondrial Bioenergetic Function and Enhanced Glycolysis Dependency in Human Tumor Cells." *American Journal of Physiology – Cell Physiology* 292: C125-36.

펠링스브로(Fellingsbro)

Ekblom, Adolf E. 1902. "Något statistik från död- och begrafningsböckerna i Fellingsbro 1801-1900 jämte förslag till Sveriges läkare angående samarbete för utredande af kräftsjukdomarnas frekvens." *Hygiea*, 2nd ser., 2(1): 11-21.

Guinchard, J. 1914. "Telegraph Service." In: Guinchard, *Sweden: Historical and Statistical Handbook*, 2nd ed., English issue. Stockholm: Government Printing Office, pp. 643-44.

라디오 타워와 암(Radio Towers and Cancer)

Anderson, Bruce S. and Alden K. Henderson. 1986. *Cancer Incidence in Census Tracts with Broadcasting Towers in Honolulu, Hawaii.* Environmental Epidemiology Program, State of Hawaii Department of Health.

Cherry, Neil. 2000. *Childhood Cancer Incidence in the Vicinity of the Sutro Tower, San Francisco.* Environmental Management and Design Division, Lincoln University, Canterbury, New Zealand.

Dode, Adilza C., Mônica M. D. Leão, Francisco de A. F. Tejo, Antônio C. R. Gomes, Daiana C. Dode, Michael C. Dode, Cristina W. Moreira, Vânia A. Condessa, Cláudia Albinatti, and Waleska T. Caiaffa. 2011. "Mortality by Neoplasia and Cellular Telephone Base Stations in the Belo Horizonte Municipality, Minas Gerais State, Brazil." *Science of the Total Environment* 409(19): 3649-65.

Dolk, Helen, Gavin Shaddick, Peter Walls, Chris Grundy, Bharat Thakrar, Immo Kleinschmidt, and Paul Elliott. 1997. "Cancer Incidence near Radio and Television Transmitters in Great Britain. I. Sutton Coldfield Transmitter." *American Journal of Epidemiology* 145(1): 1-9.

Dolk, Helen, Paul Elliott, Gavin Shaddick, Peter Walls, and Bharat Thakrar. 1997. "Cancer Incidence near Radio and Television Transmitters in Great Britain. II. All High Power Transmitters." *American Journal of Epidemiology* 145(1): 10-17.

Eger, Horst, Klaus Uwe Hagen, Birgitt Lucas, Peter Vogel, and Helmut Voit. 2004. "Einfluss der räumlichen Nähe von Mobilfunksendeanlagen auf die Krebsinzidenz." *Umwelt-Medizin- Gesellschaft* 17(4): 326-32.

Hocking, Bruce, Ian R. Gordon, Heather L. Grain, and Gifford E. Hatfield. 1996. "Cancer Incidence and Mortality and Proximity to TV Towers." *Medical Journal of Australia* 165(11-12): 601-5.

Morton, William and David Phillips. 1983. *Radioemission Density and Cancer Epidemiology in the Portland Metropolitan Area.* Research Triangle Park, NC: United States Environmental Protection Agency.

Morton, William and David Phillips. 2000. "Cancer Promotion by Radiowave Emissions." *Epidemiology* 11(4): S57. Abstract.

Wolf, Ronni and Danny Wolf. 2004. "Increased Incidence of Cancer near a Cell-Phone Transmitter Station." *International Journal of Cancer Prevention* 1(2): 123-38.

바티칸 라디오(Vatican Radio)

Agence France Presse. 2001. "Italian Minister Threatens Hunger Strike over Vatican Radio." April 30.

———. 2003. "La Cour de Cassation Renvoie Radio Vatican Devant un Tribunal." April 9.

Allen, John L., Jr. 2001. "Vatican Radio Officials Charged." *National Catholic Reporter*, March 23.

Bartoli, Ilaria Ciancaleoni. 2006. "I comitati contro l'elettrosmog: la Santa Sede sapeva dei rischi." *E Polis Roma*, November 24, p. 25.

BBC News. April 11, 2003. "Vatican Radio Back in the Dock."

———. May 9, 2005. "Vatican Radio Officials Convicted."

Cinciripini, Giorgio. February 27, 2010. "Vatican Radio Caused Cancers, Must Compensate Victims." esmog.free.italia@gmail.com.

Corriere della Sera. 2002. "In una perizia nesso 'tra onde e casi di leucemia,'" May 10.

Deutsche Press-Agentur. 2003. "Italian Court Okays Trial into Vatican Radio Cancer Claims." April 10.

Gentile, Cecilia. 2002. "Leucemie a Cesano: 'Colpa delle Antenne.'" *La Repubblica*, May 10.

La Corte Suprema di Cassazione (Supreme Court of Cassation). 2011. Sentence no. 376/2011, February 24, Rome.

La Repubblica. 2001. "Radio Vaticana ancora fuorilegge." May 1.

Lavinia, Gianvito. 2011. "Elettrosmog, in procura altri 23 casi di leucemia." *Corriere della Sera*, June 8.

Lombardi, Federico. 2001. "Vatican Radio and the Electromagnetic Pollution." *Vatican Radio*, press release, May 4.

Micheli, Andrea. 2010. *Perizia mediante indagine epidemiologica incidente probatorio*. Procedimento Penale 33642/03, Tribunale Penale di Roma, June 25.

Michelozzi, Paola, Alessandra Capon, Ursula Kirchmayer, Francesco Forastiere, Annibale Biggeri, Alessandra Barca, and Carlo A. Perucci. 2002. "Adult and Childhood Leukemia near a High-power Radio Station in Rome, Italy." *American Journal of Epidmiology* 155(12): 1096-1103.

Michelozzi, Paola, Ursula Kirchmayer, Alessandra Capon, Francesco Forestiere, Annibale Biggeri, Alessandra Barca, C. Ancona, D. Fusco, A. Sperati, P. Papini, A. Pierangelini, R. Rondelli, and Carlo A. Perucci. 2001. "Mortalità per leucemia e incidenza di leucemia infantile in prossimità della stazione di Radio Vaticana di Roma." *Epidemiologia & Prevenzione* 25(6): 249-55.

Pierucci, Adelaide. 2006. "Elettrosmog a Radio Vaticana: perizia sulle morti di leucemia." *E Polis Roma*, November 24.

Stanley, Alessandra. 2001. "In Radio Feud, a Higher Kind of Superpower Irks Italy." *New York Times*, April 13.

Times of India. 2011. "Vatican Seeks to Stave off Trial of Top Radio Officials." February 14.

제15장

Austad, S. N. 1989. "Life Extension by Dietary Restriction in the Bowl and Doily Spider, *Frontinella pyramitela*." *Experimental Gerontology* 24(1): 83-92.

Bacon, Francis. 1605. *The Advancement of Learning*. Translated and edited by Joseph Devey (New York: P. F. Collier and Son), 1901.

————. 1623. *The History of Life and Death*. In: James Spedding, Robert Leslie Ellis, and Douglas Denon Heath, eds., *The Works of Francis Bacon* (Boston: Taggard and Thompson), 1864, volume X, pp. 7-176.

Beard, George Miller. 1880. *A Practical Treatise on Nervous Exhaustion (Neurasthenia)*. New York: William Wood.

———. 1881a. *American Nervousness: Its Causes and Consequences*. New York: G. P. Putnam's Sons.

Bodkin, Noni L., Theresa M. Alexander, Heidi K. Ortmeyer, Elizabeth Johnson, and Barbara C. Hansen. 2003. "Mortality and Morbidity in Laboratory-maintained Rhesus Monkeys and Effects of Long-term Dietary Restriction." *Journal of Gerontology: Biological Sciences* 58A(3): 212-19.

Caratero, A., M. Courtade, L. Bonnet, H. Planel, and C. Caratero. 1998. "Effect of a Continuous Gamma Irradiation at a Very Low Dose on the Life Span of Mice." *Gerontology* 44: 272-76.

Carlson, Loren Daniel and Betty H. Jackson. 1959. "The Combined Effects of Ionizing Radiation and High Temperature on the Longevity of the Sprague-Dawley Rat." *Radiation Research* 11: 509-19.

Carlson, Loren Daniel, William J. Scheyer, and B. H. Jackson. 1957. "The Combined Effects of Ionizing Radiation and Low Temperature on the Metabolism, Longevity, and Soft Tissues of the White Rat." *Radiation Research* 7: 190-97.

Chittenden, Russell Henry. 1907. *Physiological Economy in Nutrition*. New York: Frederick A. Stokes.

Chou, Chung-Kwang, Arthur William Guy, Lawrence L. Kunz, Robert B. Johnson, John J. Crowley, and Jerome H. Krupp. 1992. "Long-term, Low-level Microwave Irradiation of Rats." *Bioelectromagnetics* 13(6): 469-96.

Colman, Ricki J., Rozalyn M. Anderson, Sterling C. Johnson, Erik K. Kastman, Kristopher J. Kosmatka, T. Mark Beasley, David B. Allison, Christina Cruzen, Heather A. Simmons, Joseph W. Kemnitz, and Richard Weindruch. 2009. "Caloric Restriction Delays Disease Onset and Mortality in Rhesus Monkeys." *Science* 325: 201-4.

Colman, Ricki J., Mark Beasley, Joseph W. Kemnitz, Sterling C. Johnson, Richard Weindruch, and Rozalyn M. Anderson. 2014. "Caloric Restriction Reduces Agerelated and All-cause Mortality in Rhesus Monkeys." *Nature Communications* 5: 557.

Condran, Gretchen A. 1987. "Declining Mortality in the United States in the Late Nineteenth and Early Twentieth Centuries." *Annales de démographie historique*, vol. 1987, pp. 119-41.

Cutler, Richard G. 1981. "Life-Span Extension." In: James L. McGaugh and Sara B. Kiesler, eds., *Aging: Biology and Behavior* (New York: Academic), pp. 31-76.

Ducoff, Howard S. 1972. "Causes of Death in Irradiated Adult Insects." *Biological Reviews* 47: 211-40.

———. 1975. "Form of the Increased Longevity of *Tribolium* after X-irradiation." *Experimental Gerontology* 10: 189-93.

Dunham, H. Howard. 1938. "Abundant Feeding Followed by Restricted Feeding and Longevity in Daphnia." *Physiological Zoölogy* 11(4): 399-407.

Elder, Joseph A. 1994. "Thermal, Cumulative, and Lifespan Effects and Cancer in Mammals Exposed to Radiofrequency Radiation." In: David O. Carpenter and Sinerik Ayrapetyan, eds., *Biological Effects of Electric and Magnetic Fields* (San Diego: Academic), vol. 2, pp. 279-95.

Finot, Jean. 1906. *La Philosophie de la Longévité*, 11th ed. Paris: Félix Alcan.

Fischer-Piette, Édouard. 1939. "Sur la croissance et la longévité de *Patella vulgata* L. en fonction du milieu." *Journal de Conchyliologie* 83: 303-10.

Griffin, Donald Redfield. 1958. *Listening in the Dark: The Acoustic Orientation of Bats and Men.* New Haven, CT: Yale University Press.

Hansson, Artur, Eskil Brännäng, and Olof Claesson. 1953. "Studies on Monozygous Cattle Twins. XIII. Body Development in Relation to Heredity and Intensity of Rearing." *Acta Agriculturæ Scandinavica* 3(1): 61-95.

Hochachka, Peter W. and Michael Guppy. 1987. *Metabolic Arrest and the Control of Biological Time.* Cambridge, MA: Harvard University Press.

Johnson, Thomas E., David H. Mitchell, Susan Kline, Rebecca Kemal, and John Foy. 1984. "Arresting Development Arrests Aging in the Nematode *Caenorhabditis elegans*." *Mechanisms of Ageing and Development* 28: 23-40.

Kagawa, Yasuo. 1978. "Impact of Westernization on the Nutrition of Japanese: Changes in Physique, Cancer, Longevity and Centenarians." *Preventive Medicine* 7: 205-17.

Kannisto, Väinö. 1994. *Development of Oldest-Old Mortality, 1950-1990: Evidence from 28 Developed Countries.* Monographs on Population Aging, 1. Odense, Denmark: Odense University Press.

Kannisto, Väinö, Jens Lauritsen, A. Roger Thatcher, and James W. Vaupel. 1994. "Reductions in Mortality at Advanced Ages: Several Decades of Evidence from 27 Countries." *Population and Development Review* 20(4): 793-810.

Kemnitz, Joseph W. 2011. "Calorie Restriction and Aging in Nonhuman Primates." *ILAR Journal* 52(1): 66-77.

Kirk, William P. 1984. "Life Span and Carcinogenesis." In: Joseph A. Elder and Daniel F. Cahill, eds., *Biological Effects of Radiofrequency Radiation* (Research Triangle Park, NC: U.S. Environmental Protection Agency), report no. EPA-600/8-83-026F, pp. 5-106 to 5-111.

Lane, Mark A., Donald K. Ingram, and George S. Roth. 1999. "Calorie Restriction in Nonhuman Primates: Effects on Diabetes and Cardiovascular Disease Risk." *Toxicological Sciences* 52 (suppl.): 41-48.

Liu, Robert K. and Roy L. Walford. 1972. "The Effect of Lowered Body Temperature on Lifespan and Immune and Non-Immune Processes." *Gerontologia* 18: 363-88.

Loeb, Jacques and John Howard Northrop. 1917. "What Determines the Duration of Life in Metazoa?" *Proceedings of the National Academy of Sciences* 3(5): 382-86.

———. 1917. "On the Influence of Food and Temperature upon the Duration of Life." *Journal of Biological Chemistry* 32: 103-21.

Lorenz, Egon, Joanne Weikel Hollcroft, Eliza Miller, Charles C. Congdon, and Robert Schweisthal. 1955. "Long-term Effects of Acute and Chronic Irradiation in Mice. I. Survival and Tumor Incidence Following Chronic Irradiation of 0.11 r per Day." *Journal of the National Cancer Institute* 15(4): 1049-58.

Lorenz, Egon, Leon O. Jacobson, Walter E. Heston, Michael Shimkin, Allen B. Eschenbrenner, Margaret K. Deringer, Jane Doniger, and Robert Schweisthal. 1954. "Effects of Long-Continued Total Body Gamma Irradiation of Mice, Guinea Pigs, and Rabbits. III. Effects on Life Span, Weight, Blood Picture, and Carcinogenesis and the Role of the Intensity of Radiation." In: Raymond E. Zirkle, ed., *Biological Effects of External X and Gamma Radiation* (New York: McGraw-Hill), part I, pp. 24-148.

Lyman, Charles P., Regina C. O'Brien, G. Cliett Greene, and Elaine D. Papafrangos. 1981. "Hibernation and Longevity in the Turkish Hamster *Mesocricetus brandti*." *Science* 212: 668-70.

Lynn, William S. and James C. Wallwork. 1992. "Does Food Restriction Retard Aging by Reducing Metabolic Rate?" *Journal of Nutrition* 122: 1917-18.

Mattison, Julie A., Mark A. Lane, George S. Roth, and Donald K. Ingram. 2003. "Calorie Restriction in Rhesus Monkeys." *Experimental Gerontology* 38: 35-46.

McCarter, Roger, E. J. Masoro, and Byung P. Yu. 1985. "Does Food Restriction Retard Aging by Reducing the Metabolic Rate?" *American Journal of Physiology – Endocrinology and Metabolism* 248: E488-90.

McKay, Clive M. and Mary F. Crowell. 1934. "Prolonging the Life Span." *Scientific Monthly* 39: 405-14.

McCay, Clive M., Mary F. Crowell, and Leonard A. Maynard. 1935. "The Effect of Retarded Growth upon the Length of Life Span and upon the Ultimate Body Size." *Journal of Nutrition* 10: 63-79.

McKay, Clive M., Leonard A. Maynard, Gladys Sperling, and LeRoy L. Barnes. 1939. "Retarded Growth, Life Span, Ultimate Body Size and Age Changes in the Albino Rat After Feeding Diets Restricted in Calories." *Journal of Nutrition* 18(1): 1-13.

McDonald, Roger B. and Jon J. Ramsey. 2010. "Honoring Clive McCay and 75 Years of Calorie Restriction Research." *Journal of Nutrition* 140(7): 1205-10.

Millward, Robert and Frances N. Bell. 1998. "Economic Factors in the Decline of Mortality in Late Nineteenth Century Britain." *European Review of Economic History* 2: 263-88.

Mitchel, Ronald E. J. 2006. "Low Doses of Radiation are Protective *In vitro* and *In vivo*: Evolutionary Origins." *Dose-Response* 4(2): 75-90.

Okada, M., A. Okabe, Y. Uchihori, H. Kitamura, E. Sekine, S. Ebisawa, M. Suzuki, and R. Okayasu. 2007. "Single Extreme Low-dose/Low Dose Rate Irradiation Causes Alteration in Lifespan and Genome Instability in Primary Human Cells." *British Journal of Cancer* 96: 1707-10.

Ordy, J. Mark, Thaddeus Samorajki, Wolfgang Zeman, and Howard J. Curtis. 1967. "Interaction Effects of Environmental Stress and Deuteron Irradiation of the Brain on Mortality and Longevity of C57BL/10 Mice." *Proceedings of the Society for Experimental Biology and Medicine* 126(1): 184-90.

Osborne, Thomas B., Lafayette B. Mendel, and Edna L. Ferry. 1917. "The Effect of Retardation of Growth upon the Breeding Period and Duration of Life of Rats." *Science* 45: 294-95.

Pearl, Raymond. 1928. *The Rate of Living*. New York: Alfred A. Knopf.

Perez, Felipe P., Ximing Zhou, Jorge Morisaki, and Donald Jurivich. 2008. "Electromagnetic Field Therapy Delays Cellular Senescence and Death by Enhancement of the Heat Shock Response." *Experimental Gerontology* 43: 307-16.

Pinney, Don O., D. F. Stephens, and L. S. Pope. 1972. "Lifetime Effects of Winter Supplemental Feed Level and Age at First Parturition on Range Beef Cows." *Journal of Animal Science* 34(6): 1067-74.

Ramsey, Jon J., Mary-Ellen Harper, and Richard Weindruch. 2000. "Restriction of Energy Intake, Energy Expenditure, and Aging." *Free Radical Biology and Medicine* 29(10): 946-68.

Rattan, Suresh I. S. 2004. "Aging Intervention, Prevention, and Therapy Through Hormesis." *Journal of Gerontology: Biological Sciences* 59A(7): 705-9.

Reimers, N. 1979. "A History of a Stunted Brook Trout Population in an Alpine Lake: A Life Span of 24 Years." *California Fish and Game* 65: 196-215.

Ross, Morris H. 1961. "Length of Life and Nutrition in the Rat." *Journal of Nutrition* 75(2): 197-210.

———. 1972. "Length of Life and Caloric Intake." *American Journal of Clinical Nutrition* 25(8): 834-38.

Ross, Morris H. and Gerrit Bras. 1965. "Tumor Incidence Patterns and Nutrition in the Rat." *Journal of Nutrition* 87: 245-60.

———. 1971. "Lasting Influence of Early Caloric Restriction on Prevalence of Neoplasms in the Rat." *Journal of the National Cancer Institute* 47(5): 1095-1113.

———. 1973. "Influence of Protein Under- and Overnutrition on Spontaneous Tumor Prevalence in the Rat." *Journal of Nutrition* 103: 944-63.

Rubner, Max. 1908. *Das Problem der Lebensdauer*. München: R. Oldenbourg.

Rudzinska, Maria A. 1952. "Overfeeding and Life Span in *Tokophrya infusionum*." *Journal of Gerontology* 7: 544-48.

Sacher, George A. 1963. "Effects of X-rays on the Survival of *Drosophila* Imagoes." *Physiological Zoölogy* 36(4): 295-311.

————. 1977. "Life Table Modification and Life Prolongation." In: Caleb E. Finch and Leonard Hayflick, eds., *Handbook of the Biology of Aging* (New York: Van Nostrand Reinhold), pp. 582-638.

Simmons, Heather A. and Julie A. Mattison. 2011. "The Incidence of Spontaneous Neoplasia in Two Populations of Captive Rhesus Macaques (*Macaca mulatta*)." *Antioxidants & Redox Signaling* 14(2): 221-27.

Sohal, Rajindar S. 1986. "The Rate of Living Theory: A Contemporary Interpretation." In: K.-G. Collatz and R. S. Sohal, eds., *Insect Aging* (Berlin: Springer), pp. 23-44.

Sohal, Rajindar S. and Robert G. Allen. 1985. "Relationship between Metabolic Rate, Free Radicals, Differentiation and Aging: a Unified Theory." In: Avril D. Woodhead, Anthony D. Blackett, and Alexander Hollaender, eds., *Molecular Biology of Aging* (New York: Plenum), pp. 75-104.

Spalding, Jonathan F., Robert W. Freyman, and Laurence M. Holland. 1971. "Effects of 800-MHz Electromagnetic Radiation on Body Weight, Activity, Hematopoiesis and Life Span in Mice." *Health Physics* 20: 421-24.

Süsskind, Charles. 1959. *Cellular and Longevity Effects of Microwave Radiation.* Berkeley, CA: University of California, Berkeley. Annual Scientific Report (1958-59) on Contract AF41(657)-114. Institute of Engineering Research, ser. 60, no. 241, June 30. Rome Air Development Center report no. RADC-TR-59-131.

Süsskind, Charles. 1961. *Longevity Study of the Effects of 3-cm Microwave Radiation on Mice.* Berkeley, CA: University of California, Berkeley. Annual Scientific Report (1960-61) on Contract AF41(657)-114. Institute of Engineering Research, ser. 60, no. 382, June 30. Rome Air Development Center report no. RADC-TR-61-205.

Suzuki, Masao, Zhi Yang, Kazushiro Nakano, Fumio Yatagai, Keiji Suzuki, Seiji Kodama, and Masami Watanabe. 1998. "Extension of *In vitro* Life-span of γ-irradiated Human Embryo Cells Accompanied by Chromosome Instability." *Journal of Radiation Research* 39: 203-13.

Tryon, Clarence Archer and Dana P. Snyder. 1971. "The Effect of Exposure to 200 and 400 R of Ionizing Radiation on the Survivorship Curves of the Eastern Chipmunk (*Tamias Striatus*) under Natural Conditions." In: D. J. Nelson, ed., *Radionuclides in Ecosystems: Proceedings of the Third National Symposium on Radioecology, May 10-12, 1971, Oak Ridge, Tennessee*, Oak Ridge National Laboratory, report no. CONF-71501-P2, vol. 2, pp. 1037-41.

Vickery, Hubert Bradford. 1944. *Biographical Memoir of Russell Henry Chittenden 1856-1943.* Washington, DC: National Academy of Sciences.

Wachter, Kenneth W. and Caleb E. Finch, eds. 1997. *Between Zeus and the Salmon: The Biodemography of Longevity.* Washington, DC: National Academy Press.

Walford, Roy L. 1983. *Maximum Life Span*, New York: Norton.

————. 1982. "Studies in Immunogerontology."*Journal of the American Geriatrics Society* 30(10): 617-25.

Weindruch, Richard and Roy L. Walford. 1988. "The Retardation of Aging and Disease by Dietary Restriction." Springfield, IL: Charles C. Thomas.

Wilkinson, Gerald S. and Jason M. South. 2002. "Life History, Ecology and Longevity in Bats." *Aging Cell* 1: 124-31.

Wilmoth, John R. 2000. "Demography of Longevity: Past, Present, and Future Trends." *Experimental Gerontology* 35: 1111-29.

Wilmoth, John R., L. J. Deegan, H. Lundström, and S. Horiuchi. 2000. "Increase of Maximum Life-Span in Sweden, 1861-1999." *Science* 289: 2366-68.

Wilmoth, John R. and Hans Lundström. 1996. "Extreme Longevity in Five Countries." *European Journal of Population* 12: 63-93.

Young, Vernon R. 1979. "Diet as a Modulator of Aging and Longevity." *Federation Proceedings* 38(6): 1994-2000.

Yu, Byung Pal, ed. 1994. *Modulation of Aging Processes by Dietary Restriction*. Boca Raton, FL: CRC Press.

제16장

휴대전화와 안테나 타워(Cell Phones and Cell Towers)

Mild, Kjell Hansson and Jonna Wilén. 2009. "Occupational Exposure in Wireless Communication." In: James C. Lin, ed., *Advances in Electromagnetic Fields in Living Systems*, vol. 5, *Health Effects of Cell Phone Radiation* (New York: Springer), pp. 199-219.

Tuor, Markus, Sven Ebert, Jürgen Schuderer, and Niels Kuster. 2005. "Assessment of ELF Exposure from GSM Handsets and Development of an Optimized RF/ELF Exposure Setup for Studies of Human Volunteers." BAG Reg. No. 2.23.02.-18/02.001778. Zürich: Foundation for Research on Information Technologies in Society.

전자제품(Electronic Consumer Devices)

Stetzer, David A. April 2, 2000. Testimony before the Michigan Public Service Commission.

Zyren, Jim. May 2010. "HomePlug Green PHY Overview." Atheros Technical Paper.

귀의 전자모델(Electromodel of the Ear)

Allen, Jont B. 1980. "Cochlear Micromechanics – A Physical Model of Transduction." *Journal of the Acoustical Society of America* 68(6): 1660-70.

Art, Jonathan J. and Robert Fettiplace. 1987. "Variation of Membrane Properties in Hair Cells Isolated from the Turtle Cochlea." *Journal of Physiology* 385: 207-42.

Ashmore, Jonathan F. 1987. "A Fast Motile Response in Guinea-Pig Outer Hair Cells: The Cellular Basis of the Cochlear Amplifier." *Journal of Physiology* 388: 323-47.

———. 2008. "Cochlear Outer Hair Cell Motililty." *Physiological Reviews* 88: 173-210.

Bell, Andrew. 2000. *The Underwater Piano: Revival of the Resonance Theory of Hearing*. Canberra: Australian National University.

———. 2004. "Resonance Theories of Hearing – A History and a Fresh Approach." *Acoustics Australia* 32(3): 95-100.

———. 2005. "The Underwater Piano: A Resonance Theory of Cochlear Mechanics." Doctoral thesis, The Australian National University, Canberra.

———. 2006. "Sensors, Motors, and Tuning in the Cochlea: Interacting Cells Could Form a Surface Acoustic Wave Resonator." *Bioinspiration and Biomimetics* 1: 96-101.

———. 2007. "Detection with Deflection? A Hypothesis for Direct Sensing of Sound Pressure by Hair Cells." *Journal of Biosciences* 32(2): 385-404.

———. 2010. "The Cochlea as a Graded Bank of Independent, Simultaneously Excited Resonators: Calculated Properties of an Apparent 'Travelling Wave.'" *Proceedings of the 20th International Congress on Acoustics, ICA 2010, 23-27 August 2010, Sydney, Australia*, pp. 1-9.

———. 2011. "How Do Middle Ear Muscles Protect the Cochlea? Reconsideration of the Intralabyrinthine Pressure Theory." *Journal of Hearing Science* 1(2): 9-23.

———. 2012. "A Resonance Approach to Cochlear Mechanics." PLoS ONE 7(11): e47918.

Bell, DeLamar T., Jr. and Robert C. M. Li. 1976. "Surface-Acoustic-Wave Resonators." *Proceedings of the IEEE* 64(5): 711-21.

Braun, Martin. 1994. "Tuned Hair Cells for Hearing, But Tuned Basilar Membrane for Overload Protection: Evidence from Dolphins, Bats, and Desert Rodents." *Hearing Research* 78: 98-114.

Breneman, Kathryn D., William Brownell, and Richard D. Rabbit. 2009. "Hair Cell Bundles: Flexoelectric Motors of the Inner Ear." *PloS ONE* 4(4): e5201.

Breneman, Kathryn D. and Richard D. Rabbit. 2009. "Piezo- and Flexoelectric Membrane Materials Underlie Fast Biological Motors in the Ear." *Materials Research Society Symposia Proceedings* 1186E: 1186-JJ06-04.

Brownell, William E. 2006. "The Piezoeletric Outer Hair Cell." In: Ruth Anne Eatock, Richard R. Fay, and Arthur N. Popper, eds., *Vertebrate Hair Cells* (New York: Springer), pp. 313-47.

Brownell, William E., Charles R. Bader, Daniel Bertrand, and Yves de Ribaupierre. 1985. "Evoked Mechanical Responses of Isolated Cochlear Outer Hair Cells." *Science* 227: 194-96.

Canlon, Barbara, Lou Brundin, and Åke Flock. 1988. "Acoustic Stimulation Causes Tonotopic Alterations in the Length of Isolated Outer Hair Cells from Guinea Pig Hearing Organ." *Proceedings of the National Academy of Sciences* 85(18): 7033-35.

Crawford, Andrew C. and Robert Fettiplace. 1981. "An Electrical Tuning Mechanism in Turtle Cochlear Hair Cells." *Journal of Physiology* 312: 377-412.

de Vries, Hessel. 1948a. "Brownian Movement and Hearing." *Physica* 14(1): 48-60.

———. 1948b. "Die Reizschwelle der Sinnesorgane als physikalisches Problem." *Experientia* 4(6): 205-13.

Degens, Egon T., Werner G. Deuser, and Richard L. Haedrich. 1969. "Molecular Structure and Composition of Fish Otoliths." *International Journal on Life in Oceans and Coastal Waters* 2(2): 105-13.

Dimbylow, Peter J. 1988. "The Calculation of Induced Currents and Absorbed Power in a Realistic, Heterogeneous Model of the Lower Leg for Applied Electric Fields from 60 Hz to 30 MHz." *Physics in Medicine and Biology* 33(12): 1453-68.

Dong, Xiao-xia, Mark Ospeck, and Kuni H. Iwasa. 2002. "Piezoelectrical Reciprocal Relationship of the Membrane Motor in the Cochlear Outer Hair Cell." *Biophysical Journal* 82(3): 1254-59.

Fettiplace, Robert and Paul A. Fuchs. 1999. "Mechanisms of Hair Cell Tuning." *Annual Review of Physiology* 61: 809-34.

Ghaffari, Roozbeh, Alexander J. Aranyosi, and Dennis M. Freeman. 2007. "Longitudinally Propagating Traveling Waves of the Mammalian Tectorial Membrane." *Proceedings of the National Academy of Sciences* 104(42): 16510-15.

Gummer, Anthony W., Werner Hemmert, and Hans-Peter Zenner. 1996. "Resonant Tectorial Membrane Motion in the Inner Ear: Its Crucial Role in Frequency Tuning." *Proceedings of the National Academy of Sciences* 93(16): 8727-32.

Gummer, Anthony W. and Serena Preyer. 1997. "Cochlear Amplification and its Pathology: Emphasis on the Role of the Tectorial Membrane." *Ear, Nose, & Throat Journal* 76(3): 151-58.

Hackney, Carole M. and David N. Furness. 1995. "Mechanotransduction in Ververtebrate Hair Cells: Structure and Function of the Stereociliary Bundle." *American Journal of Cell Physiology* 268: C1-C13.

Hallpike, Charles Skinner and Alexander Francis Rawdon-Smith. 1934a. "The 'Wever and Bray Phenomenon': A Study of the Electrical Response in the Cochlea with Especial Reference to its Origin." *Journal of Physiology* 81: 395-408.

———. 1934b. "The Origin of the Wever and Bray Phenomenon." *Journal of Physiology* 83: 243-54.

Hassan, Waled and Peter B. Nagy. 1997. "On the Low-Frequency Oscillation of a Fluid Layer between Two Elastic Plates." *Journal of the Acoustical Society of America* 102(6): 3343-48.

Helmholtz, Hermann Ludwig Ferdinand. 1877. *Die Lehre von den Tonempfindungen als physiologische Grundlage für die Theorie der Musik*. Braunschweig: Friedrich Vieweg und Sohn. Translation by Alexander J. Ellis, *On the Sensations of Tone as a Physiological Basis for the Theory of Music*, 4th ed. (London: Longmans, Green), 1912.

Hoar, William Stewart and David J. Randall, eds. 1971. *Fish Physiology*. Vol. 5: *Sensory Systems and Electric Organs*. New York: Academic.

Holley, Matthew C. and Jonathan F. Ashmore. 1988. "On the Mechanism of a High-Frequency Force Generator in Outer Hair Cells Isolated from the Guinea Pig Cochlea." *Proceedings of the Royal Society of London B* 232: 413-29.

Honrubia, Vicente, David Strelioff, and Stephen Sitko. 1976. "Electroanatomy of the Cochlea: Its Role in Cochlear Potential Measurements." In: Robert J. Ruben, Claus Elberling, and Gerhard Salomon, eds. (Baltimore, MD: University Park Press), pp. 23-39.

Hudspeth, A. James and R. S. Lewis. 1988. "A Model for Electrical Resonance and Frequency Tuning in Saccular Hair Cells of the Bull-Frog, *Rana catesbeiana*." *Journal of Physiology* 400: 275-97.

Iwasa, Kuni H. 2001. "A Two-State Piezoelectric Model for Outer Hair Cell Motility." *Biophysical Journal* 81(5): 2495-2506.

Jákli, Antal. and Nandor Éber. 1993. "Piezoelectric Effects in Liquid Crystals." In: Agnes Buka, ed., *Modern Topics in Liquid Crystals* (Singapore: World Scientific) pp. 235-56.

Jielof, Renske, A. Spoor and Hessel de Vries. 1952. "The Microphonic Activity of the Lateral Line." *Journal of Physiology* 116: 137-57.

Keen, J. A. 1940. "A Note on the Length of the Basilar Membrane in Man and in Various Mammals." *Journal of Anatomy* 75: 524-27.

Konishi, Teruzo, Donald C. Teas, and Joel S. Wernick. 1970. "Effects of Electrical Current Applied to Cochlear Partition on Discharges in Individual Auditory-Nerve Fibers. I. Prolonged Direct-Current Polarization." *Journal of the Acoustical Society of America* 47 (6): 1519-26.

Kostelijk, Pieter Jan. 1950. *Theories of Hearing*. Leiden: Universitaire Pers Leiden.

Lissmann, Hans W. 1958. "On the Function and Evolution of Electric Organs in Fish." *Journal of Experimental Biology* 35: 156-91.

Mamishev, Alexander V., Kishore Sundara-Rajan, Fumin Yang, Yanqing Du, and Markus Zahn. 2004. "Interdigital Sensors and Transducers." *Proceedings of the IEEE* 92(5): 808-45.

Moller, Peter. 1995. *Electric Fishes: History and Behavior*. London: Chapman & Hall.

Mountain, David C. 1986. "Electromechanical Properties of Hair Cells." In: R. A. Altschuler, D. W. Hoffman, and R. P. Bobbin, eds., *Neurobiology of Hearing: The Cochlea* (New York: Raven Press), pp. 77-90.

Mountain, David C. and Allyn E. Hubbard. 1994. "A Piezoelectric Model of Outer Hair Cell Function." *Journal of the Acoustical Society of America* 95(1): 350-54.

Naftalin, Lionel. 1963. "The Transmission of Acoustic Energy from Air to the Receptor Organ in the Cochlea." *Life Sciences* 2(2): 101-6.

———. 1964. "Reply to Criticisms by Mr. A. Tumarkin and Mr. J. D. Gray." *Journal of Laryngology and Otology* 78: 969-71.

———. 1965. "Some New Proposals Regarding Acoustic Transmission and Transduction." *Cold Spring Harbor Symposia on Quantitative Biology* 30: 169-80.

———. 1967. "The Cochlear Geometry as a Frequency Analyser." *Journal of Laryngology and Otology* 81(6): 619-31.

———. 1968. "Acoustic Transmission and Transduction in the Peripheral Hearing Apparatus." *Progress in Biophysics and Molecular Biology* 18: 3-27.

———. 1969. "A Liquid Ion-exchange Resin Microphone." *Life Sciences* 8 (part 2): 223-28.

———. 1970. "Biochemistry and Biophysics of the Tectorial Membrane." In: Michael M. Paparella, ed., *Biochemical Mechanisms in Hearing and Deafness* (Springfield, IL: Charles C. Thomas), pp. 205-10, discussion on pp. 290-93.

———. 1976. "The Peripheral Hearing Mechanism: A Biochemical and Biological Approach." *Annals of Otology, Rhinology and Laryngology* 85: 38-42.

———. 1980. "Frequency Analysis in the Cochlea and the Traveling Wave of von Békésy." *Physiological Chemistry and Physics* 12: 521-26.

———. 1981. "Energy Transduction in the Cochlea." *Hearing Research* 5: 307-15.

Naftalin, Lionel, M. Spence Harrison and A. Stephens. 1964. "The Character of the Tectorial Membrane." *Journal of Laryngology and Otology* 78: 1061-78.

Naftalin, Lionel and G. P. Jones. 1969. "Propagation of Acoustic Waves in Gels with Special Reference to the Theory of Hearing." *Life Sciences* 8 (part 1): 765-68.

Naftalin, Lionel and Michael Mattey. 1995. "The Transmission of Acoustic Energy from Air to the Receptor and Transducer in the Cochlea." Paper presented at conference on "Non-linear Coherent Structures in Physics and Biology," Heriot-Watt University, Edinburgh, July 1995.

Naftalin, Lionel, Michael Mattey, and Eve M. Lutz. 2009. "The Transmission of Acoustic Energy from Air to the Receptor and Transducer Structures within the Cochlea with Special Reference to the Tectorial Membrane." Manuscript submitted to *Hearing Research*.

Naftalin, Lionel and A. Stephens. 1966. "A Protein Electret Microphone." *Life Sciences* 5(3): 223-26.

Neely, S. T. 1989. "A Model for Bidirectional Transduction in Outer Hair Cells." In: J. P. Wilson and D. T. Kemp, eds., *Cochlear Mechanisms* (New York: Plenum), pp. 75-82.

Nowotny, Manuela and Anthony W. Gummer. 2006. "Nanomechanics of the Subtectorial Space Caused by Electromechanics of Cochlear Outer Hair Cells." *Proceedings of the National Academy of Sciences* 103(7): 2120-25.

Offutt, George C. 1968. "Auditory Response in the Goldfish." *Journal of Auditory Research* 8: 391-400.

———. 1970. "A Proposed Mechanism for the Perception of Acoustic Stimuli near Threshold." *Journal of Auditory Research* 10: 226-28.

———. 1974. "Structures for the Detection of Acoustic Stimuli in the Atlantic Codfish, *Gadus morhua*." *Journal of the Acoustical Society of America* 56(2): 665-71.

———. 1984. *The Electromodel of the Auditory System*. Shepherdstown, WV: GoLo Press.

———. 1986. "Wever and Lawrence Revisited: Effects of Nulling Basilar Membrane Movement on Concomitant Whole-Nerve Action Potential." *Journal of Auditory Research* 26: 43-54.

———. 1999. "New Electromodel Hearing Aid." *Resonance: Newsletter of the Bioelectromagnetics SIG* 34: 17-18.

———. 2000. "What is the Basis of Human Hearing?" *Frontier Perspectives* 9(2): 33-36.

———. 2002. "Energy Flow and Basilar Membrane Vibrations (Sound in the Cochlea's Fluids)." Presented at 25th Midwinter Research Meeting of the Association for Research in Otolaryngology, January.

O'Leary, Dennis P. 1970. "An Electrokinetic Model of Transduction in the Semicircular Canal." *Biophysical Journal* 10: 859-75.

Özen, Şükrü 2008. "Low-frequency Transient Electric and Magnetic Fields Coupling to Child Body." *Radiation Protection Dosimetry* 128(1): 62-67.

Parks, Susan E., Darlene R. Ketten, Jennifer T. O'Malley, and Julie Arruda. 2007. "Anatomical Predictions of Hearing in the North Atlantic Right Whale." *Anatomical Record* 290: 734-44.

Pohlman, Augustus G. 1922. "Structural Factors Contributing to Acoustic Insulation of the End Organ." *The Anatomical Record* 23:32. Abstract.

———. 1930. "Correlations Between the Acuity for Hearing Air and Bone Transmitted Sounds in Rinne Negative and Rinne Positive Cases." *Annals of Otology, Rhinology and Laryngology* 39(4): 927-60.

———. 1933. "A Reconsideration of the Mechanics of the Auditory Apparatus." *Journal of Laryngology and Otology* 48: 156-95.

———. 1936. "The Present Status of the Mechanics of Sound Conduction in Its Relation to the Possible Correction of Conduction Deafness." *Journal of the Acoustical Society of America* 8(2): 112-17.

———. 1938. "Objections to the Accepted Interpretation of Cochlear Mechanics." *Acta Oto-Laryngologica* 26: 162-69.

———. 1942. "Further Objections to the Accepted Interpretations of Cochlear Mechanics." *Archives of Otolaryngology* 35: 613-22.

Rabbit, Richard D., Harold E. Ayliffe, Douglas Christensen, Kranti Pamarthy, Carl Durney, Sarah Clifford, and William E. Brownell. 2005. "Evidence of Piezoelectric Resonance in Isolated Outer Hair Cells." *Biophysical Journal* 88: 2257-65.

Raphael, Robert M., Aleksander S. Popel, and William E. Brownell. 2000. "A Membrane Bending Model of Outer Hair Cell Electromotility." *Biophysical Journal* 78: 2844-62.

Richter, Claus-Peter, Gulam Emadi, Geoffrey Getnick, Alicia Quesnel, and Peter Dallos. 2007. "Tectorial Membrane Stiffness Gradients." *Biophysical Journal* 93: 2265-76.

Ross, Muriel D. 1974. "The Tectorial Membrane of the Rat." *American Journal of Anatomy* 139: 449-82.

Russell, Ian J., Alan R. Cody, and Guy P. Richardson. 1986. "The Responses of Inner and Outer Hair Cells in the Basal Turn of the Guinea-Pig Cochlea and in the Mouse Cochlea Grown *In vitro*." *Hearing Research* 22: 199-216.

Russell, Ian J. and Peter M. Sellick. 1978. "Intracellular Studies of Hair Cells in the Mammalian Cochlea." *Journal of Physiology* 284: 261-90.

Santos-Sacchi, Joseph and James P. Dilger. 1988. "Whole Cell Currents and Mechanical Responses of Isolated Outer Hair Cells." *Hearing Research* 35: 143-50.

Spector, William S., ed. 1956. *Handbook of Biological Data*. Philadelphia: W. B. Saunders. Page 323 on cochlear dimensions across species.

Strelioff, David, Åke Flock, and Karl E. Minser. 1985. "Role of Inner and Outer Hair Cells in Mechanical Frequency Selectivity of the Cochlea." *Hearing Research* 18: 169-75.

Tasaki, Ichiji and César Fernández. 1952. "Modification of Cochlear Microphonics and Action Potentials by KCl Solution and by Direct Currents." *Journal of Neurophysiology* 15: 497-512.

Teas, Donald C., Teruzo Konishi, and Joel S. Wernick. 1970. "Effects of Electrical Current Applied to Cochlear Partition on Discharges in Individual Auditory-Nerve Fibers. II. Interaction of Electrical Polarization and Acoustic Stimulation." *Journal of the Acoustical Society of America* 47(6): 1527-37.

Ulfendahl, Mats and Åke Flock. 1998. "Outer Hair Cells Provide Active Tuning in the Organ of Corti." *Physiology* 13: 107-11.

Weitzel, Erik K., Ron Tasker, and William E. Brownell. 2003. "Outer Hair Cell Piezoelectricity: Frequency Response Enhancement and Resonance Behavior." *Journal of the Acoustical Society of America* 114(3): 1462-66.

Wever, Ernest Glen. 1966. "Electrical Potentials of the Cochlea." *Physiological Reviews* 46(1): 102-27.

Wever, Ernest Glen and Charles William Bray. 1930. "Action Currents in the Auditory Nerve in Response to Acoustical Stimulation." *Proceedings of the National Academy of Sciences* 16(5): 344-50.

Zotterman, Yngve. 1943. "The Microphonic Effect of Teleost Labyrinths and its Biological Significance." *Journal of Physiology* 102: 313-18.

Zwislocki, Josef J. 1980. "Theory of Cochlear Mechanics." *Hearing Research* 2: 171-82.

Zwislocki, Josef J. and Lisa K. Cefaratti. 1989. "Tectorial Membrane II: Stiffness Measurements *In vivo*." *Hearing Research* 42: 211-28.

Zwislocki, Josef J. and My Nguyen. 1999. "Place Code for Pitch: A Necessary Revision." *Acta Oto-Laryngologica* 119(2): 140-45.

Zwislocki, Josef J., Norma B. Slepecky, Lisa K. Cefaratti, and Robert L. Smith. 1992. "Ionic Coupling Among Cells in the Organ of Corti." *Hearing Research* 57: 175-94.

Electrophonic Effect

Adrian, Donald J. 1977. "Auditory and Visual Sensations Stimulated by Low-frequency Electric Currents." *Radio Science* 12(6S): 243-50.

Althaus, Julius. 1873. *A Treatise on Medical Electricity*, 3rd ed. Philadelphia: Lindsay and Blakiston.

Augustin, Friedrich Ludwig. 1801. *Vom Galvanismus und dessen medicinischer Anwendung.* Berlin.

———. 1803. *Versuch einer vollständigen systematischen Geschichte der galvanischen Electricität und ihrer medicinischen Anwendung.* Berlin: Felisch.

Bartholow, Roberts. 1881. *Medical Electricity*. Philadelphia: Henry C. Lea's Son.

Bredon, Alan Dale. 1963. *Investigation of Diplexing Transducers for Voice Communications.* Electromagnetic Warfare and Communication Laboratory, Aeronautical Systems Division, Air Force Systems Command, Wright-Patterson Air Force Base, Ohio. Accession no. AD 400487, Technical Documentary Report no. ASD-TDR-63-157.

Brenner, Rudolf. 1868. *Untersuchungen und Beobachtungen über die Wirkung Elektrischer Ströme auf das Gehörorgan in gesunden und kranken Zustande.* Leipzig: Giesecke & Devrient.

Craik, Kenneth J. W., Alexander Francis Rawdon-Smith, and Rowan S. Sturdy. 1937. "Note on the Effect of A.C. on the Human Ear." *Proceedings of the Physiological Society*, May 8, pp. 2P-5P.

Eichhorn, Gustav. 1930. "The Electrostatic 'Radiophon.'" *Radio-Craft*, January, p. 330.

Einhorn, Richard N. 1967. "Army Tests Hearing Aids that Bypass the Ears." *Electronic Design* 15(26): 30-32.

Flanagan, Gillis Patrick. 1962. "Nervous System Excitation Device." U.S. Patent 3,393,279, filed March 13, 1962, issued July 16, 1968.

Flies, Carl Eduard. 1801. "Versuch des Herrn Dr. Flies." In: Carl Johann Christian Grapengiesser, *Versuche den Galvanismus zur Heilung Einiger Krankheiten anzuwenden* (Berlin: Mylius), pp. 241-52.

Flottorp, Gordon. 1953. "Effect of Different Types of Electrodes in Electrophonic Hearing." *Journal of the Acoustical Society of America* 25(2): 236-45.

Gersuni, Grigoryi V. and A. A. Volokhov. 1936. "On the Electrical Excitability of the Auditory Organ on the Effect of Alternating Currents on the Normal Auditory Apparatus." *Journal of Experimental Psychology* 19: 370-82.

Grapengiesser, Carl Johann Christian. 1801. *Versuche den Galvanismus zur Heilung Einiger Krankheiten anzuwenden.* Berlin: Mylius.

Hallpike, Charles Skinner and Hamilton Hartridge. 1937. "On the Response of the Human Ear to Audio-Frequency Electrical Stimulation." *Proceedings of the Royal Society of London B* 123: 177-93.

Harvey, William T. and James P. Hamilton. 1964. "Hearing Sensations in Amplitude Modulated Radio Frequency Fields." Master's thesis, Air Force Institute of Technology, Wright-Patterson Air Force Base, Ohio. Accession no. AD 608889.

Healer, Janet. 1967. "Auditory Response to Audio-Frequency Currents." In: Healer, ed., *Summary Report on a Review of Biological Mechanisms for Application to Instrument Design*, (Washington, DC: National Aeronautics and Space Administration), vol. 5, pp. 5-8 to 5-13. Accession no. N67-40136, Document no. ARA 346-F-2, part 1.

Hellwag, Christoph Friedrich and Maximilian Jacobi. 1802. *Erfahrungen über die Heilkräfte des Galvanismus, und Betrachtungen über desselben chemische und physiologische Wirkungen.* Hamburg: Friedrich Perthes.

Hoshiko, Michael S. 1970. "Electrostimulation of Hearing." In: Norman L. Wulfsohn and Anthony Sances, Jr., eds., *The Nervous System and Electic Currents* (New York: Plenum), pp. 85-88.

Johnson, Patrick Woodruff. 1971. "A Search for the Electrophonic Phenomena in the Microwatt Power Domain." Master's thesis, Naval Postgraduate School, Monterey, CA. Accession no. AD 744911.

Jones, H. Lewis. 1913. *Medical Electricity*, 6th ed. Philadelphia: P. Blakiston's Son.

Jones, R. Clark, Stanley Stephens Stevens, and Moses H. Lurie. 1940. "Three Mechanisms of Hearing by Electrical Stimulation." *Journal of the Acoustical Society of America* 12: 281-90.

Le Roy, Jean Baptiste. 1755. "Ou l'on rend compte de quelques tentatives que l'on a faites pour guérir plusieurs maladies par l'Électricité." *Mémoires de l'Académie Royale des Sciences*, pp. 60-98.

Martens, Franz Heinrich. 1803. *Vollständige Anweisung zur therapeutischen Anwendung des Galvanismus; nebst einer Geschichte dieses Heilmittels.* Weiszenfels: Böse.

Merzdorff, Johann Friedrich Alexander. 1801. Treatment of tinnitus with the galvanic current. In: Carl Johann Christian Grapengiesser, *Versuche den Galvanismus zur Heilung Einiger Krankheiten anzuwenden* (Berlin: Mylius), pp. 131-33.

Morgan, Charles E. 1868. *Electro-Physiology and Therapeutics.* New York: William Wood.

Moxon, Edwin Charles. 1971. "Neural and Mechanical Responses to Electrical Stimulation of the Cat's Inner Ear." Ph.D. dissertation, Massachusetts Institute of Technology.

Puharich, Henry K. and Joseph L. Lawrence. 1964. *Electro-Stimulation Techniques of Hearing.* QRC Branch, Rome Air Development Center, Research and Technology Division, Air Force Systems Command, Griffiss Air Force Base, NY. Accession no. AD 459956, Technical Documentary Report no. RADC-TDR-64-18.

Ritter, Johann Wilhelm. 1802. *Beyträge zur nähern Kentniss des Galvanismus und der Resultate seiner Untersuchung*, vol. 2, part 2. Jena: Friedrich Fromann.

Salmansohn, M. 1969. *Non-Acoustic Audio Coupling to the Head (NAACH)*. Warminster, PA: Aero-Electronic Technology Department, Naval Air Development Center Johnsville. Accession no. AD 862280, Report no. NADC-AE-6922.

Salomon, Gerhard and Arnold Starr. 1963. "Sound Sensations Arising from Direct Current Stimulation of the Cochlea in Man." *Danish Medical Bulletin* 10(6-7): 215-16.

Skinner, Garland Frederick. 1968. "The Trans-Derma-Phone – A Research Device for the Investigation of Radio-Frequency Sound Stimulation." Master's thesis, Naval Postgraduate School, Monterey, CA.

Sommer, H. C. and Henning E. von Gierke. 1964. "Hearing Sensations in Electric Fields." *Aerospace Medicine* 35: 834-39.

Sprenger, Johann Justus Anton. 1802. "Anwendungsart der Galvani-Voltaischen Metall-Electricität zur Abhelfung der Taubheit und Harthörigkeit." *Annalen der Physik* 11(7): 354-66.

Stevens, Stanley Smith. 1937. "On Hearing by Electrical Stimulation." *Journal of the Acoustical Society of America* 8: 191-95.

Stevens, Stanley Smith and Hallowell Davis. 1938. *Hearing: Its Psychology and Physiology*. New York: American Institute of Physics.

Stevens, Stanley Smith and R. Clark Jones. 1939. "The Mechanism of Hearing by Electrical Stimulation." *Journal of the Acoustical Society of America* 10(4): 261-69.

Stevens, Stanley Smith and Fred Warshofsky. 1965. *Sound and Hearing*. New York: Time-Life Books.

Struve, Christian August. 1802. *System der medicinischen Elektrizitäts-Lehre mit Rücksicht auf den Galvanismus*. Breslau: Wilhelm Gottlieb Korn.

Tousey, Sinclair. 1921. *Medical Electricity, Röntgen Rays and Radium*, 3rd ed. Philadelphia: W.B. Saunders. Page 469 on auditory effects.

Volta, Alexander. 1800. "On the Electricity excited by the mere Contact of conducting Substances of different Kinds." *Philosophical Magazine* 7 (September): 289-311.

Wolke, Christian Heinrich. 1802. *Nachricht von den zu Jever durch die Galvani-Voltaische Gehör-Gebe-Kunst beglükten Taubstummen und von Sprengers Methode sie durch die Voltaische Elekricität auszuüben*. Oldenburg: Schulz.

에너지 효율 전구(Energy Efficient Light Bulbs)

National Lighting Product Information Program. June 1999. "Screwbase Compact Fluorescent Lamp Products." *Specifier Reports* 7(1).

National Lighting Product Information Program. May 2000. "Electronic Ballasts." *Specifier Reports* 8(1).

낮은 주파수 소리(Low Frequency Sounds)

Begley, Sharon. 1993. "Do You Hear What I Hear? A Hum in Taos is Driving Dozens of People Crazy." *Newsweek*, May 3, pp. 54-55.

Brodeur, Paul. 1977. *The Zapping of America.* New York: W. W. Norton.

Cooke, Patrick. 1994. "The Hum." *Health*, July/August, pp. 71-75.

Curry, Bill P. and Gretchen V. Fleming. 2003. *RF Radiation Measurements in Selected Locations in Kokomo, Indiana.* Prepared for Acentech, Inc., Cambridge, MA, August 29.

Deming, David. 2004. "The Hum: An Anomalous Sound Heard Around the World." *Journal of Scientific Exploration* 18(4): 571-95.

Federation of American Scientists. 1995. *Submarine Communications Master Plan.* Washington, DC.

Firstenberg, Arthur. 1999. "The Source of the Taos Hum." *No Place To Hide* 2(2): 3-5.

Fox, Barry. 1989. "Low-frequency 'Hum' May Permeate the Environment." *New Scientist*, December 9, p. 27.

Garufi, Frank. 1989. *Loran C Field Strength Contours: Contiguous United States.* Washington, DC: Federal Aviation Administration. Report no. DOT/FAA/CT-TN89/16.

Hubbell, Schatzie. 1995. Hum survey results. Fort Worth, TX, October 6.

Jansky & Bailey, Atlantic Research Corporation. 1962. *The Loran-C System of Navigation.* Washington, DC.

Mullins, Joe H. and James P. Kelly. 1995. *The Elusive Hum in Taos, New Mexico. Acoustical Society Newsletter* 5(3): 1 ff.

Mullins, Joe H., James P. Kelly, and Sherry Robinson. 1993. "Hum Investigation: Source Still Unknown, Questions Raised." Albuquerque: University of New Mexico, August 23.

Samaddar, S. N. 1979. "Theory of Loran-C Ground Wave Propagation – A Review." *Journal of the Institute of Navigation* 26(3): 173-87.

Sheppard, L. and C. Sheppard. 1993. *The Phenomenon of Low Frequency Hums.* Norfolk, England: Norfolk Tinnitus Society.

United States Coast Guard. 1974. *Loran-C User Handbooks* Washington, DC. Publication no. CG-462.

———. 1992. *Loran-C User Handbook.* Washington, DC. Commandant Publication P16562.6.

마이크로웨이브 청각(Microwave Hearing)

Chou, Chung-Kwang and Arthur William Guy. 1977. "Characteristics of Microwave-induced Cochlear Microphonics." *Radio Science* 6(S): 221-27.

Elder, Joseph A. and Chung-Kwang Chou. 2003. "Auditory Response to Pulsed Radiofrequency Energy." *Bioelectromagnetics*, suppl. 6: S162-73.

Frey, Allan H. 1961. "Auditory System Response to Radio Frequency Energy." *Aerospace Medicine* 32: 1140-42.

————. 1963. "Some Effects on Human Subjects of Ultra-High-Frequency Radiation." *American Journal of Medical Electronics*, January-March 1963, pp. 28-31.

————. 1967. "Brain Stem Evoked Responses Associated with Low-intensity Pulsed UHF Energy." *Journal of Applied Physiology* 23(6): 984-88.

————. 1970. "Effects of Microwave and Radio Frequency Energy on the Central Nervous System." In: Stephen F. Cleary, ed., *Biological Effects and Health Implications of Microwave Radiation. Symposium Proceedings* (Rockville, MD: U.S. Department of Health, Education and Welfare), Publication BRH/DBE 70-2, pp. 134-39.

————. 1971. "Biological Function as Influenced by Low-power Modulated RF Energy." *IEEE Transactions on Microwave Theory and Techniques* MTT-19(2): 153-64.

————. 1988. "Evolution and Results of Biological Research with Low-intensity Nonionizing Radiation." In: Andrew A. Marino, ed., *Modern Bioelectricity* (New York: Marcel Dekker, pp. 785-837.

Frey, Allan H. and Edwin S. Eichert III. 1972. "The Nature of Electrosensing in the Fish." *Biophysical Journal* 12: 1326-58.

————. 1985. "Psychophysical Analysis of Microwave Sound Perception." *Journal of Bioelectricity* 4(1): 1-14.

Frey, Allan H. and Rodman Messenger, Jr. 1973. "Human Perception of Illumination with Pulsed Ultrahigh-Frequency Electromagnetic Energy." *Science* 181: 356-58.

Justesen, Don R. 1975. "Microwaves and Behavior." *American Psychologist* 30(3): 391-401.

Khizhnyak, E. P., V. V. Tyazhelov, and V. V. Shorokhov. 1979. "Some Peculiarities and Possible Mechanisms of Auditory Sensation Evoked by Pulsed Electromagnetic Irradiation." *Activitas Nervosa Superior* 21(4): 247-51.

Lebovitz, Robert M. and Ronald L. Seaman. 1977. "Single Auditory Unit Responses to Weak, Pulsed Microwave Radiation." *Brain Research* 126: 370-5.

Lin, James C. 1978. *Microwave Auditory Effects and Applications*. Springfield, IL: Charles C. Thomas.

————. 2001. "Hearing Microwaves: The Microwave Auditory Phenomenon." *IEEE Antennas and Propagation Magazine* 43(6): 166-68.

Seaman, Ronald L. 2002. "Transmission of Microwave-induced Intracranial Sound to the Inner Ear is Most Likely Through Cranial Aqueducts." Brooks Air Force Base, TX: Walter Reed Army Institute of Research.

Seaman, Ronald L. and Robert M. Lebovitz. 1989. "Thresholds of Cat Cochlear Nucleus Neurons to Microwave Pulses." *Bioelectromagnetics* 10: 147-60.

Sharp, Joseph C., H. Mark Grove, and Om P. Gandhi. 1974. "Generation of Acoustic Signals by Pulsed Microwave Energy." *IEEE Transactions on Microwave Theory and Techniques* MTT-22(5): 583-84.

Stocklin, Philip L. and Brian F. Stocklin. 1979. "Possible Microwave Mechanisms of the Mammalian Nervous System." *T.-I.-T. Journal of Life Sciences* 9: 29-51.

Taylor, Eugene M. and Bonnie T. Ashleman. 1974. "Analysis of Central Nervous System Involvement in the Microwave Auditory Effect." *Brain Research* 74: 201-8.

Tyazhelov, V. V., R. E. Tigranian, E. O. Khizhniak, and I. G. Akoev. 1979. "Some Peculiarities of Auditory Sensations Evoked by Pulsed Microwave Fields." *Radio Science* 14(6S): 259-63.

Watanabe, Yoshiaki and Toshiyuki Tanaka. 2000. "FDTD Analysis of Microwave Hearing Effect." *IEEE Transactions on Microwave Theory and Techniques* MTT-48(11): 2126-32.

Wilson, Blake S. and William T. Joines. 1985. "Mechanisms and Physiologic Significance of Microwave Action on the Auditory System." *Journal of Bioelectricity* 4(2): 495-525.

Wilson, Blake S., John M. Zook, William T. Joines, and John H. Casseday. 1980. "Alterations in Activity at Auditory Nuclei of the Rat Induced by Exposure to Microwave Radiation: Autoradiographic Evidence Using [14C]2-deoxy-d-Glucose." *Brain Reserch* 187: 291-306.

송전선 방사선(Power Line Radiation)

Kikuchi, Hiroshi. 1972. "Investigations of Electromagnetic Noise and Interference Due to Power Lines in Japan and Some Results from the Aspect of Electromagnetic Theory." *Proceedings of the 1972 Symposium on Electromagnetic Hazards, Pollution and Environmental Quality*, Purdue University, Lafayette, Indiana, May 8-9, pp. 147-62.

———. 1983a. "Overview of Power-Line Radiation and its Coupling to the Ionosphere and Magnetosphere." *Space Science Reviews* 35: 33-41.

———. 1983b. "Power Line Transmission and Radiation." *Space Science Reviews* 35: 59-80.

———, ed. 1983c. *Power Line Radiation and Its Coupling to the Ionosphere and Magnetosphere.* Amsterdam: Reidel.

Vignati, Maurizio and Livio Giuliani. 1997. "Radiofrequency Exposure near High-Voltage Lines." *Environmental Health Perspectives* 105 (suppl. 6): 1569-73.

구형낭 청각(Saccular Hearing)

Akin, Faith Wurm and Owen D. Murnane. 2004. "Vestibular Evoked Myogenic Potentials (VEMP)." *Clinical Topics in Otoneurology*, a publication of GN Otometrics, Copenhagen. April issue.

Bocca, Ettore and G. Perani. 1960. "Further Contributions to the Knowledge of Vestibular Hearing." *Acta Oto-Laryngologica* 51: 260-67.

Cazals, Yves, Jean-Marie Aran, and Jean-Paul Erre. 1982. "Frequency Sensitivity and Selectivity of Acoustically Evoked Potentials After Complete Cochlear Hair Cell Destruction." *Brain Research* 231: 197-203.

———. 1983. "Intensity Difference Thresholds Assessed with Eighth Nerve and Auditory Cortex Potentials: Compared Values from Cochlear and Saccular Responses." *Hearing Research* 10: 263-68.

Cazals, Yves, Jean-Marie Aran, Jean-Paul Erre, Anne Guilhaume, and Catherine Arousseau. 1983. "Vestibular Acoustic Reception in the Guinea Pig: A Saccular Function?" *Acta Oto-Laryngologica* 95(3-4): 211-17.

Clarke, Andrew H., Uwe Schönfeld, and Kai Helling. 2003. "Unilateral Examination of Utricle and Saccule Function." *Journal of Vestibular Research* 13: 215-25.

Colebatch, James G. 2006. "Assessing Saccular (Otolith) Function in Man." *Journal of the Acoustical Society of America*, 119 (5 part 2): 3432. Abstract.

———. 2014. "Overview of VEMPs (Vestibular-Evoked Myogenic Potentials)." *30th International Congress of Clinical Neurophysiology*, Berlin, p. 53. Abstract.

Colebatch, James G., G. Michael Halmagyi, and Nevell F. Skuse. 1994. "Myogenic Potentials Generated by a Click-Evoked Vestibulocollic Reflex." *Journal of Neurology, Neurosurgery, and Psychiatry* 57(2): 190-97.

Didier, Anne and Yves Cazals. 1989. "Acoustic Responses Recorded from the Saccular Bundle on the Eighth Nerve of the Guinea Pig." *Hearing Research* 37: 123-28.

Emami, Seyede Faranak. 2013. "Is All Human Hearing Cochlear?" *Scientific World Journal*, article ID 147160.

———. 2014a. "Hypersensitivity of Vestibular System to Sound and Pseudoconductive Hearing Loss in Deaf Patients." *ISRN Otolaryngology*, article ID 817123.

———. 2014b. "Vestibular Activation by Sound in Human." *Scholars Journal of Applied Medical Sciences* 2(6H): 3445-51.

Emami, Seyede Faranak and Nasrin Gohari. 2014. "The Vestibular-Auditory Interaction for Auditory Brainstem Response to Low Frequencies." *ISRN Otolaryngology*, article ID 103598.

Emami, Seyede Faranak, Akram Pourbakht, Kianoush Sheykholeslami, Mohammad Kamali, Fatholah Behnoud, and Ahmad Daneshi. 2012. "Vestibular Hearing and Speech Processing." *ISRN Otolaryngology*, article ID 850629.

Guinan, John J., Jr. 2006. "Acoustically Responsive Fibers in the Mammalian Vestibular Nerve." *Journal of the Acoustical Society of America* 119 (5 part 2): 3432. Abstract.

Igarashi, Makoto and Yuho Kato. 1975. "Effect of Different Vestibular Lesions upon Body Equilibrium Function in Squirrel Monkeys." *Acta Oto-Laryngolica. Supplementum* 330: 91-99.

Lenhardt, Martin L. 1999. "Stapedial-Saccular Strut and Method." U.S. Patent 6,368,267, filed October 14, 1999, issued April 9, 2002.

———. 2006. "Saccular Hearing: Turtle Model for a Human Prosthesis." *Journal of the Acoustical Society of America* 119 (5 part 2): 3433-34. Abstract.

McCue, Michael P. and John J. Guinan, Jr. 1994. "Acoustically Responsive Fibers in the Vestibular Nerve of the Cat." *Journal of Neuroscience* 14(10): 6058-70.

———. 1997. "Sound-Evoked Activity in Primary Afferent Neurons of a Mammalian Vestibular System." *American Journal of Otology* 18(3): 355-60.

Meyer, Max F. 1931. "Hearing Without Cochlea?" *Science* 73: 236-37.

Reuter, Tom and Sirpa Nummela. 1998. "Elephant Hearing." *Journal of the Acoustical Society of America* 104 (2 part 1): 1122-23.

Ribarić, Ksenija, Tine S. Prevec, and Vladimir Kozina. 1984. "Frequency-Following Response Evoked by Acoustic Stimuli in Normal and Profoundly Deaf Subjects." *Audiology* 23(4): 388-400.

Robertson, D. D. and Dennis J. Ireland. 1995. "Vestibular Evoked Myogenic Potentials." *Journal of Otolaryngology* 24(1): 3-8.

Rosengren, Sally M., Miriam S. Welgampola, and James G. Colebatch. 2010. "Vestibular Evoked Myogenic Potentials: Past, Present and Future." *Clinical Neurophysiology* 121(5): 636-51.

Ross, Muriel D. 1983. "Gravity and the Cells of Gravity Receptors in Mammals." *Advances in Space Research* 3(9): 179-90.

Sohmer, Haim, Sharon Freeman, and Ronen Perez. 2004. "Semicircular Canal Fenestration – Improvement of Bone- but not Air-conducted Auditory Thresholds." *Hearing Research* 187: 105-10.

Tait, John. 1932. "Is All Hearing Cochlear?" *Annals of Otology, Rhinology and Laryngology* 41: 681-704.

Todd, Neil P. McAngus. 2001. "Evidence for a Behavioral Significance of Saccular Acoustic Sensitivity in Humans." *Journal of the Acoustical Society of America* 110(1): 380-90.

———. 2006. "Is All Hearing Cochlear? – Revisited (Again)." *Journal of the Acoustical Society of America* 119 (5 part 2): 3431-32. Abstract.

Trivelli, Maurizio, Massimiliano Potena, Valeria Frari, Tomassangelo Petitti, Valentina Deidda, and Fabrizio Salvinelli. 2013. "Compensatory Role of Saccule in Deaf Children and Adults: Novel Hypotheses." *Medical Hypotheses* 80(1): 43-46.

Wit, Hero P., J. D. Bleeker, and H. H. Mulder. 1984. "Responses of Pigeon Vestibular Nerve Fibers to Sound and Vibration with Audiofrequencies." *Journal of the Acoustical Society of America* 75(1): 202-8.

Wu, Chen-Chi and Yi-Ho Young. 2002. "Vestibular Evoked Myogenic Potentials Are Intact After Sudden Deafness." *Ear and Hearing* 23(3): 235-38.

Young, Eric D., César Fernández and Jay M. Goldberg. 1977. "Responses of Squirrel Monkey Vestibular Neurons to Audio-Frequency Sound and Head Vibration." *Acta Oto-Laryngologica* 84(5-6): 352-60.

이명(Tinnitus)

Del Bo, Luca, Stella Forti, Umberto Ambrosetti, Serena Costanzo, Davide Mauro, Gregorio Ugazio, Berthold Langguth, and Antonio Mancuso. 2008. "Tinnitus Aurium in Persons with Normal Hearing: 55 Years Later." *Otolaryngology – Head and Neck Surgery* 139: 391-94.

Heller, Morris F. and Moe Bergman. 1953. "Tinnitus Aurium in Normally Hearing Persons." *Annals of Otology* 62: 73-83.

Holgers, Kajsa-Mia. 2003. "Tinnitus in 7-year-old Children." *European Journal of Pediatrics* 162: 276-78.

Holgers, Kajsa-Mia and Jolanta Juul. 2006. "The Suffering of Tinnitus in Childhood and Adolescence." *International Journal of Audiology* 45: 267-72.

Holgers, Kajsa-Mia and Bo Pettersson. 2005. "Noise Exposure and Subjective Hearing Symptoms among School Children in Sweden." *Noise and Health* 7(27): 27-37.

Hutter, Hans-Peter, Hanns Moshammer, Peter Wallner, Monika Cartellieri, Doris-Maria Denk-Linnert, Michaela Katzinger, Klaus Ehrenberger, and Michael Kundi. 2010. "Tinnitus and Mobile Phone Use." *Occupational and Environmental Medicine* 67: 804-8.

Juul, Jolanta, Marie-Louise Barrenäs, and Kajsa-Mia Holgers. 2012. "Tinnitus and Hearing in 7-year-old Children." *Archives of Disease in Childhood* 97: 28-30.

Kochkin, Sergei, Richard Tyler, and Jennifer Born. 2011. "MarkeTrak VIII: The Prevalence of Tinnitus in the United States and the Self-reported Efficacy of Various Treatments." *Hearing Review*, November, pp. 10ff.

Møller, Aage R., Berthold Langguth, Dirk DeRidder, and Tobias Kleinjung, eds. 2011. *Textbook of Tinnitus*. New York: Springer.

National Center for Health Statistics. 1982-1996. "Current Estimates From the National Health Interview Survey." Table 57, "Number of Selected Reported Chronic Conditions per 1,000 Persons, by Age: United States." *Vital and Health Statistics*, ser. 10, nos. 150, 154, 160, 164, 166, 173, 176, 181, 184, 189, 190, 193, 199, 200.

Nondahl, David M., Karen J. Cruickshanks, Guan-Hua Huang, Barbara E. K. Klein, Ronald Klein, Ted S. Tweed, and Weihai Zhan. 2012. "Generational Differences in the Reporting of Tinnitus." *Ear and Hearing* 33(5): 640-44.

Shargorodsky, Josef, Gary C. Curhan, and Wildon R. Farwell. 2010. "Prevalence and Characteristics of Tinnitus among US Adults." *American Journal of Medicine* 123(8): 711-18.

Wieske, Clarence W. 1963. "Human Sensitivity to Electric Fields." *Biomedical Sciences Instrumentation* 1: 467-75.

초음파 청각(Ultrasonic Hearing)

Ball, Geoffrey R. and Bob H. Katz. 1998. "Ultrasonic Hearing System." U.S. Patent 6,217,508 B1, filed August 14, 1998, issued April 17, 2001.

Bance, Manohar, Osama Majdalawieh, Andrew Stewart, Michael Kiefte, and Rene van Wijhe. 2006. "Comparison of Air and Bone Conduction Fine Frequency Hearing Responses." Dalhousie University, Nova Scotia: Ear and Auditory Research Laboratory.

Bellucci, Richard J. and Daniel E. Schneider. 1962. "Some Observations on Ultrasonic Perception in Man." *Annals of Otology, Rhinology and Laryngology* 71: 719-26.

Combridge, J. H. and J. O. Ackroyd. 1945. *The Design of German Telephone Subscribers' Apparatus*. British Intelligence Objectives Sub-Committee. BIOS Final Report no. 606.

Corso, John F. 1963. "Bone-conduction Thesholds for Sonic and Ultrasonic Frequencies." *Journal of the Acoustical Society of America* 35(11): 1738-43.

Corso, John F. and Murray Levine. 1965a. "Pitch-Discrimination at High Frequencies by Air- and Bone-conduction." *American Journal of Psychology* 78(4): 557-66.

———. 1965b. "Sonic and Ultrasonic Equal-Loudness Contours." *Journal of Experimental Psychology* 70(4): 412-16.

Deatherage, Bruce H., Lloyd A. Jeffress, and Hugh C. Blodgett. 1954. "A Note on the Audibility of Intense Ultrasonic Sound." *Journal of the Acoustical Society of America* 26(4): 582.

Dieroff, H. G. and H. Ertel. 1975. "Some Thoughts on the Perception of Ultrasonics by Man." *Archives of Oto-Rhino-Laryngology* 209: 277-90.

Flach, M. and G. Hofmann. 1980. "Ultraschallhören des Menschen: Objektivierung mittels Hirnstammpotential." *Laryngo-Rhino-Otologie.* 59(12): 840-43.

Fujisaka, Yoh-ichi, Seiji Nakagawa, and Mitsuo Tonoike. 2005. "A Numerical Study on the Perception Mechanism for Detecting Pitch in Bone-conducted Ultrasound." Paper presented at the Twelfth International Congress on Sound and Vibration, July 11-15, Lisbon, Portugal.

Gavrilov, L. R., G. V. Gershuni, V. I. Pudov, A. S. Rozenblyum, and E. M. Tsirul'nikov. 1980. "Human Hearing in Connection with the Action of Ultrasound in the Megahertz Range on the Aural Labyrinth." *Soviet Physics – Acoustics.* 26(4): 290-92.

Haeff, Andrew V. and Cameron Knox. 1963. "Perception of Ultrasound." *Science* 139: 590-92.

Hotehama, Takuya and Seiji Nakagawa. 2010. "Modulation Detection for Amplitude-modulated Bone-conducted Sounds with Sinusoidal Carriers in the High- and Ultrasonic-frequency Range." *Journal of the Acoustical Society of America* 128(5): 3011-18.

Imaizumi, Satoshi, Hiroshi Hosoi, Takefumi Sakaguchi, Yoshiaki Watanabe, Norihiro Sadato, Satoshi Nakamura, Atsuo Waki, and Yoshiharu Yonekura. 2001. "Ultrasound Activates the Auditory Cortex of Profoundly Deaf Subjects." *NeuroReport* 12(3): 583-86.

International Organization for Standardization. 2003. *Normal Equal-loudness-level Contours.* ISO 226:2003 – Acoustics, 2nd ed. Geneva.

Kietz, Hans. 1951. "Hörschwellenmessung im Ultraschallgebiet." *Acta Oto-Laryngologica* 39(2-3): 183-87.

Lenhardt, Martin L. 1999. "Upper Audio Range Hearing Apparatus and Method." U.S. Patent 6,731,769, filed October 14, 1999, issued May 4, 2004.

———. 2003. "Ultrasonic Hearing in Humans: Applications for Tinnitus Treatment." *International Tinnitus Journal* 9(2): 69-75.

———. 2006. "A Second Pair of Ears." *Echoes* 16(4): 5-6.

———. 2008. "Ring Transducers for Sonic, Ultrasonic Hearing." U.S. Patent 8,107,647, filed January 3, 2008, issued January 31, 2012.

Lenhardt, Martin, Alex M. Clarke, and William Regelson. 1989. "Supersonic Bone Conduction Hearing Aid and Method." U.S. Patent 4,982,434, filed May 30, 1989, issued January 1, 1991.

Lenhardt, Martin L., Ruth Skellett, Peter Wang, and Alex M. Clarke. 1991. "Human Ultrasonic Speech Perception." *Science* 253: 83-85.

Magee, Timothy R. and Alun H. Davies. 1993. "Auditory Phenomena during Transcranial Doppler Insonation of the Basilar Artery." *Journal of Ultrasound in Medicine* 12: 747-50.

Maggs, James E. 1976. "Coherent Generation of VLF Hiss." *Journal of Geophysical Research* 81(10): 1707-24.

Moller, Henrik and Christian Sejer Pedersen. 2004. "Hearing at Low and Infrasonic Frequncies." *Noise and Health* 6(23): 37-58.

Nishimura, Tadashi, Seiji Nakagawa, Takefumi Sakaguchi, and Hiroshi Hosoi. 2003. "Ultrasonic Masker Clarifies Ultrasonic Perception in Man." *Hearing Research* 175: 171-77.

Nishimura, Tadashi, Tadao Okayasu, Osamu Saito, Ryota Shimokura, Akinori Yamashita, Toshiaki Yamanaka, Hiroshi Hosoi, and Tadashi Kitahara. 2014. "An Examination of the Effects of Broadband Air-conduction Masker on the Speech Intelligibility of Speech-modulated Bone-conduction Ultrasound." *Hearing Research* 317: 41-49.

Nishimura, Tadashi, Tadao Okayasu, Yuka Uratani, Fumi Fukuda, Osamu Saito, and Hiroshi Hosoi. 2011. "Peripheral Perception Mechanism of Ultrasonic Hearing." *Hearing Research* 277: 176-83.

Nishimura, Tadashi, Takefumi Sakaguchi, Seiji Nakagawa, Hiroshi Hosoi, Yoshiaki Watanabe, Mitsuo Tonoike, and Satoshi Imaizumi. 2000. "Dynamic Range for Bone Conduction Ultrasound." In: *Biomag 2000: Proceedings of 12th International Conference on Biomagnetism*, August 13-17, 2000, Helsinki University of Technology, Espoo, Finland, pp. 125-128.

Ohyama, Kenji, Jun Kusakari, and Kazutomo Kawamoto. 1987. "Sound Perception in the Ultrasonic Region." *Acta Oto-Laryngolica. Supplementum.* 435: 73-77.

Oohashi, Tsutomu, Emi Nishina, Manabu Honda, Yoshiharu Yonekura, Yoshitaka Fuwamoto, Norie Kawai, Tadao Maekawa, Satoshi Nakamura, Hidenao Fukuyama, and Hiroshi Shibasaki. 2000. "Inaudible High-Frequency Sounds Affect Brain Activity: Hypersonic Effect." *Journal of Neurophysiology* 83(6): 3548-58.

Ozen, Sukru. 2008. "Low-Frequency Transient Electric and Magnetic Fields Coupling to Child Body." *Radiation Protection Dosimetry* 128(1): 62-67.

Petrie, William. 1963. *Keoeeit: The Story of the Aurora Borealis*. Oxford: Pergamon Press.

Prasch, G. and H. Siegl-Graz. 1969. "Gehörseindrücke durch Einwirkung von tonfrequenten Wechselströmen und amplituden-modulierten Hochfrequenzströmen." *Archiv für klinische und experimentelle Ohren-, Nasen- und Kehlkopfheilkunde* 194(2): 516-21.

Pumphrey, R. J. 1950. "Upper Limit of Frequency for Human Hearing." *Nature* 166: 571.

Qin, Michael K., Derek Schwaller, Matthew Babina, and Edward Cudahy. 2011. "Human Underwater and Bone Conduction Hearing in the Sonic and Ultrasonic Range." *Journal of the Acoustical Society of America* 129 (4 part 2): 2485. Abstract.

Singh, D. K. and R. P. Singh. 2002. "Hiss Emissions during Quiet and Disturbed Periods." *Pramana – Journal of Physics* 59(4): 563-73.

Stanley, Raymond M. and Bruce N. Walker. 2005. "Relative Threshold Curves for Implementation of Auditory Displays on Bone-conduction Headsets in Multiple Listening Environments." Presented at the 11th International Conference on Auditory Display, Limerick, Ireland, July 6-9.

Wegel, Raymond L., Robert R. Riesz, and Ralph B. Blackman. 1932. "Low Frequency Thresholds of Hearing and of Feeling in the Ear and Ear Mechanisms." *Journal of the Acoustical Society of America* 4(1A): 6.

World Health Organization. 1993. *Environmental Health Criteria 137. Electromagnetic Fields (300 Hz to 300 GHz).* Geneva.

제17장

Adey, William Ross. 1993. "Effects of Electromagnetic Fields. *Journal of Cellular Biochemistry* 51: 410-16.

———. 1993. "Whispering Between Cells: Electromagnetic Fields and Regulatory Mechanisms in Tissue." *Frontier Perspectives* 3(2): 21-25.

Baş, Orhan, Osman Fikret Sönmez, Ali Aslan, Ayşe İkinci, Hatice Hancı, Mehmet Yıldırım, Haydar Kaya, Metehan Akça, and Ersan Odacı. 2013. "Pyramidal Cell Loss in the Cornu Ammonis of 32-day-old Female Rats Following Exposure to a 900 Megahertz Electromagnetic Field during Prenatal Days 13-21." *NeuroQuantology* 11(4): 591-99.

Byun, Yoon-Hwan, Mina Ha, Ho-Jang Kwon, Yun-Chul Hong, Jong-Han Leem, Joon Sakong, Su Young Kim, Chul Gab Lee, Dongmug Kang, Hyung-Do Choi, and Nam Kim. 2013. "Mobile Phone Use, Blood Lead Levels, and Attention Deficit Hyperactivity Symptoms in Children: A Longitudinal Study." PloS ONE 8(3): e59742.

Cherry, Neil. 2000. *Safe Exposure Levels.* Lincoln University, Lincoln, New Zealand.

———. 2002. "Schumann Resonances, a Plausible Biophysical Mechanism for the Human Health Effects of Solar/Geomagnetic Activity." *Natural Hazards Journal* 26(3): 279-331.

Dalsegg, Aud. 2002. "Får hodesmerter av mobilstråling" ("She Gets Headaches from Mobile Radiation"). *Dagbladet*, March 9.

Grigoriev, Yury Grigorievich. 2005. "Elektromagnitnye polya sotovykh telefonov i zdorovye detey i podrostkov: Situatsiya, trebuyushchaya prinyatiya neotlozhnykh mer" ("The Electromagnetic Field of Mobile Phones and the Health of Children and Adolescents: This Situation Requires Urgent Action"). *Radiatsionnaya biologiya. Radioekologiya* 45(4): 442-50.

————. 2012. "Mobile Communications and Health of Population: The Risk Assessment, Social and Ethical Problems." *The Environmentalist* 32(2): 193-200.

Grigoriev, Yury Grigorievich and Oleg Aleksandrovich Grigoriev. 2011. "Mobil'naya svyaz' i zdorovye naseleniya: Otsenka opasnosti, sotsial'nye i eticheskiye problemi" ("Mobile Communication and Health of Population: Estimation of Danger, Social and Ethical Problems"). *Radiatsionnaya biologiya. Radioekologiya* 51(3): 357-68.

————. 2013. *Sotovaya Svyaz' i Zdorov'e* ("Cellular Communication and Health"). Moscow: Ekonomika.

Grigoriev, Yury Grigorievich and Nataliya Igorevna Khorseva. 2014. *Mobil'naya Svyaz' i Zdorov'e Detey* ("Mobile Communication and Children's Health"). Moscow: Ekonomika.

Hallberg, Örjan and Olle Johansson. 2004. *Glesbygd är en sjuk miljö, nu börjar ävenfriska dö* ("Say To Countryside Goodbye, When Even Healthy People Die"). Stockholm: Karolinska Institute, Experimental Dermatology Unit. Report no. 6.

Hallberg, Örjan and Gerd Oberfeld. 2006. "Letter to the Editor: Will We All Become Electrosensitive?" *Electromagnetic Biology and Medicine* 25(3): 189-91.

Hancı, Hatice, Ersan Odacı, Haydar Kaya, Yüksel Aliyazıcıoğlu, İbrahim Turan, Selim Demir, and Serdar Çolakoğlu. 2013. "The Effect of Prenatal Exposure to 900-MHz Electromagnetic Field on the 21-old-day Rat Testicle." *Reproductive Toxicology* 42: 203-9.

Hancı, Hatice, Sibel Türedi, Zehra Topal, Tolga Mercantepe, İlyas Bozkurt, Haydar Kaya, Safak Ersöz, Bünyami Ünal, and Ersan Odacı. 2015. "Can Prenatal Exposure to a 900 MHz Electromagnetic Field Affect the Morphology of the Spleen and Thymus, and Alter Biomarkers of Oxidative Damage in 21-day-old Male Rats?" *Biotechnic & Histochemistry* 90(7). 535-43.

İkinci, Ayşe, Ersan Odacı, Mehmet Yıldırım, Haydar Kaya, Metehan Akça, Hatice Hancı, Ali Aslan, Osman Fikret Sönmez, and Orhan Baş. 2013. "The Effects of Prenatal Exposure to a 900 Megahertz Electromagnetic Field on Hippocampus Morphology and Learning Behavior in Rat Pups." *Journal of Experimental and Clinical Medicine* 30: 278. Abstract.

İkinci, Ayşe, Tolga Mercantepe, Deniz Unal, Hüseyin Serkan Erol, Arzu Şahin, Ali Aslan, Orhan Baş, Havva Erdem, Osman Fikret Sönmez, Haydar Kaya, and Ersan Odacı. 2015. "Morphological and Antioxidant Impairments in the Spinal Cord of Male Offspring Rats Following Exposure to a Continuous 900 MHz Electromagnetic Field During Early and Mid-Adolescence." *Journal of Chemical Neuroanatomy* [Epub ahead of print].

Kimata, Hajime. 2002. "Enhancement of Allergic Skin Wheal Responses by Microwave Radiation from Mobile Phones in Patients with Atopic Eczema/Dermatitis Syndrome." *International Archives of Allergy and Immunology* 129(4): 348-50.

Li, De-Kun, Hong Chen, and Roxana Odouli. 2011. "Maternal Exposure to Magnetic Fields during Pregnancy in Relation to the Risk of Asthma in Offspring." *Archives of Pediatrics & Adolescent Medicine* 165(10): 945-50.

Mild, Kjell Hansson, Gunnhild Oftedal, Monica Sandström, Jonna Wilén, Tore Tynes, Bjarte Haugsdal, and Egil Hauger. 1998. *Comparison of Symptoms Experienced by Users of Analogue and Digital Mobile Phones. A Swedish-Norwegian Epidemiological Study.* Umeå, Sweden: National Institute for Working life. Arbetslivsrapport 23.

Mishra, Lata. 2011. "Heard This? Talking on the Phone Makes You Deaf." *Mumbai Mirror*, October 26.

Mishra, Srikanta Kumar. 2010. "Otoacoustic Emission (OAE)-Based Measurement of the Functioning of the Human Cochlea and the Efferent Auditory System." Ph.D. thesis, University of Southampton.

Nittby, Henrietta, Gustav Grafström, Dong Ping Tian, Lars Malmgren, Arne Brun, Bertil R. R. Persson, Leif G. Salford, and Jacob Eberhardt. 2008. "Cognitive Impairment in Rats After Long-Term Exposure to GSM-900 Mobile Phone Radiation." *Bioelectromagnetics* 29: 219-32.

Odacı, Ersan, Hatice Hancı, Ayşe İkinci, Osman Fikret Sönmez, Ali Aslan, Arzu Şahin, Haydar Kaya, Serdar Çolakoğlu, and Orhan Baş. 2015. "Maternal Exposure to a Continuous 900-MHz Electromagnetic Field Provokes Neuronal Loss and Pathological Changes in Cerebellum of 32-day-old Female Rat Offspring." *Journal of Chemical Neuroanatomy* [Epub ahead of print].

Odacı, Ersan, Hatice Hancı, Esin Yuluğ, Sibel Türedi, Yüksel Aliyazıcıoğlu, Haydar Kaya, and Serdar Çolakoğlu. 2016. "Effects of Prenatal Exposure to a 900 MHz Electromagnetic Field on 60-day-old Rat Testis and Epididymal Sperm Quality." *Biotechnic & Histochemistry* 91(1): 9-19.

Odacı, Ersan, Ayşe İkinci, Mehmet Yıldırım, Haydar Kaya, Metehan Akça, Hatice Hancı, Osman Fikret Sönmez, Ali Aslan, Mukadder Okuyan, and Orhan Baş. 2013. "The Effects of 900 Megahertz Electromagnetic Field Applied in the Prenatal Period on Spinal Cord Morphology and Motor Behavior in Female Rat Pups." *NeuroQuantology* 11(4): 573-81.

Odacı, Ersan and Cansu Özyılmaz. 2015. "Exposure to a 900 MHz Electromagnetic Field for 1 Hour a Day over 30 Days Does Change the Histopathology and Biochemistry of the Rat Testis." *International Journal of Radiation Biology* 91: 547-54.

Odacı, Ersan, Deniz Ünal, Tolga Mercantepe, Zehra Topal, Hatice Hancı, Sibel Türedi, Hüseyin Serkan Erol, Sevdegül Mungan, Haydar Kaya, and Serdar Çolakoğlu. 2015. "Pathological Effects of Prenatal Exposure to a 900 MHz Electromagnetic Field on the 21-day-old Male Rat Kidney." *Biotechnic & Histochemistry* 90(2): 93-101.

Oktay, M. Faruk and Suleyman Dasdag. 2006. "Effects of Intensive and Moderate Cellular Phone Use on Hearing Function." *Electromagnetic Biology and Medicine* 25: 13-21.

Panda, Naresh K., Rahul Modi, Sanjay Munjal, and Ramandeep S. Virk. 2011. "Auditory Changes in Mobile Users: Is Evidence Forthcoming?" *Otolaryngology – Head and Neck Surgery* 144(4): 581-85.

Şahin, Arzu, Ali Aslan, Orhan Baş, Ayşe İkinci, Cansu Özyılmaz, Osman Fikret Sönmez, Serdar Çolakoğlu, and Ersan Odacı. 2015. "Deleterious Impacts of a 900-MHz Electromagnetic Field on Hippocampal Pyramidal Neurons of 8-week-old Sprague Dawley Male Rats." *Brain Research* 1624: 232-38.

Salford, Leif G., Arne E. Brun, Jacob L. Eberhardt, Lars Malmgren, and Bertil R.R. Persson. 2003. "Nerve Cell Damage in Mammalian Brain after Exposure to Microwaves from GSM Mobile Phones." *Environmental Health Perspectives* 111(7): 881-83.

Shinjyo, Tetsuharu and Akemi Shinjyo. 2014. "Signifikanter Rückgang klinischer Symptome nach Senderabbau – eine Interventionsstudie." *Umwelt-Medizin-Gesellschaft* 27(4): 294-301.

Tatemichi, Masayuki, Tadashi Nakano, Katsutoshi Tanaka, Takeshi Hayashi, Takeshi Nawa, Toshiaki Miyamoto, Hisanori Hiro, and Minoru Sugita. 2004. "Possible Association between Heavy Computer Users and Glaucomatous Visual Field Abnormalities: A Cross Sectional Study in Japanese Workers." *Journal of Epidemiology and Community Health* 58: 1021-27.

Topal, Zehra, Hatice Hancı, Tolga Mercantepe, Hüseyin Serkan Erol, Osman Nuri Keleş, Haydar Kaya, Sevdegül Mungan, and Ersan Odacı. 2015. "The Effects of Prenatal Long-duration Exposure to 900-MHz Electromagnetic Field on the 21-day-old Newborn Male Rat Liver." *Turkish Journal of Medical Sciences* 45(2): 291-97.

Türedi, Sibel, Hatice Hancı, Zehra Topal, Deniz Ünal, Tolga Mercantepe, İlyas Bozkurt, Haydar Kaya, and Ersan Odacı. 2015. "The Effects of Prenatal Exposure to a 900-MHz Electromagnetic Field on the 21-day-old Male Rat Heart." *Electromagnetic Biology and Medicine* 34(4): 390-97.

Velayutham, P., Gopala Krishnan Govindasamy, R. Raman, N. Prepageran, and K. H. Ng. 2014. "High-frequency Hearing Loss Among Mobile Phone Users." *Indian Journal of Otolaryngology and Head & Neck Surgery* 66: S169-S172.

Wiedbrauk, Danny L. 1997. "The 1996-1997 Influenza Season – A View from the Benches." *Pan American Society for Clinical Virology Newsletter* 23(1): 1 ff.

Yakymenko, I. L., E. P. Sidorik, A. S. Tsybulin, and V. F. Chekhun. 2011. "Potential Risks of Microwaves from Mobile Phones for Youth Health." *Environment & Health* 56(1): 48-51.

Ye, Juan, Ke Yao, Dequiang Lu, Renyi Wu, and Huai Jiang. 2001. "Low Power Density Microwave Radiation Induced Early Changes in Rabbit Lens Epithelial Cells." *Chinese Medical Journal* 114(12): 1290-94.

찾아보기

보이지 않는 무지개(하)

전기 무선통신과 문명의 질병

초판 1쇄 발행일 2020년 07월 31일

지은이 아서 퍼스텐버그
옮긴이 박석순
펴낸이 박영희
편집 박은지
디자인 최민형
마케팅 김유미
인쇄·제본 AP프린팅
펴낸곳 도서출판 어문학사
    서울특별시 도봉구 해등로 357 나너울 카운티 1층
    대표전화: 02-998-0094 / 편집부1: 02-998-2267, 편집부2: 02-998-2269
    홈페이지: www.amhbook.com
    트위터: @with_amhbook
    블로그: 네이버 http://blog.naver.com/amhbook
        다음 http://blog.daum.net/amhbook
    e-mail: am@amhbook.com
    등록: 2004년 7월 26일 제2009-2호

ISBN 978-89-6184-956-2 04560
ISBN 978-89-6184-954-8 04560(세트)
정가 18,000원

이 도서의 국립중앙도서관 출판시도서목록(CIP)은 e-CIP 홈페이지(http://www.nl.go.kr/ecip)와
국가자료공동목록시스템(http://www.nl.go.kr/kolisnet)에서 이용하실 수 있습니다.
(CIP제어번호: CIP2020027436)